U0145664

消費心理學

掌握成功行銷者優勢

林仁和 著

五南圖書出版公司 印行

序

從最近發生的事件中，可以觀察到某些企業在市場行銷上所面臨的瓶頸，即無法滿足消費者的需求心理。例如，食品安全風暴中，讓多年辛苦經營的老字號太陽餅店停業；許多原本生意很好的餐飲與飲料連鎖店無法支撐等。再如，蘋果所推出的iWatch、三星所推出的S6等新機種，其銷售成績都不如預期的好，追究其原因雖然各有不同的背景。例如，蘋果為了新產品的市占率，明知其零件供應不足，仍然倉促推出；三星推出的S6，其功能僅是S5的升級版（即S5 plus）而已，導致與消費者的期望有落差。此兩款新機種，唯一的共同點就是用產品包裝與廣告行銷來獲取消費者的青睞，而不是以滿足消費者的欲望與需求來發展其產品。本書《消費心理學：掌握成功行銷者優勢》的出版，適逢其時，為讀者提供了問題解讀及發展行銷者優勢之參考。

本書內容規劃分為基礎、實務及進階等三篇，共十三章，為適合兩學分至三學分教學課程需要所編寫的實用教材。本書在每一節前，以「消費心聲」作為每節的引言，而在每節後，提供若干「思考問題」作為議題討論的複習。另外，在每章最後，更為學習者提供了「行銷加油站」的案例，以加深學習者能更深入對本書所討論議題的體認。

基礎篇為第一章到第三章，以討論消費活動的心理學基礎為開端，主要內容包括了消費活動、商品行銷等與消費者之間的心理因素，其所產生的效應及影響。實務篇為第四章到第十章，是以心理學的觀點探討消費行為與行銷活動間的實際操作，主要內容包括身為行銷人員要如何善加運用各種消費的心理因素、消費活動及處理因消費所引起的抱怨，並能持續促進消費者的心理，進而開拓消費市場。最後的進階篇為第十一章到第十三章，主要是為有興趣成為專業行銷人員，提供進一步的訓練，發揮潛在的行銷心理，邁向更專業、更優秀的行銷人員。

筆者對《消費心理學》的另一項期待是，期望行銷工作並非單一的狹義商業性業務，而是更應該擴大到非營利組織的業務和政府政策與施政的推廣。例如，筆者在歐洲參訪旅程中，曾經看到國際反勞工剝削組織利用自動販賣機行銷其理念，成果非凡。只要投下2歐元就可取得一件白色襯衫，唯一的條件是先觀看血汗工廠實況短片。據悉，90％的人會把2歐元當作捐款，並沒有按下取物按鍵，同時也讓投幣消費者成為反勞工剝削的同情者與支持者。對照當前苦哈哈的臺灣非營利機構募款困境、政府施政未獲得民心的窘態等等，可以參考本書的分析與建議，以行銷人員的積極態度，或許能夠獲得問題決策的靈感。

　　此外，本書也為開課教師提供了內容包括課程簡介的PowerPoints、教學計畫和個案討論，以及考試測驗題庫等之文字檔案光碟，歡迎採用本書的授課教師索取。

林仁和
2015年5月
紐澤西

目　錄

第一篇　基礎篇

Chapter 1　消費活動的心理學......003

01　消費活動的心理因素......005

02　商品的消費心理作用......014

03　行銷的消費心理效應......023

Chapter 2　消費心理學的基礎......035

01　引起消費者的注意......037

02　引起消費者的興趣......045

03　建立正面消費態度......053

Chapter 3　消費心理學的發展......065

01　發展消費動機的助力......067

02　發展消費欲望的滿足......076

03　掌握理性的消費心理......084

第二篇　實務篇

Chapter 4　開拓消費市場心理......097

01　消費者與消費市場......099

02　新行銷市場的發展......107

03　服務取向市場心理......115

Chapter 5　發揮消費環境心理......125

01　消費環境的影響力......127

02　文化和階層的影響......135

03　家庭成員相互影響......144

Chapter 6　善用消費互動心理......155

01　與顧客建立有效溝通......157

02　建立良好形象與信任......167

03　發揮溝通的說服能力......174

Chapter 7　掌握顧客促銷心理......187

01　確立促銷心理的基礎......189

02　發展促銷心理的策略......198

03　發展促銷心理新優勢......205

Chapter 8　促進持續消費心理......217

01　讓消費者持續滿意......219

02　識別消費者的忠誠......229

03　掌握忠誠的消費者......238

Chapter 9　排除消費抱怨心理......249

01　坦然面對消費者的抱怨......251

02　有效處理消費者的抱怨......260

03　獲得消費者持續的支持......270

Chapter 10　滿足消費購買心理......279

01　消費者的購買心理......281

02　確認消費者的需要......290

03　獲得消費者的歡心......299

第三篇　進階篇

Chapter 11　發展潛在行銷心理......313

01　認識消費無意識的心理......315

02　引發消費需求潛在誘因......324

03　掌握行銷潛在的影響力......333

Chapter 12 掌握成功心理建設......341

01 打造心理建設的基礎......343

02 發展有效的心理建設......352

03 掌握最佳的心理時機......359

Chapter 13 邁向更專業行銷者......369

01 掌握思維的心理優勢......371

02 掌握資訊的心理優勢......382

03 掌握廣告的心理優勢......392

參考書目......401

第一篇　基礎篇

- 第一章　消費活動的心理學
- 第二章　消費心理學的基礎
- 第三章　消費心理學的發展

Chapter 1

消費活動的心理學

01 消費活動的心理因素

02 商品的消費心理作用

03 行銷的消費心理效應

在「消費活動的心理學」之前提下，本章要討論三個重要議題：消費活動的心理因素、商品的消費心理作用以及行銷的消費心理效應。

01

消費活動的心理因素

📞💭 消費心聲

在人類的經濟活動中，生產和消費一直被看成是生命中的重要項目，而消費活動則扮演了關鍵的角色。其過程是，人們為社會生產財富，同時又以財富來滿足自己，由此形成一種永久性的循環。這樣，從財物生產和人的消費這一主題出發，生產是由勞動者來維持，而消費需求的擴大則會持續地刺激生產，這必將增加人們的就業機會，反過來又刺激更大規模的消費，這已成為不可抗拒的人類規律。

在此，首先根據「消費活動的心理因素」的主題，分別來討論以下四個項目：消費需求多元化、消費心理的內容、消費需求的滿足以及消費心理的趨勢。

一、消費需求多元化

經驗告訴我們，世界性的消費需求正朝著多樣化、個性化方向發展，而商品消費趨勢也出現了新特點，這些特點包括了安全化、健康化、簡便化、高級化及流行化等五個項目。這種商品趨勢，不僅引起各國商業界的關注，也促進了心理學對消費動機和消費行為的研究。

隨著經濟的增長、市場的擴大，人們對消費行為的關注也日益加強。其中，有一些學者從研究消費者是什麼樣的人、消費者怎樣去行動等問題

出發，將消費行為與人格心靈聯繫起來；也有學者開始探討影響消費者行動的期望與態度、消費在不確定條件下的反應等，在這些問題上取得了較大的進展。

人們透過對消費者的態度、期望及其變化的資料收集與分析中，發現了心理因素對經濟行為的影響，主要表現在有關消費、儲蓄、投資和娛樂等商業行為的決策中。例如，消費者的支出並不僅僅取決於人們的收入和收入的變化，還要受到環境因素和心理因素的影響，而消費者心理對經濟波動的影響，大大超過了人們的收入變動對經濟波動的衝擊。其中，消費者的心理期望是一個強而有力的因素，在不同的條件下，這些因素既可能導致提高消費率，又可能導致降低消費率。總而言之，消費者在社會生活中以及在某個時期的統治地位的心態和需求，決定著人們的動機和行為。

二、消費心理的內容

具體而言，對消費者心理的探索與研究，主要包括有消費個性、消費知覺、消費心態及消費動機等方面的內容。

（一）消費個性

有學者認為，人的價值觀念和生活態度是影響消費心理的重要因素。主要包括以下六種消費型態：

1. 理念型的消費者

其個性是追求新穎、關心產品的變化，有流行從眾的消費心態。

2. 經濟型的消費者

對效用和最高值特別敏感，超值享受常常能激起強烈的購物欲望。

3. 審美型的消費者

對外觀美的商品頗感興趣，甚至可以從中找出自我審美的內在感覺，

以表達自己的個性。

4. 社會型的消費者

是按照集體價值的標準購買商品，對價格並不挑剔，常常視商品交易為雙方溝通的人際交往。

5. 政治型的消費者

對權力具有較強的支配欲，並能輕而易舉地獲得所需的商品，故不強調價格是否合理，而更注重如何達到滿足欲。

6. 宗教型的消費者

其個性神祕、孤僻，遠離社群生活，喜歡與精神信仰有聯繫的商品，而拒絕與宗教禁忌有關的東西，具有鮮明的文化傾向。

另外，傳統型的消費者，常常挑選人們熟知的商品，抵制多變化的東西，有不受他人影響和習慣購物的消費傾向。開放型的消費者，則以追求時尚和流行趨勢為目標，其消費趨向常常影響別人，但也受別人的影響，雖然這類消費者具有多樣化、不穩定的特徵，卻能引導商品消費的潮流，是各種新潮商品的驅動力量。

（二）消費知覺

消費知覺是消費者在購買商品之前，對商品形成的感覺到知覺的過程，即透過視、聽、觸、嗅、嚐等五種感覺，形成對某一商品屬性的反應。在這個過程中，消費知覺是由選擇的感受性和知覺的認受性等所組成。根據這一理論，選擇的感受性具有以下的三個過程：

1. 選擇性注意

在挑選商品時，大比小、亮比暗、左比右等等，更容易引起注意。

2. 選擇性自我抉擇

這種自我抉擇取決於人們的經驗、偏好以及當時的情緒等等，以形成一種自我理解的結論。

3. 選擇性記憶

在生活中，往往容易記住那些與自己態度、信念和興趣相一致的東西，而容易忘記與自己無關的東西，選擇商品也是如此。

消費知覺的過程，是由選擇的感受性向知覺的認受性提升的過程。所以，人們對那些熟悉、常見的商品，極易產生認同心理，而對於那些陌生、怪異的產品，常持排拒的態度從而影響消費動機。

（三）消費心態

在一般性的商業經營活動中，消費者的購買行為多數受個人對欲購商品或勞務的態度所支配，而這種態度是由消費者個人的需求動機、購物環境、社群結構以及文化背景等多種因素所決定的。一般說來，評價一種商品的好壞與否，首先是以個人的情感強度為依據；其次是信念，它包括了對商品特殊性和一般性的理性認知，並由此決定購買欲的強弱；再次是行為選擇。

其中，行為選擇是極複雜的心理模式，它包括了人們對商品消費所形成的各種功能性指向。例如，順應功能是指消費者隨行就市的從眾心理傾向；自我防衛功能，是指消費者維護自身權益、防範他人侵害的自我保護傾向；價值表現功能，是指消費者對價值觀和社會觀的個人表達傾向；知識決策功能，是指消費者對產品和勞務所具備的知識結構，並因此決定購買行為的理性決策傾向。

上述這些因素，大多能夠決定消費者的購物心態和行為選擇。

（四）消費動機

消費者不同的地位、境遇和感受決定了不同的動機和需求，而需求欲望又是決定消費動機的重要前提。例如，處於較低需求階段的消費者，常常將收入的大部分花在購買食品、衣著等生存需要方面；而處於較高需求階段的消費者，則會把費用花在高檔商品和奢侈性消費的需求上。另外，在戀愛階段的年輕人，常常會在服裝、零食、化妝品及各類工藝產品等方面花費較多；而希望在某一學科方面做出成就的學者或科技人員，則在購買圖書、報刊、影音資料以及網路傳遞等方面的費用，會大大地超出一般人。

人們出於生活習慣和業餘愛好而購買某一類型的商品，常常是大眾消費的一種主要形式，例如有人愛養花、有人愛集郵、有人愛攝影、有人愛古玩或者有人愛欣賞等，這種由興趣愛好促成的消費動機，往往與消費者的知識結構、生活情趣有關，因此具有經常性和連續性的特點。

除了上述這些可以察知的消費動機之外，還存在著一種隱性的消費動機，即消費者暫時不能付諸實現的消費欲求，它與市場預測、產品更新以及價格浮動都有密切的聯繫，具有無法預知的經濟潛能。在主觀上，這是基於消費者的模糊知覺、預期想像和目標欲求等心理因素的影響所致，但在客觀上也與不同消費族群的購物標準和購買能力有關，從而導致消費行為的層次化和等級化。

三、消費需求的滿足

美國心理學家馬斯洛（Abraham H. Maslow）從人本主義出發，將人們對商品的需要由低到高地排列起來，提出需要是一個從低層次需要向高層次需要發展的過程，它與人們在某個時期的統治地位的心理需求和客觀條件有關。他認為，生理需要、安全需要、社交需要、審美需要、尊重和名望的需要、求知與理解的需要以及創造自由的需要等，構成了人類需要

系統的基本輪廓，從中可以分析出人們消費的動機和行為的差異。

　　然而，在現實經濟生活中，消費者的需要動機常常是以最簡單明瞭的方式表達出來，並因此決定其消費行為的選擇。這就是人們常說的「誰有錢誰消費，誰沒錢誰受罪」這句俗話，可從以下幾種消費行為的比較中，略見一斑。

（一）以滿足商品的使用價值為主導傾向的消費行為，其核心是講求實用和價廉。

　　這些人在購買時，特別注意商品的功能、品質和方便耐用性，常常是從「貨比三家」的角度出發，對所購商品反覆挑選、詳細比較、討價還價。一般說來，工薪階層中絕大多數人屬於這種心態，因經濟收入較少而對商品價格十分敏感，購買目標也以生活必需品為主，它代表了一種主流化的大眾消費趨向。

（二）以與同事、鄰居相互比較，或某一消費族群為主導傾向的消費行為，其核心是虛榮和好強。

　　此類消費者在城鎮居民中尤為多見，主要是受自己熟悉的環境因素影響，抱著一種「你有的我也要有，你沒有的我也要有」的逞強鬥勝心態。至於，是否符合自己的購買能力，一般則考慮不多，例如左鄰右舍或親朋好友買了最新的3C產品，或買了某種新奇的衣服、化妝品等，甚至他人的飲食種類也都可能造成了比較的心理壓力，並想方設法地希望在短期內能買到類似商品而節衣縮食。

（三）以彰顯自己的地位、威望和富有為主導傾向的消費行為，其核心是炫耀和奢侈。

　　具有這種動機的人，往往是那些高位者、暴發戶和斂財有術的人，常以高檔消費品作為表現個人身分的表徵，來彰顯地位的特殊、經濟的富有以及社群生活的主導力。例如，現今紛紛出現的豪宅、旗艦商店、貴婦百

貨和明星商品等等，就是爲了順應此類消費者而漸漸興起的，這也表明了金錢的影響力在當今的消費行爲中，已越來越突出了。

總而言之，從消費者個人心理來看，人人都希望商品的交易是平等和友好的，也希望在購物的過程中受到社會的尊重。然而，人們在購物時受到某種因素的刺激，例如受到冷遇、輕蔑或嘲諷時，就很可能促成一種衝動式購買或強迫式購買，此時的消費者常常會不顧自己的實際支出，而忍痛去購買某些並不急需的商品，到頭來只是爲了一種人格尊嚴而已。因爲平等、自尊的自我價值意識，會在一種特殊的氛圍中被激發出來，進而形成一種強烈的購買動機。

四、消費心理的趨勢

人類文明發展的趨勢，由追求簡單的生存條件，到追求較爲複雜的精神享受，這是一個循序漸進的過程；而經濟發展的方向，將從物質領域逐步轉向精神文化領域，文化消費將成爲人們未來生活的重要內容。因此，正如有位美國學者就曾經說：「富足、物質財產和技術進步，都不是組成人類幸福的關鍵成分，只有科技進步與經濟發展的同文化因素相結合，才能發揮到環境的變化與人的幸福相一致。」

食品的消費，正深受人們文化心態的影響。上一世紀50年代，高熱量和高蛋白食品曾是人們追求的主要食品，例如肉類、蛋類、牛奶和巧克力等；但70年代時，天然食品和無公害食品則在一些現代化國家流行，而這些食品是指那些在從沒有受污染的土地上，所生產的水果、蔬菜、肉禽或再加工食品等等。到了21世紀後，健康食品和美容食品又隨著消費者自身意識的增強而又重新流行起來，例如藻類製品、深海魚油等保健食品之類的熱銷趨勢，都直接影響了人們的消費觀念與消費行爲。另外，還有一些生活用品所引起的消費流行。在人們的生活中，所謂耐用消費品的概念，是指那些具有導致再消費趨勢的3C產品等，它一方面豐富了人們的文化生活，另一方面也帶動了大眾娛樂業的繁榮。

雖然，人們已經深深感到單純追求物質享受、及時行樂和揮霍浪費等是人性異化的表現，它強調人類除了物質充裕之外，還應該有豐富的人文精神寄託，但對於商品大潮所帶來的心理衝擊力，卻無法抵禦、無法消弭。所以，就有學者指出：「消費主義的精神特徵，已經改頭換面地取代了倫理標準，幸福的定義也只是更全面地獲得商品的立即自我滿足，因此烏托邦的狂熱就被欲壑難填的消費揮霍所取代了。」進而言之，經濟因素不僅表現出如何協調生產與消費的關係，更多是受到了文化心理因素的制約，因為心理特質既造就了人類生活的豐富、和諧與幸福，也抑制了人類理性的充分發展。

經濟活動的心理認受性越來越被重視，已成為人們選擇生活方式和價值方式的重要因素。由於商品經濟往往被片面強調其負面效應，諸如漫無節制的物質浪費、充滿銅臭的商業投機頭腦、冰冷嚴酷的金錢工具性等現世功利情結；但相對地，包括了休閒娛樂的精神文化消費領域等，也正在緩慢的進步中被拓寬，一些高層次消費如藝術享受型消費、娛樂健身型消費以及旅遊觀光型消費等，正在各地蓬勃興起。

但是，發展精神文化消費絕不能流於發展如夜總會、舞廳或酒吧等類的通俗文化場所，而是應該發展成為那些高層次的文化消費，即是文明健康、情趣高雅、形式多樣的精神娛樂產品等，把精神文明建設、提高國民素質與經濟發展等緊密地聯繫起來。文化娛樂消費一旦形成一種社會化產品趨勢後，就必然以物質的依賴性為基礎，滲透到人的獨立發展方面。

同樣地，精神消費產品同物質產品一樣，只能透過市場管道來實現，從事這類生產的部門或個人才能獲得再生產的能力，亦即只有透過市場消費的環節，其中所蘊含的審美價值和社會效益才能得到實質性的體驗，消費者如果拒絕購買，也就意味著拒絕了價值認同，並消解了社會效益的可能性。所以，精神文化產品追求審美價值與市場效益的統一，最終要透過創造主體與接受主體之間的某種心靈溝通。

當前消費心理學的研究，正朝著大眾消費的文化群體特徵、女性消費

者心理認知以及高新技術產品的流行趨勢等方面深入，特別是隨著經濟全球化的到來，人們更多是從訊息傳播的迅猛發展中研究文化消費心理的變化，例如電腦、多媒體、行動電話和全球網際網路的普及等，都已對社會結構、文化心態以及人的消費方式產生了重要影響，而消費心理的變化也將深刻影響21世紀的商品趨勢。

思考問題

1. 世界性的消費需求正如何發展？而商品消費趨勢出現了哪些新特點？請說明之。
2. 消費可分為哪幾種型態？
3. 消費知覺是如何組成的？而選擇的感受性具有哪些過程？
4. 請分別簡述何謂消費心態及消費動機。
5. 請簡述目前消費心理的趨勢為何。

02
商品的消費心理作用

消費心聲

研究指出，影響人類生存所不可缺少的資源有能源、水源、糧食、空間、熱量和一次性資源等六種，由此構成了人類生存的資源空間，這也是人們從事經濟活動的基礎。而商業貿易可以調節或改變社會之間的資源構成，達到溝通有無、相互受益的交流作用。在這個過程中，行銷工作在消費交流中扮演了重要的角色。

　　承接前節主題，本節以「商品的消費心理作用」為主題，繼續討論。而討論內容，則包括了以下四個項目：商品與消費、商品文化發展、消費者與商品以及商品的心理學。

一、商品與消費

　　商品與消費牽涉一種重要的社會活動，這個活動對每一個人來說，能夠足以掌握自己的本能意願，並對那些生活必需品持有自主能力與遠見，已成為社會價值體系的重要環節。實際上，現代社會評價一種價值時，人的道德水準並不是唯一值得考慮的心理財富，除此之外，在生命理想和人的創造方面都有文明的財富，也就是說，人們都可能從那些商品的生產、流通和消費中得到滿足。

　　正因如此，人們極易傾向於把文明的理想，包括那些經過世代努力所

爭取到的最高成就，都包含在物質財富和文化財富當中。這樣，文明的心理積澱主要存在於財富本身之中，存在於獲得財富的手段之中，甚至存在於財富分配的管理之中，這使得人類的共同交往才成爲可能，而一切文化傳統、風俗習慣和規章制度等目的，都在維持這種共同生活準則，其目的不僅在於影響財富的分配，而且在於保持這種分配遊戲規則的共識。

美國學者喬治・霍曼斯（George C. Homans）曾創立一種社會交換的理論，他認爲交換是人類社會僅存的唯一的東西，人們的一切社會活動都在進行交換，不僅包括物質的交換，也包括非物質的交換，人們提供商品和服務就是爲了獲得適合自己所需要的商品和服務，正像動物具有趨利避害的本性一樣，人類也追求最大的利益和最小的懲罰。另外，他也把交換過程分爲成功、刺激、價值、剝奪與滿足、贊同與侵犯等五個命題，並且把商品關係幻想成平等或趨於平等的交換關係

有一些學者運用了現代經濟學理論，來解釋人類史上的各種經濟現象，提出了原始或早期社會的商業活動與現代市場經濟在實質上是完全不同的，作爲主要財富的土地和勞動力分配，原始的財產積聚，主要反映了前農業時期的交換方式和分配方式的特徵，因而普遍具有自發性和自然性，像促進資源再生和消費平均化的機制，已經不能用現代經濟理論來加以解讀。由於工業化、城市化促進了社會生產力的迅速發展，增加了社會和家庭的不穩定性，人際關係發生了根本的變化，這樣一個複雜的社會，包括了各種群體，各自有著不同的文化、結構和行爲規範，如果任何一個群體的文化和行爲規範得不到社會的認同，那就會發生衝突，而這種衝突結果必然導致社會福利和消費平均化能力的削弱。

更重要的是，現代商品的內涵已由過去的簡單貨物概念延伸爲具有廣義經濟價值的程度，它不僅涉及商業、貿易等流通領域，以及產品設計、質量標準和包裝運輸等生產領域，且深入到對商品的審美、使用、占有不同心態的大眾消費領域。現代商品的生產技術、產品性能、用途、產地及標識等，是透過社會化大量生產來完成的，它包括了產品質量、產品檢

驗、產品標準、產品分類、產品包裝、產品運輸和產品養護等多個環節。同時，也要以滿足市場消費者需要爲重心，樹立競爭盈利的觀念，注意社會整體利益，如防止空氣、水質污染等，以維護消費者的權益與安全。由於商品市場的變化，必然要反映到人的心理活動中，產生不同的情緒與心態，所以消費者的心理、傾向和欲望等，對現代商品的生產與流通具有強大的影響力。

二、商品文化發展

商品文化的發展是以物質生產的積累爲基礎的，它包括了以下兩個方面的內容：

1. 由人力所創造的有形的具體實物

如衣服、食品、房子、汽車、報紙、機器等。

2. 由人力所創造的抽象事物

如理論、學說、道德、習俗等。

根據學者的意見，人可視爲社會化的高級生物，彼此之間充滿著激烈的鬥爭，以適應各自的生存與繁衍。他們據此提出了一種人類行爲的生物社會模式，此一模式認爲人是具有理性、智慧以及各種需要、欲望的生命複合體，一方面人要服從自己的生物性特徵和生存需要，另一方面也是做爲具有知識理性和集體心態的行爲者。這種從哲學上解釋人的本性和人的環境的種種事實，不僅把人作爲一個創造物來看待，也把人作爲文明價值標準的創造者來看待，而人的生命領域和心靈的領域是同時發生的。有學者就認爲，生命的發展階段可分爲：

1. 植物性的無意識衝動。
2. 動物性的本能。
3. 聯合的記憶。

4. 實踐的智能。

5. 精神生活的產生：精神生活係指人與動物的根本差別，它塑造了人類特有的情緒、欲望、理性以及行為特徵。

在實際生活中，個人有機會進行各種選擇，而尋求情感的滿足是選擇過程中的一個重要原則。根據一份資料記載，美國社會心理學家曾做過一項實驗，用以驗證法官在判案中情感偏向的作用程度，心理學家選擇了一批犯有各種罪行的女犯人交予法官審理，並在卷宗內附有各個女犯人的照片，其中有年輕貌美的，也有相貌平平，甚至容貌醜陋的，結果發現，年輕貌美的女犯人大多被法官輕判，而相貌醜陋者則有被重判的傾向，至少無一例輕判。心理學家解釋說，這是因為法官對美貌女子有好感，因此寄予了同情而顯失公正。這個實驗證明了人的情感傾向會影響人的行為，哪怕是非常嚴謹的司法行為，抑或是日常生活中的簡單購物行為。由此推知，商業活動必須能夠充分地體現公平和自主精神，建立自己的規範、程序和運作機制。

過去傳統經濟理論，一直沿用最大化原則作為分析人們經濟行為的出發點，即用數學方法來預測人們參與交換行為的最大值或最小值。近年來，一些學者發現，人們的經濟活動往往不是嚴格按數理模式行事，例如利率調升時，人們並沒增加儲蓄，但在利率下降時，儲蓄反而增加了。還有，往年的暢銷品突然滯銷了，而多年的滯銷品一下子又成了熱門貨；一種產品的暢銷往往取決於廣告的成功運作，而不是產品自身的內在品質等等。這表明了人們主要是根據自己的興趣、愛好、價值觀和對未來的期盼等因素來決定經濟行為，研究人們的好惡、需求、利益和心態動機在購物或消費行為中的影響，又導致了商品心理學或心理經濟學的產生及其應用。

三、消費者與商品

　　消費者與商品一直存在著微妙的關係。透過在市場上選擇可供選擇的商品，消費者能夠表明他們需要什麼樣的商品和服務、什麼樣的設計和質量以及什麼樣的價格等等，但絕大多數人感到他們花錢得到的價值不如從前多，商品和服務的質量正在下降，得不到足夠的市場資訊，更多的人則是受到劣質產品的傷害，而各種商品廣告不是把人引入歧途，就是欺瞞大眾。因此，由顧客需求驅動的企業，其涵義並不僅僅是生產和出售商品，而是提供真正的價值和服務，這樣才能取得雙贏的效果，即企業贏得利潤和顧客，而顧客贏得實惠和滿足。

　　在美國這樣的高度現代化國家裡，因為顧客已經相當熟練，他們的期望值往往很高，而且對廣告的宣傳嗤之以鼻，商品銷售問題變得更加嚴重。面對來自世界各地品種日益繁多的競爭性商品和個人實際收入下降，消費者也只能竭力尋求低價商品、有效的服務和持久的產品價值。確切地說，人們感興趣的是，那些能夠提供貨真價實和持久價值的促銷方式，而銷售部門所關心的便是產品的收入能達到最大限度，並不是顧客的真正需要。因此，所有的促銷行為都只在炫耀消費的好處，用誇張的說辭和徹頭徹尾的歪曲來吸引顧客，所以人們也就無法擺脫那些用了就扔的短命商品的誘惑。

（一）家庭與商品間的關係

　　如果把前農業時期的商品經濟視為是一種集體福利的目標，那麼在這個意義上，家庭的實質在於共享，包括家庭用品、鄉村草地和城市公共設施等，而家庭的維持則必須對共同利益達成某些一致的見解。家庭的生產活動是為了使用、自給自足，它不需要花費精力去盤算專業化或勞動分工是否會使人們更富裕，就像手作藝人和工匠根據訂貨進行生產，服務的對象是某個特定的顧客，並依顧客要求製造產品，而不是為了抽象的消費者或市場生產大眾化的產品。

關於消費者與商品的關係，現代家庭分配扮演了重要的角色。家庭分配的原則也是簡單明瞭的，由家長做出必要的決定，但是在飯桌上，大家無非就是分享所得而已，沒有哪個人的食物是確切地依據他的貢獻而分配給他的，儘管家長可能獲得最大的份額，其他人則是按需要平均分配。所以，需求的概念是主宰一切的，像足夠的食物、衣物、遮風蔽雨的住所、生病時的照護以及性愛、友誼等等。

上述這些需求的目標，主要是靠人們自身地位來決定需求等級的，效忠程度或受寵越多，需求和滿足的層次也越高。當生產動機作為追求個人財富或其他職業象徵的時候，就等於把家族等級秩序轉化成一種金錢的依附，或是一種透過個人努力達成自己美德和價值的證據，這樣消費的衝動代替了禁欲苦行，享樂主義的生活方式消滅了集體福利的夢幻。

在受消費者主權原則約束的市場經濟活動中，與家庭經濟目標所不同的是，生產什麼東西是由消費者按照他們的愛好和需要，所做出的集體決策來決定的，所以商品生產所得的利潤並不完全用於個人消費的目的，而是作為資本再次投入生產環節，為更多的顧客提供更多的、更廉價的產品。在一個企業的經濟活動中，類似於生產什麼或如何使用資本的決定，理應來自於對怎樣才能帶來最佳投資效益所做出的集體判斷。

（二）個人與商品間的關係

然而，進一步從心理的角度來看，現代企業生產的特點在於它是一個受利益動機驅動的經濟體系，其中含有兩層意思：第一，生產的目的不是大眾化的，而是個人化的；第二，獲得商品的動機不是需求，而是需求心理。因此，個人心態的欲望取代了社會生活的實際需求，成為尋求滿足感的基礎，市場也以五花八門的個人需求為己任。

在個人需求心理方面，從經濟上對個人的需求心理加以抑制，其方式是限制某個人持有的貨幣數額，或是限制他們所能確立起來的權利，但人們卻對這種理想持有一種相反的態度，造成了「誰有錢誰消費」的合理

性，由此體現出人的差別或社會的差別。因此，個人欲望隨著收入增加而增長，同時也隨著收入減少而低落，但不管怎樣，那些滿足的或不滿足的欲望都將創造新的需求。福利和快樂也成為同義詞，因為人們對自己福利水準和幸福感的看法，不取決於絕對的收入水準，而是取決於人們所體驗的感受，即個人同別人比較收入時，心理上的承受程度。

（三）群眾與商品間的關係

在實際生活中，往往會出現出某種重複他人語言或行為的人群現象，這些現象都來自一種從眾心理壓力。這是由於人們在現代生活中，可能面對的各種選擇、爭奪和誘惑中，所引起的心理病態反應，像文化活動本身，常常被商業化的大眾傳媒所左右，人的欲望也因此變得不著邊際，例如某件事物、某位歌手、某個品牌或某種藥物等等，都可以成為人們追逐和神往的對象，這是人的正常心理和審美評價，在某種情緒衝動或壓力面前所出現的模糊或錯位。佛洛伊德（Sigmund Freud）對這種現象的解釋是情感的宣洩和轉移，而榮格（C. Jung）則認為是人格和心靈的回歸。

商品競爭的殘酷性能否得到改善，將取決於消費者大眾的反覆無常所帶給企業的風險意識，並設法消除或減少由於人們漫無目標的需求所造成的不穩定性。如此，商品的增長可能會因此得到刺激，但已不是公眾需要什麼就生產什麼，而是要兼顧企業、消費者、投資者和其他社會群體的利益。許多企業也意識到，只有能夠自我控制地把共同利益放在首位的企業才能生存下去，因為舊的消費時代即將過去，新的服務時代已經來臨，「服務才是市場最佳的銷售武器」這句口號，正在被越來越多的企業認同，而如果無法做到「服務至上」，那「消費者至上」就只是一句空話。

總而言之，建立一種由消費者驅動企業的最重要的方法，是簡單地使公司與顧客直接接觸，這樣能夠恢復以往零售業對顧客的那種傳統殷勤，所以網路技術正在被用來重新建立銷售者與顧客之間的個人關係。然而服務是至關重要的，像某些化妝品公司，由於僱用了能對顧客提出有益建議

且訓練有素的銷售人員而使產品熱銷；有些連鎖公司則經營得像是一家大的夫妻雜貨店，在這種溫情方針指導下發展密切的業務關係，顯然受益更大。

四、商品的心理學

在廣義上，商品心理學強調那些為達到最大經濟效果所必須具備的各種條件，它包括下列三個項目：

1. 交換活動的最佳條件

係指在完全競爭的市場經濟中，交易雙方透過交換得到最大限度滿足的經濟和文化心理條件。

2. 生產活動的最佳條件

係指在完全競爭的市場經濟條件下，生產要素必須實現最有效的配置，從而最大限度地生產商品所必須的物質和精神條件。

3. 交換的最佳條件與生產的最佳條件相結合

交換的最佳條件與生產的最佳條件相結合，才能達到最大的社會福利，適應消費者的物質文化需求，此關鍵則是同時滿足這兩種最佳條件。

人們接觸商品，產生購買的欲望，主要是透過視覺的形象感官、經驗的認知判斷以及生存的基本需要來決定的。絕大多數的商品，都與人們生活的歷史連續性有關，例如服裝、食品、生活用具、交通工具以及住房等，都是在文明的過程中被不斷改進、不斷豐富起來的，人類不僅因此獲得了創造商品的知識和能力，且透過知識和能力的逐步提升而又擴大了商品再生產的水準，在這個基礎上，人們才能夠專心致志地去創造財富，並沉浸在獲取財富的歡樂之中。

上文中指出，人們在選擇品牌時，主要是滿足以下兩方面的需求：

1. 品牌商品競爭時，最能喚起記憶、聯想和情緒的品牌，往往最先能被消費者選中。例如，美國某化妝品公司推出的一種護膚產品，原來的定位是強調防範皮膚癌和防曬功能的藥理作用，消費者對此十分冷淡，後來公司將產品定位為護膚保健品，強調能促進皮膚光滑、色彩亮麗和充滿性感魅力，其涵義由KILL（死亡）轉換為KISS（接吻），而使它能熱銷於青年男女群中。

2. 由品牌喚起的聯想、心態和情感的滿足，最能被消費者選中。例如，國外常常以牛仔形象來作為促銷菸酒的標誌，這是因為牛仔形象代表了年輕、粗獷、獨立、男性化的定位與欲望，容易受到男性認同和女性青睞，放諸四海而皆準，不受國度和文化限制。

　　針對以上的討論，從「商品的消費心理作用」的觀點來看，行銷人員可以學習到什麼樣的功課呢？

 思考問題

1. 商品文化的發展是以何為基礎的，它包括了哪些內容？
2. 生命的發展階段，可分為哪些？
3. 請簡述消費者與商品間有哪些關係。
4. 商品心理學強調為達到最大經濟效果，所必須具備的條件有哪些？
5. 人們在選擇品牌時，主要是滿足哪些方面的需求？

03
行銷的消費心理效應

消費心聲

> 消費市場經濟具有一種由心理主導的內在行為準則，而每個人必須遵守這種準則。當價格上漲，消費者減少消費時，而行銷者卻設法增加銷售；當價格下降，消費者欲增加消費時，行銷者卻極力減少銷售，這樣的消費與銷售之間構成了一種難以調和的矛盾，這意味著每個人在從事商業活動時，必須是理性和最大化分配他們的利益，並分享各自應得的份額。

　　本節「行銷的消費心理效應」將承接前兩節的主題，繼續討論以下四個項目：行銷活動的新思維、消費市場的新挑戰、行銷工作的新要求以及新網路平臺的應用。

一、行銷活動的新思維

　　傳統的經營思維一直是以生產為中心，以產品促銷為出發點，即製造廠商按照自己的願望和特長，先把產品生產出來，然後再由商業網點組織貨源銷售，或派行銷人員到各地推銷，動員或勸說消費者來消費自己的產品。而隨著現代科技和社會生產力的迅速發展，人們對商品的需求量日益增加，企業間的競爭也越來越激烈，而消費市場的自由選擇權已經掌握在消費者手中，所以出現了以消費者為中心和出發點的新型經營觀念。因

此，研究行銷心理與消費心理的相互變化及兩者共同的內在規律，導致了行銷心理學的產生與發展。

　　20世紀90年代以來，現代化國家以及那些後起的工業化國家，都出現了消費品供應面臨飽和的情形，這種所謂銷售壓力的增大，使人們越來越關注行銷心理學的研究。一些學者認為，消費者的行為方式是經常變化的，過去很成功的促銷手法，現在可能已經完全不適用，同時商家行銷的目的是將商品賣出去，而消費又必須是消費者完全自願的行動。因此，企業管理人員和行銷人員必須具有適應消費者心理變化的各種素質，即如何做到與消費者溝通的問題，這些素質包括了行銷人員的個性心理特徵、情感品質和意志能力等，而行銷人員的心理素質和能力水準反映在經營活動中，就導致了商業行為和效益的不同，而最為關鍵的是，將消費者視為商品交易的主宰，並因此制定有關行銷的方針和策略。

　　以上種種概括而言，這些行銷策略可以有下列幾點：

（一）產品策略

　　企業要開展消費市場經營、發展企業行銷和轉變生產觀念，就必須對未來某種產品的需求量和品種的變化趨勢做出科學的預測，並制定自己的產品策略，例如產品壽命的週期分析、產品競爭能力分析、品種規格的選擇、產品的商標和包裝策略等。

（二）定價策略

　　價格作為重要的經濟槓桿，在消費市場經營中有著十分重要的作用。定價策略既包括對工業品及一般生活用品的研究，如產品出廠價格、批發價格和零售價格等，也包括對產品價格構成的研究，如生產成本、流通費用、國家稅金和企業利潤等，正確地制定價格策略，是企業開展消費市場經營活動的重要手段。

（三）行銷策略

產品生產出來以後，如何把它們及時、合理地投入消費市場中，成為消費者的消費品，是行銷策略的主要內容，它包括推銷產品的各種手段和辦法，如產品宣傳、派員推銷、商品展銷會、銷售服務、技術推廣和培訓銷售人員等。

（四）國際貿易策略

由於國內市場有限，需要擴展國際貿易，透過對國際消費市場的研究調查，充分了解國際需求的狀況，選擇有利於使產品進入國際買方消費市場的管道和形式，開發適銷對路的新產品，提高企業適應國際消費市場的能力。

二、消費市場的新挑戰

有關消費市場行情的變化，也是行銷心理學所密切關注的，因為行情可以反映出商品消費市場，特別是商品交易過程的變化情況和供求關係的特徵，它包括了消費市場價格與交易情況、經濟環境或商品消費市場的一般狀態和發展趨勢、具體商品型態的再生產和再流通等。值得注意的是，消費市場行情的變化與經濟活動的循環波動、季節波動、不規則波動和隨機性波動等都常常成正比，而企業經營與倒閉、就業與失業規模、工資變動與消費力狀況、大眾消費心理及社會變化趨勢等，也都是影響消費市場行情變化的重要因素。

在一般情況下，商品消費行情的週期變化包括有危機、蕭條、復甦及高漲等階段。

1. 危機階段

生產、流通和消費指數下降，以及失業、企業倒閉和利率指標下滑等，都表示消費市場行情惡化。

2. 蕭條階段

各種指標均處於低水準，行情不景氣，消費市場銷售也處於低谷。

3. 復甦及高漲階段

各種指標有所回升，投資者和消費者都有信心，行情開始有所好轉。

行情的預兆性變化對金融業（如：股票、證券、基金等）影響最大，其次是對企業生產和銷售也能產生較大的衝擊，例如社會衝突、自然災害和政治事件等變化，所帶來的行情預兆，也會導致人心浮動、消費市場不穩定。

首先，在一切經營活動中，價格是最為敏感的，這也是人們普遍具有對生活質量和消費水準的心理變量的預測值。在理論上，商品價格是由廠商來預測，由消費市場運營情況來確定，其基本要求是：(1)規定產品的價格，要最大限度貼近價值，即接近社會必要勞動的消耗；(2)價格必須體現出消耗的生產資材價值，與勞動者為自己勞動所創造的價值；(3)價格必須圍繞價值規律來運行，即以消費市場行銷的導向來制定合理的商品價格。價格體系是由生產力發展的水準、社會經濟結構、國土資源環境以及歷史特點來決定的，但隨著消費市場經濟的逐步完善，消費的心理趨向已經成為影響價格波動的重要因素。

其次，產品的售後服務，已成為現代行銷活動的不可缺少的環節，也是消費者評價商品信譽的重要心理條件，因為消費者要求商品在使用過程中和使用後感到安全、可靠，所以人們希望了解產品的原料構成、使用方法等知識，希望了解商品使用後是否產生不良後果，例如家電產品、3C產品、化工產品、藥品或食品等，人們都有一種求安保險的意識，因此行銷部門應針對具體情況，採取相應的售後服務措施。這些售後服務作為行銷的重要內容，是溝通廠家、商家和消費者之間的橋梁，更是實施信譽第一、顧客至上經營方針的憑據。

最後，營業人員、行銷人員還要具有熱情、不卑不亢的行為風度，包

括端莊的站立姿態、自然大方的行走方式、拿取商品或展示商品及包裝商品時的幹練俐落、彬彬有禮以及措辭得當的應答風度等，不僅能打動消費者的心，促進消費行為，甚至對樹立公司形象、淨化社會環境也能產生影響。據說，美國百事可樂公司為了與可口可樂公司一爭雌雄，僱用了一些典雅出眾的女性推銷員，讓她們身穿華麗服裝，在人們注目的豪華場所進行現場銷售，如此不僅改變了百事可樂被貶為窮人可樂的印象，且提高了百事可樂的商業聲譽，取得了顯著的效果。

從行銷行業的現狀來看，如何以消費者需要來組織商品生產與服務，從而取得最佳經濟效益，已成為各國廠商的共識。其中的基本涵義，就是企業要以最低的成本和最快的速度，把產品送到消費者和使用者手中，並提供滿意的服務。由於消費市場上的商品種類越來越多，企業之間在服務方面的競爭也越來越激烈，他們均以各自不同的方式，在產品和勞務的質量上力爭贏得消費者的信賴，充分顯示當代經濟的潛在優勢與特點。

三、行銷工作的新要求

在行銷過程中，行銷人員的個性品質、溝通水準和技巧等是非常重要的，也是衡量行銷人員心理素質的重要內容。另外，銷售環境的選擇在現代商品交易中的作用，也具重要的影響力。

（一）行銷人員的個性品質

首先，行銷人員的個性，一般可分為活躍型、沉靜型、順從型、急躁型、精細型及獨立型等類型。其中，以精細型和獨立型的行銷人員比較受企業欣賞，分別說明如下：

1. 活躍型

情感豐富、活潑有餘，通常容易迅速與顧客達成交易，但有時因注意力分散而影響服務品質。

2. 沉靜型

則性格內向、沉默寡言，在接待顧客時，很少主動推薦、介紹商品，也不大理睬顧客的提問。

3. 順從型

情緒較穩定、性格較軟弱、遇事缺乏主見，對於買賣上發生的問題往往束手無策。

4. 急躁型

因為心直口快、情緒急躁，在售貨和推銷過程中，容易與顧客發生衝突。

5. 精細型

性格溫和、注意力集中，善於從顧客的表情神態揣測對方的消費心理，並以真誠感人的言語為顧客提供周到的服務。此類型的行銷人員，較受企業欣賞。

6. 獨立型

態度端莊、遇事不慌、接受能力強，能主動招呼顧客，善於根據消費者的心理需求和消費習慣來考慮問題，積極誘導顧客採取消費行為。

（二）行銷人員的溝通技巧

其次，溝通的水準和技巧也是衡量行銷人員心理素質的重要內容，因為行銷人員與消費者之間的言談交往，目的就是為了銷售商品，而溝通可以架起一座溝通的橋梁。

行銷人員的口頭言辭是非常有講究的，尤其是在推銷過程中，不宜圍繞同一商品反覆講述同一文字的介紹，這會使人感到物品單調、缺乏吸引力，從而打消消費欲望。一個稱職的行銷人員，在一定時間內對某一個人或某些有連帶關係的人說話時，應根據當時情境的不斷變化來改變溝通方

式，注意察言觀色，把握對方心態，並不斷改變推銷手法，抓住機會、主動出擊，以征服對方。據說，前些年有一對知名的外商夫婦在臺灣某地選購首飾，對一只標價8萬元的翡翠戒指很感興趣，但因價格昂貴而猶豫不決，這時銷售人員向這對外商夫婦介紹說，某國總統夫人也來看過這只戒指，但因價格高而未購買，這對夫婦為了證明他們比總統夫人更有錢，即當下買了這枚戒指。

（三）銷售環境的選擇

另外，銷售環境的選擇在現代商品交易中的作用已越來越突出，例如商品的布置與擺放等，如何能適應消費者的習慣心理、選擇心理、求新心理和審美心理方面，已成為國內外研究行銷心理的重要內容。

首先，商品豐富多樣化是刺激消費需求的根本條件，任何一個消費者都希望從種類繁多的商品中挑選出自己需要的。所以，要根據這種心理出發，盡量給消費者琳瑯滿目、品種齊全和雜而不亂的印象是極為重要的，另外商品擺放的位置也應以適合消費者的心理和行走習慣來安放。眼下比較流行的方式是以產品的種類、功能、樣式、色彩和價位來分類、設置商品櫥窗，或是開架擺放。隨著各式超市和開架式商店的增多，商家越來越重視商品擺放，目的就是讓消費者能方便地接觸到商品，使其在瀏覽中產生消費的動機。

目前，大型商場越來越注重環境設施的建設，包括對氣味、空調、音響和電視有技巧的使用等。例如，有些商店經常使用芳香劑，這對顧客的心理感受非常重要，能使人們在選購中始終保持心情舒暢；空調的使用也越來越重要，尤其在炎熱的夏季，不僅能使顧客願意駐留，也能保持清醒和良好情緒。另外，從經驗證明，合理的音響設置也是影響營業額的重要因素之一，商店中受環境噪音的干擾本來就很嚴重，這時如果再配以激烈的熱門音樂，則往往會使許多顧客望而卻步，產生厭煩心理，所以應根據商店位置、周邊環境和經營項目等來安排不同的播放內容。

如今，有越來越多購物商場重視視覺因素，都配置了大螢幕電視，透過這種生動、直觀的形式來介紹產品、招徠顧客，效果不錯。總之，隨著消費市場的日益繁榮，各國的行銷業者充分利用現代科技，以促進商品銷售手法的多樣化。

四、新網路平臺的應用

網路作為溝通行銷者與消費者之間的大眾化傳媒，行銷更直接、互動更頻繁，許多企業都利用它來向客戶推銷產品，並得到越來越多的消費者的歡迎。目前，現代化國家都將電子商務做為行銷的重要形式，並希望在未來的網路交易中，電子貨幣可以完全取代傳統的現金與支票。電子貨幣是指利用電腦或儲值卡進行金融轉移，它可以像現金支付一樣，在每次消費時，將儲存的金融相應削減。

為了刺激消費者使用電子貨幣進行網路交易，許多大公司紛紛推出各種優惠措施，讓消費者能充分享受購物的便利，希望能因此強化網路消費的信心。不過，在網路安全以及電子交易尚未成熟的條件下，消費者還處於嘗試性消費階段，而且目前僅限於電腦與電子產品、影音光碟、書籍與電子書等商品。雖然，期貨、證券交易已經進入網路，臺灣也有多樣種類商品的網路交易，但當前投資者、消費者大眾仍抱持觀望態度，仍有待加強。

目前，有越來越多公司企業表示人們將運用網路出售產品，利用傳真、電子郵件等方式發出訂單。例如，一家公司可讓顧客直接透過internet訂購酒、巧克力和鮮花，另一家公司則是透過網路進行軟性的促銷，為消費者提供各種資訊和精神娛樂。但是，還有大多數的消費者對在網路線上交易表示懷疑，因為人們擔心信用卡號碼及個資的洩漏，更嚴重的是商業機密可能被人從中攔截。

雖然，internet消費市場固然很大，但要在數以百萬計的茫茫網址中吸引使用者注意，留住潛在客戶的目光，都將面臨很大的挑戰。美國專

門研究網路商業運營的唐・霍夫曼（Don Hoffman）曾指出，沒有人真的做過廣泛的量化研究，沒有確實的數據，沒有人真的知道電子商務消費市場的規模究竟有多大，他猜測這個消費市場可能沒有一般臆測的那麼大。但無論如何，internet至少是一個具有非常生財潛力的消費市場，事實上網路商業消費市場的前景不但迷人，甚至可能是一波能夠創造無數就業機會的更大浪潮。當然，這與工業革命一樣，internet在創造就業機會的同時，也會因改變傳統商業交易模式而讓一部分人失業。自稱害怕技術的美國總統柯林頓（Clinton）也說過，internet需要一套更加明確的規則，在許多方面，網路貿易對全球經濟來說，還像蠻荒的西部地區一樣，政府的任務就是要確保internet對那些願意在上面交易的人們來說，是個安全和穩定的地方。

網路行銷的最大特點，在於消費者化被動為主動，自己透過網路來查詢資訊，這要求必須在行銷者與消費者之間建立一種信任的關係，不過消費者出於對資訊安全與隱私的顧慮，大多不願意將自己的信用卡號碼或其他敏感資訊放在陌生的網路中傳遞。隨著網路安全和個人保密技術的日益成熟，消費者尋求資訊的動機會越來越強烈，主動消費的消費市場意向也會逐步加強，所以從長遠看，網路行銷的潛在經濟價值將超過零售和推銷等傳統行銷方式。

因此，一些經濟學家甚至認為，網路貿易將使各種通貨膨脹危機不復存在，因為電子貨幣等新的支付方式，將大大減少發行銀行的貨幣存量，對傳統的金融流通模式產生重大影響，不僅國家銀行已經無法根據自己的意願擴大或減少流動資金，而且社會固有的資金總量也將變成來去無蹤的虛擬內存，它的前景不容小覷。

在傳統的行銷理論中，運輸費用並不重要，商品一旦生產出來，他的運輸就被預算在成本中。然而，隨著遠距離貿易的大幅增加，運輸也成為嚴重制約商品能否順利行銷的關鍵。例如，廉價勞力可能使臺灣製造的服裝、玩具在美國消費市場上具有競爭力，但如果運輸的拖延牽制了運營資

金，並使冬天穿的衣服夏天才運到，則貿易可能會喪失優勢。現在的情況是，運輸業的迅速航空化已使貨運變得便宜起來，所以有許多企業紛紛採取直銷的方式，來改變以往中間商過多而價格偏高的現象。

隨著網路零售業的日趨成熟和連鎖化經營的規模擴大，已經使許多國際企業透過實施消費戰略而獲益，其方式是透過合資或獨資方式，進入現有的銷售管道、供貨系統和顧客群，它尤其適應已經飽和的消費市場，因為在這樣的消費市場環境下，消費者們更樂於接受那些相比之下要好得多的網路，包括國際產品等，這種消費新趨勢，值得行銷人員重視。

 思考問題

1. 企業管理人員和行銷人員如何做好與消費者溝通問題，其應具備的素質包括哪些？
2. 行銷人員將消費者視為商品交易的主宰，所制定有關行銷的方針和策略有哪些？
3. 影響消費市場行情變化的重要因素有哪些？請簡述之。
4. 訂定商品價格的基本因素為何？
5. 行銷工作的新要求為何？請簡述之。

行銷加油站

利用客戶的想像

行銷學的教授們曾進行過一項研究，著重考察觸摸物品如何能增加所有權的感覺，發現此研究對於網上行銷也有一定意義，即使客戶不能觸摸到產品，利用所有權想像也能增加客戶所感覺到的所有權。

在研究中，向受試者詢問此類的問題：「想像一下把這個產品帶回家。你會把它放在哪裡？你會用它來做什麼？」想像環節僅持續60秒。雖然，想像的確對所有權感覺有影響，但資料還是給了一個更讓人吃驚的發現，那就是即使沒有發生觸摸，進行過所有權想像的受試者仍然會受影響。

從上述研究所得出的結論是，能在潛在買家心中激發所有權想像的網路零售商，能加強對所有權的感知並提升估價。在不觸摸的環境下，所有權想像能夠極大地增強對所有權的感覺、提高客戶願意支付的金額。

幫助客戶想像所有權

如果你能夠幫助你的客戶想像他們擁有這個產品，那麼你促成行銷的機會就會增多。當然，問題就在於，如何在網站和手機應用的制約下做到這一點。

有一個簡單的、低成本的方式，就是在產品的文字內容裡利用引導性的問題，就像實驗人員當面做的那樣。當然，與面對面研究條件不同的是，你很難控制你的客戶以及他們花在指定活動上的時間。一些網路行銷人員對單個產品，會利用顧客的問卷調查所收集之頁面，展示在網頁上，

例如充滿產品資訊、顧客的滿意證言、對常見疑問的解答等。一般來說，能進入該網頁的顧客深受產品吸引，也容易提高其所有權想像。

　　以行銷全國汽車輪胎及車輪的TireRack.com網站來看，是說明所有權想像的最佳案例。其顧客的選擇流程，首先是指明自己汽車的品牌、車型和年份，然後在此網站提出合適的車輪和輪胎以供選擇。一旦顧客看到他們感興趣的，顧客就可點擊該「汽車視圖」，出現的圖片就正是客戶的那輛汽車，同時還出現一個下拉框，列出廠商提供的此車型的顏色。用戶選擇正確顏色，一轉眼，客戶就能看見自己的那輛汽車被自己剛剛挑選出來的車輪和輪胎裝飾得漂漂亮亮了。

　　對於一些網站，在討論產品特性的同時，還可以加入一段能啟動所有權想像的視頻。每個網站都是不同的，但找到一個能打造所有權感覺的方法，將會提高客戶吸納率和收入總額。

Chapter 2

消費心理學的基礎

01 引起消費者的注意

02 引起消費者的興趣

03 建立正面消費態度

本章所設定的目標是「消費心理學的基礎」，要討論的三個重要議題分別是：引起消費者的注意、引起消費者的興趣以及建立正面消費態度。

01
引起消費者的注意

📞 **消費心聲**

> 　　經驗告訴我們，每一個成功的行銷都是從吸引消費者注意力開始的，而消費者的心理活動宛如流動的小溪，複雜並時刻不停地變化，怎樣才能吸引消費者的注意？可以運用刺激感強烈的物體、體積巨大的物體、運動的物體和顏色鮮豔的東西，它會幫你更好地達到目的。

　　如果把消費者的心理活動，比喻為一條內容豐富的流動小溪來看，那心理活動小溪的第一個階段，就是如何引起消費者的注意，而引起消費者注意是行銷人員的第一要務。一般要完成這一步是非常困難的，因為消費者經常是沉浸在自己的世界裡，思考著與生活息息相關的問題，在這種情況下，消費者的心理活動小溪是既緩慢又平靜的。因此，試圖將一件新東西，甚至是國外產品的形象和概念投遞到消費者心中，打斷他心理活動小溪自然的流速，對行銷人員來說，是非常困難的。行銷人員必須把那件商品的概念或形象，準確地插入消費者心理活動的小溪中，而不是讓它們滯留在岸邊，否則消費者根本注意不到那些商品。

　　行銷人員達到上面目標的難易程度，很大程度上取決於消費者當時思考問題的投入程度和他思考問題的內容。例如，當他們無所事事地坐在公車上，目光從一塊廣告看板游離到另一塊上時，他們心理活動的小溪流速緩慢，這種情況下行銷人員很容易吸引他們的注意力。還有一種情況，當

消費者在股票市場裡準備交易，或觀看一場激烈的球賽時，他們心理活動的小溪會澎湃洶湧，這些情況下消費者很難被其他東西吸引。

而比上述情況更難引起消費者注意力的是，商品對消費者來說充滿了陌生感，此時行銷人員需要在推銷前進行必要的解釋，使消費者認知接受這種商品。不過，無論有多少困難，成功的行銷都必須從引起消費者的注意力開始。

在此，根據「引起消費者的注意」的主題，分別來討論以下四個項目：注意刺激的強度、注意刺激的廣度、色彩更具吸引力以及注意力轉向消費。

一、注意刺激的強度

沒有一種方法可以對付所有不同流速的心理活動小溪，或適用於所有商品和廣告的推銷，但有些因素的使用，被證明在吸引消費者注意力上是非常有效的，而這第一個有效因素就是強烈刺激。一般而言，人類對具有強烈刺激感的物體相當敏感，例如明亮的光線、嘈雜的聲音、強烈的味道、巨大的壓力、極端的問題以及尖銳的疼痛等。在探知這個因素作用的機理和來源之前，必須清楚地知道為什麼具有強烈刺激性質的物體，會吸引我們的注意力。

消費者的很多習慣，可以說也是來自於遺傳特徵。從歷史視角來看，我們可以假設人類個體身上遺傳了代代相傳的一些共同性，即人類的祖先們為了適應特定環境條件，所產生的能力或行動傾向。人類對那些會影響生活或健康水準所產生的因素一直都很關注，例如強烈的光線會讓眼睛睜不開、巨大的嘈雜聲可能會使聽力受損等。所以，如果個體對這些影響的因素反應遲鈍，那就表示一定會有所受傷或因而損害生命，因此個體對刺激性強烈的物體都會經常性地保持警惕，這種警惕也就意味著會幫助個體延長壽命，於是這種對具有強烈刺激感的物體保持注意力的習慣，已深入每個人的骨髓，並代代相傳。

以上的這個規律告訴我們，一個可以進入消費者心理活動河流的訣竅是，在消費者面前擺放一種可以給他們帶來強烈刺激感的商品。例如，在古時候，城鎮通常會使用鈴鐺通知居民集合，魚販們會用喇叭來吸引顧客的注意力。而現在的廣告人員則採用會尖叫的看板來替代，或許是因為具有強烈刺激感的物體往往給人粗俗的感覺，那些喜歡使用個人風格推銷的行銷人員，很少會利用這些東西來吸引他們的潛在客戶。但是，如果行銷人員能夠將刺激用得優雅又不具有侵害性的話，就會大大地提高了吸引潛在客戶注意力的機率。

二、注意刺激的廣度

第二個吸引消費者注意力的因素是刺激的廣度，也就是常說的體積、大小和重量。消費者的注意力很容易被巨大的物體吸引，當人們沉浸在自己的思緒中時，就很容易忽視周圍晃過的小物體，但對體積大的物體就不同了。例如，一輛在鄉村公路上行駛的汽車，很難忽視路邊豎立起來的巨大看板；散步的行人，也很難忽視矗立在路邊、直指天空的巨大看板等。

除了透過刺激感官吸引注意力這種作用外，物體龐大的體積還有另一種作用，那就是消費者非常容易將商品品質的優劣和它的體積大小畫上等號，認為巨大的體積與好的品質之間存在著必然的關聯性，例如看到開著大車、帶著大鑽戒的人就判斷他是富人等。

追求巨大感還包含著另一種心理動機，例如當看到一個相對較大的物體時，人們傾向於認為它比實際看到的要大得多；又如，人們習慣誇大物體的大小、體積和重量，就像在描述一顆鑽石時，有人會說：「它像鴿子蛋一樣大。」

上述的這些人類習慣，可能不太切合實際，但它確實是人類天性的一部分。如果想要對他人的思想有所影響，就需要把人類的此一天性納入考慮範圍，可以利用人類為什麼會被刺激感強烈的物體所吸引這樣的想法，來解釋為什麼人類會傾向於注意體積巨大的物體。

其實，人類的這種天性是一種維持生存的理智選擇（也許是本能）。例如，遠古人類為了確保能在致命的攻擊發生前逃跑，就必須時刻地注意周圍是否會突然出現比自己體積大的物體。無論這個容易被巨大物體吸引的習慣來自哪裡，對行銷人員來說，都有很大的借鏡作用，因為人類的這個傾向也告訴了行銷人員，可以透過擴大面積或體積的方法，來增加行銷的成功率。

下面這則成功行銷的例子，就給行銷人員做出了良好的榜樣。

世界上再也沒有一個人比威廉·瑞格里（William Wrigley）更懂得有效運用數學概念的「大」廣告作用了。早在20世紀20年代時，他就花費了2千萬美元在世界範圍內，用八種語言打響了他的「廣告戰」。在他天文數字的合約下，全美6,200條街道、地鐵、運行的電車車廂上都掛上了他的看板，連紐約時代廣場上空也掛著他的耀眼看板，僅這一項廣告，瑞格里每年就需要支付10.4萬美元。

威廉·瑞格里收集了全國的電話號碼簿，並給上面列出的150萬用戶，每家郵寄了4片樣品口香糖。幾年後，他又做了相同的行銷，這一次他郵寄口香糖的家庭數達到了700萬戶，此時他在廣告上的投入已超過了350萬美元。他利用「大廣告」成功行銷的例子，給後來的廣告人很多啟示。此後，廣告業的迅猛發展，總體上展現了利用大幅廣告吸引消費者的策略，而這類廣告的數量也迅速上升。

三、色彩更具吸引力

第三個吸引消費者注意力的因素，就是色彩。而解釋色彩如何吸引人類注意力的書籍，可謂卷帙浩繁。色彩的種類很多，有些心理學家認為世界上有3萬種顏色，而這些色彩斑斕的顏色是可以被簡化的，一般影響人類心理活動的視覺刺激，可被分為灰色（即黑色、白色和700種中間灰色）和彩色等兩類。為了讓論證更加嚴密，需要先排除掉黑色、白色和中

間灰色。心理學實驗結果，證明了紅色、綠色、藍色和黃色等四種顏色，比其他色彩更吸引人類的目光。

將這四種顏色與上面提到的700種不同程度的灰色混合，行銷人員就會有足夠大的空間來施展才智，甚至可以調配出適合每個消費者的色彩，以及吸引他們注意力的各種不同色彩。就算在色調相對單調的灰色空間裡（其中有一種灰色是報紙廣告的基礎色），也可以創造出令人驚異的多種顏色。多虧了現代印刷技術的進步，人們可以調配出很多驚人的色彩效果，但這些多得數不清的色彩，卻僅僅只占了所有色彩的一小部分。但如果是在吸引消費者注意力上來看，除了紅、綠、藍、黃四色外，其他色彩在它們面前，都會黯然失色。

很多證據都可以證明，色彩具有吸引人注意力的作用。例如，當第一批美洲移民者想高價賣給印第安人玻璃珠時，在歷史書上特別強調，他們賣出的是「彩色」的珠子。又如，據說網路商店的老闆也發現，彩色目錄比黑白目錄更能刺激消費者購買商品的欲望。很多心理學的實驗結果也證明，運用色彩吸引人類的注意力非常有效，而為什麼彩色比灰色更吸引人們的注意力，根據相關的解釋，可能是因為彩色反射光線的波長比灰色的要長。

色彩除吸引注意力之外，還有許多其他作用，例如色彩可以維持注意力，也可引起人們產生愉悅的情感等。而這個愉悅感也許是源自於色彩的本質，它可以被傳遞到將要販售的物體上，這種愉悅感也可能是因為色彩引起了消費者某些開心的聯想。例如，將這種色彩產生的愉悅感應用在不同品牌的化妝品上，最直接的結果就是運用不同顏色的包裝。所以，無論是由於什麼原因，當行銷人員在需要時能盡情地使用彩色，就可能會讓行銷更容易成功。

四、注意力轉向消費

第四個吸引消費者注意力的因素就是變化，它在吸引注意力上往往能

出奇制勝。變化，可以是任何內容形式的變化，例如強度的強弱變化、大小變化，或者刺激來源變化等。我們可以透過日常生活中的事情，來說明這個問題，例如只有當時鐘停止時，我們才會注意到它曾經走過。

移動是最常見的變化形式。提到移動，大多數人會給出熱烈的回應，雖然大多數時候，移動都難以被察覺，但當我們停止沉浸於自己的世界中時，會發現移動在我們生活中占著非常重要的位置。在遠古時候，當人類的祖先還在叢林中奔跑時，生活中最重要的事情就是移動。樹葉微小的移動可能預示著強敵的出現，樹枝輕微的晃動則可能是死亡的先兆。所以，人類祖先產生了一種注意一切移動物體的本能，因為如果有一天對移動的東西失去警惕性，也就可能意味著死亡的臨近。作為原始人類的後代，人類習慣對任何移動的物體保持密切注視，慢慢地，這種維持生存的本能就內化為種群內部每個個體必備的技能，並遺傳至今。

關於人類為什麼容易注意移動的物體，還有另外一種解釋，即移動和心理活動有某種程度上的相似性。心理活動像一條流動不息的溪流，移動的物體非常容易在這條溪流中占據一個位置。他們的移動可以被描述成兩個不同的平臺，一個在移動（心理活動），另一個則相對靜止（想吸引注意力的物體）。想從後一個靜止被注意物體的平臺，進入前一個移動（心理活動）的平臺非常困難，但讓靜止的被注意物體的平臺朝著心理活動小溪流動的方向，以與它相同的速度移動起來，就容易多了。此時，消費者的心理活動和移動的物體之間保持相對靜止，消費者就很容易被物體吸引了。出現這樣的結果，主要是因為移動的物體和流動的心理活動小溪具有很多本質上的相同點。

心理活動小溪除了朝某個特定方向流動外，內部也在移動著，小溪中漩渦的出現，使得溪流前後擺動，心理活動小溪流動不止，物體很難停留在小溪中間而不被沖走。讀者可以透過能否長期將注意力集中在一個字母上不發生轉移，來驗證以上說法的正確性。雖然，一個人努力將自己的注意力集中在這個字母上，但是他會發現長時間保持不失神，幾乎不可能。

消費心理學

注意力會從字母的一部分游移到另一部分，從頂部移動到底部，從左邊移動到右邊，然後離開這個字母飄向其他地方。

心理學家發現，一個人對某件物體維持百分百注意力的時間，最多只有兩、三分鐘。一般情況下，這種專注只能持續一、兩秒，這段時間之後，心理活動小溪中湧起的漩渦，會將處在注意力中心的物體沖到別處，然後將原來徘徊在注意力邊緣的物體捲至中心。任何一個時刻，心理活動小溪中都同時存在很多分散於不同地方的物體。你的注意力可能會瞬間被移動的物體吸引，例如櫥窗裡的模特兒會不停揮舞手上的安全刮鬍刀，以及廣告中的鞋子會在水窪中踩來踩去，正是因為這個原因。

從以上內容中可以發現，移動是行銷人員吸引消費者注意力的主要技巧之一。這個技巧，不僅可以幫他吸引住消費者的眼睛，還可以幫助他將商品形象長久留在消費者心中。

霓虹燈算是移動和燈光的完美結合，它在吸引人類的注意力方面表現突出。例如，當走過燈火輝煌的街道時，會發現總是忍不住再三地注視那些閃爍的廣告招牌，無論那些廣告是在街頭還是街角，甚至是倒映在眼鏡鏡片上的對街霓虹燈影子，都可以讓你目不轉睛。除此之外，也許還會發現，昏暗移動的廣告標誌比明亮靜止的標誌，更容易吸引注意力。

廣告中將移動運用得最徹底的例子，大概就是移動圖片廣告了，例如電影預告片、產品廣告片等。又例如，同樣是畫面上的汽車，移動的汽車比靜止的汽車更容易讓我們感覺愉悅。

事實上，移動是廣告行銷的最佳拍檔，因為它擁有吸引人類注意力的天賦——移動的圖片。因此，我們會驚奇移動的本能如此強大，其實只是因為移動會瞬間吸引我們的注意力。例如，我們可以在海邊坐上幾個小時，靜靜地看著海面上浪濤湧起又落下；我們也可以躺在草地上專心地盯著天空中飄浮的雲朵；我們還可以坐在火堆前，看著跳動的火焰，陷入沉思，忘卻周圍的一切。而如何來解釋這些專心致志呢？也許還是因為本能的因素，就像解釋強度和廣度一樣。

思考問題

1. 把消費者的心理活動，比喻為一條內容豐富的流動小溪來看，什麼是行銷人員的第一要務？

2. 消費者的很多習慣，可以說也是來自於什麼？

3. 刺激的廣度有哪些？

4. 在吸引消費者注意力上，有效因素有哪些？

5. 什麼是廣告行銷的最佳拍檔，它擁什麼有吸引人類注意力的天賦？

消費心理學

02
引起消費者的興趣

消費心聲

　　在引起消費者的注意之後，行銷人員要能夠引起消費者的興趣。當消費者對商品產生興趣時，就容易產生認同感，然後產生購買的想法。如果想讓消費者對某件商品感興趣，首先要提供關於這件商品的足夠資訊，還要讓消費者有所動作，例如提供需要的可撕優惠券、提供解開謎語的獎品、描繪卡通場景或創作一首打油詩等。在這個過程中，移動的商品、洪亮的聲音、明亮的光線以及強烈的氣味等都可以加以運用。

　　承接前節的主題，以「引起消費者的興趣」為主題，繼續討論以下四個項目：興趣的消費心理意義、消費興趣心理學法則、引起消費興趣的方法以及興趣逆向操作的方法。

一、興趣的消費心理意義

　　當消費者對某件商品產生注意力之後，一般會有以下兩種行為：一是離開，這種情況下，表示他失去了作為商品潛在買主的可能性；二是對商品繼續保持關注，此時他仍然停留在潛在消費者的位置。後一種情況中，他投射在商品上的注意力與第一階段的注意力大不相同了，這種注意力會演化為一種深入、熱切的關注。這個心理階段，我們稱之為興趣，注意力

會轉化爲興趣。

想描述興趣，特別是消費興趣，首先得從定義開始。前人提出的興趣定義有很多，例如興趣與以往的經歷緊密相關，是一種有歷史感的東西；是使人注意某件商品的衝動；興趣有引起行爲傾向；興趣的本質根植於被關注；興趣可以消除人和物之間以及人的行爲之間的界限，它是有機組合的標誌等等。

還有，我們可以透過觀看一個孩子全神貫注地閱讀神話故事的狀態，來感受何謂興趣。當孩子專心閱讀時，他看不到書籍之外的任何事物，也聽不到外界的聲音，完全沉浸在自己的世界裡，這樣的狀態可以稱爲有興趣。另外，也可以從讓廣告的目標——消費者群體——在閱讀廣告時，所出現的那種如癡如醉的狀態，來理解何謂興趣，這也是任何廣告文案撰寫者的終極夢想。

因此，從以上敘述以行銷的角度來看，我們可以得出興趣的定義，也就是說，當廣告讀者對廣告中介紹的商品產生興趣時，就容易對商品產生認同感，然後產生購買的想法，如果一切情況順利恰當，那麼就會在腦海中有付諸實踐的想法，然後眞正行動去購買商品。

二、消費興趣心理學法則

如何讓消費者產生興趣，是第一個需要解決的問題。閱讀以下兩條心理學法則，也許可以找到答案。

（一）提供足夠的資訊

興趣的第一條法則是，如果想讓人對某件商品感興趣，就需要提供關於這件商品的足夠資訊。回想一下成長歷程，就會發現這條法則的有效性，我們用以下一個小女孩狂熱追星的事情做例子。

　　她對這個明星演過的所有電影瞭如指掌，還知道他的年齡、頭髮、瞳孔的顏色以及他的汽車款式，珍惜她知道的每一點一滴關於明

星的消息，這些資訊對她來說，就像教徒手上的念珠，對它充滿了虔誠的熱愛，而這些認知則構成了心理學上產生興趣的基礎。明星經紀公司也知道這一情況，所以每隔一段時間，就會在媒體上發布一些有關這個明星的新聞或趣事，以此持續保持粉絲們對他的興趣。

行銷人員如果理解了上面介紹的法則，並能適時地給消費者傳遞商品的資訊，將會受益匪淺。一些具有創新精神的廣告人員，也在不斷將這個技巧應用到現實中，也許他們並沒有遵守我們的法則去做，但是透過研究廣告裡的眾多細節，可以發現他們知道散播商品資訊，一定會對消費者的購買行為產生積極影響。將進化論中「適者生存」的原則應用於廣告界，可以合理地推斷出，在促進銷售上，提供足夠商品資訊的方法，有其存在的價值。

（二）採取動作

引起消費者興趣的第二條法則是，如果想讓人們對某件商品產生興趣，一定要讓人們對商品有所動作，也就是採取動作，從某些組織為了引起某些特定人群興趣的實例中，可以看到這條法則的應用。例如，一個醫院為了吸引一個有錢人的興趣，會把他列入董事會或其他一些醫院重要委員會的名單中，如果他對該醫院的事情非常關心，那麼他會因為醫院的此一舉動而對醫院越來越有興趣，最終醫院一定會得到期待已久的捐款。這種方法在直接針對個人的行銷中很常見，例如行銷人員會讓消費者撫摸絲綢，感受它的質感；也會用新車載著消費者兜風；或者讓消費者試彈鋼琴等。

應用這種方法的最常見例子是，推銷員敲響大門。例如，美國銷售員向家庭主婦們推銷新的廚房用品時，在門打開的瞬間，推銷員迅速取下帽子，放在門前地上或直接掛在門口的衣帽架上。他們一般會這樣開頭：「女士，我想給你介紹一種新的濃縮油——克里斯科（Crisco）油。」說話的同時，他雙手捧起幾瓶油遞給她。在家庭主婦接過油的瞬間，推銷員

會立即用左手掏出鉛筆，然後再用右手從口袋中拿出一疊優惠券，這樣他兩手裡都是東西，家庭主婦就不能再把油罐還給他了。接下來，家庭主婦最可能的動作是，把油罐握在手上或放在地上，於是一場銷售開始了。

在廣告中，使用引起消費者行動反應的元素，來提起消費者興趣的方法，在以前比較少見，但凡是出現過的這類廣告，消費者反應都很好。這些形式有需要可撕下的優惠券、詢問朋友和經銷商姓名、提供解開謎語的獎品、描繪卡通場景或創作一首打油詩等。以上這些環節設置，是在消費者已經透過廣告熟知商品用途的情況下，讓消費者經由採取動作來產生對商品的興趣。

三、引起消費興趣的方法

在利用何種方法引起消費者興趣的問題上，行銷人員有很多選擇，而這些方法可以被分為針對天生本能的方法和針對後天養成習慣的方法。

（一）針對天生本能的方法

首先討論一下什麼是針對天生本能的方法，它就像上述所提到的那樣，人類天生就對移動的商品、洪亮的聲音、明亮的光線以及強烈的氣味感興趣。

討論這個問題前，首先要避免在不知不覺中踏入一個陷阱，即將一些後天所養成的習慣，劃分到天生本能裡去，這是不正確的，例如對馬鈴薯、喜歡的政黨等興趣，都稱為天生興趣。事實上，這些都是人類後天透過積累經歷所發展出來的興趣。這裡可以粗略地區分一下這兩種興趣，一般人類天生本能感興趣的物體，多數是諸如燈光亮度、銅鼓聲音大小等這些簡單的元素，而相較之下，後天養成的興趣物體幾乎都是具體商品，例如富人的豪華房舍裡，喜歡吊掛古羅馬式的古董吊燈或是播放管弦樂曲等。

消除了這個混亂的概念、錯誤邏輯後，可以得出進一步的結論。例

如，《格雷的五十道陰影》（*Fifty Shades of Grey*）英國作家詹姆斯（E. L. Jame）對我們的下一步研究，有這樣的建議：「站在一個人天生本能興趣的一邊，給他提供和這些本能興趣密切相關的物體。」如果將詹姆斯的忠告應用於防水鞋的廣告設計上，行銷人員可能會設計這樣一幅場景：「某人穿著這樣的防水鞋在水窪中，踩來踩去」，這一場景會引起人類天生對運動的本能興趣，然後這種本能興趣將被轉移到吸引消費者注意的商品賣點上，即鞋子的防水性。

這個興趣轉移的過程非常困難。針對這一過程，詹姆斯曾經說：「一步一步來，賦予具有吸引本能興趣的第一個商品一些過去的經驗，然後再賦予能引起興趣轉移的第二個物體一些所希望傳達給消費者的新概念。將兩物體以一種自然的方式聯繫起來，然後人類對第一個商品的本能興趣就會傳遞到第二個商品上，最終消費者會對這兩個商品擁有同樣的興趣。」所以，消費者興趣轉移到防水鞋上後，行銷人員此時應該注意吸引消費者的後天習得興趣，例如顯示出這種防水鞋有多麼省錢，且鞋子不容易有膠化的現象，而穿著後的保養工作是非常簡單省事等等。

很多行銷人員正是在這一點上失敗的，因為他們無法順利地將消費者的興趣，從舊的認識中轉移到新的特點上，無法說明現代人熟知的與他們將要賣出的商品有哪些聯繫，與吸引注意力相比之下，如何轉移興趣是一個非常值得探討的問題。

（二）針對後天養成興趣的方法

引起後天養成興趣的方法，可以劃分為永久性與暫時性等兩種方法。永久性的興趣一經習得，一般會持續一生的時間，這種興趣可能是喜歡甜食、喜歡重口味、喜歡馬鈴薯、喜歡一個特定的政黨或者聯誼會等。而那些被劃歸到暫時性養成興趣中的偏好，對個體來說比永久養成興趣的重要性要弱一點，這些興趣可能是對某次飛機旅行中發生的謀殺案之審判結果感興趣，或者對總統選舉的結果感興趣等。

另外，能引起消費興趣的商品資訊，大致可以分爲以下四類：商品原材料來源、製造過程、公司的人員構成以及商品用途。透過對廣告分的類研究，我們可以發現在廣告中提供這四種資訊的好處。事實上，在後來的廣告發展中，這四種資訊出現的頻率還在變高。這個頻率變高的原因可能是，透過闡述某件商品的用途，廣告設計者可以拉近與讀者之間的距離。他可以用熟悉的語調，來描述讀者每天的生活需要，還可以展示一件商品的相關用途。

　　此外，對怎麼使用的問題感興趣，也許是來自於人類的天性。每當遇到一個新商品時，我們的本能問題都是「我能用它幹什麼？」對公司人事的興趣，在調查所涉及的八十年內出現的頻率，從11%上升到了18%，這個情況也許可以從側面反映出，社會對大企業持續升溫的興趣，特別是對企業人事方面的興趣。例如，人們想知道公司的盈餘虧損、盈餘的數額，以及公司事務部門負責人的性格和能力，而人們喜歡聆聽別人的成功故事，因爲可以發現他人成功的祕密。

　　無論如何解釋興趣的本質，都必須承認在過去廣告業擴張的二十年裡，報刊上資訊披露型廣告出現的百分比，由22%上升到了74%。在這種類型的廣告中，有些被披露的資訊要明顯多於商品的其他資訊。

　　我們從心理分析的角度，探討了興趣和消費者興趣的共同特性，並且提出了培育消費者興趣的兩條法則。不僅從理論的角度，闡釋了這兩條法則，還在分析廣告的實例中，發現這兩條法則已經有意識或無意識地被成功的行銷人員應用，並透過了對引起興趣的特定因素之間的分析，還發現了一些對提起消費者興趣具有最佳效果的因素。

　　雖然，吸引興趣被視爲行銷中的一個獨立階段，但這並不是說它和其他階段之間沒有任何關聯。事實上，一旦消費者對某件商品產生了興趣，這種興趣會存在於整個行銷過程中，而且興趣也會橫貫於其後的產生購買欲望階段、樹立信心階段、決定購買階段和滿足階段。

四、興趣逆向操作的方法

　　所謂興趣逆向操作，即推銷消費者不感興趣的東西。筆者曾讀過一篇名叫〈售書竅門〉（Bookselling Tips）的有趣行銷個案，與讀者分享。

　　我，一位大學教授，被店員拉進一家書店，目的不是讓我買書，而是讓我站在裡面向前來買書的顧客表示，這家書店的書，其品味有多麼高尚，連大學教授都手不釋卷地在裡面翻閱。我站在書店的整整一個下午，看到經理向所有前來買書的顧客推薦兩本新書：《金色的夢》（Golden Dram）和《在猴群中》（Monkeys In）。他推銷得那樣賣力，把一切能夠用上的手段：誇獎、恭維、勸說、撒謊、引誘、降價和運書到府等都用上了。我感到很納悶，臨走時，忍不住向老闆打聽：「這兩本書你看過嗎？」

　　「沒有。」老闆說。

　　「你剛才說，你夫人看過，她覺得怎麼樣？」

　　「對不起，先生，我還是個單身漢。」

　　「那麼……？」

　　「倒楣的生意！」老闆搖搖頭說：「出版商把貨卸給了我們，我只好盡力而為。這是一部糟透了的書，我對它厭惡極了，我希望大家也能跟我一樣厭惡，最好在電視上公開宣布禁止這本書出售，否則，我這生意可真要遭大殃了。」

　　結果，我倒看到不少人好奇地購買老闆口中「倒楣的書」。

　　筆者認識一位朋友，他是個畫家，在他沒有自己的經紀人之前，一直是自己賣畫，但成績差極了。每次別人在購買他的畫時，他都要對畫作品評一番，好在哪，不好在哪，於是人家就抓住他所說的那些細微的缺點，大殺其價。如果遇著一幅自己的得意之作，他又總是捨不得出手，好像賣自己的親生骨肉一樣，不忍分離是一個原因，還總希望識貨、懂藝術的人

花錢，生怕明珠暗投了。但他卻不知，眞正懂藝術的人，沒有幾個肯花大錢或能花大錢買他的畫。

一般來說，多數行銷人員及生意人們都認爲，從自己喜愛的東西開始做生意容易成功。他們的理由是：「我在行啊！」但事實證明，這樣的生意十之八九不成功。

推銷自己喜愛的東西，創不下好成績；喜愛古式用品的人，成不了好的古董商；喜愛刀劍的人，也經營不好刀劍，由於經銷的東西是個人所鍾愛的，進貨時會精心挑選，售出時又會產生愛不釋手的心理。

不管是否同意，從心理學的角度會認爲，眞正老練的生意人，不會強調推銷自己感興趣的東西。若是自己不喜愛的東西，你就會認眞地去動腦筋，如何才能把它賣出去。由於你不在行，你不會過多地對消費者進行介紹和分析，因而不會犯了「言多必失」的錯誤，你不特別喜歡的東西，對它的評估會更客觀、更準確，一切根據市場需求來決定。

 思考問題

1. 當消費者對某件商品產生注意力之後，一般會有哪些行為？
2. 可從哪些心理學法則，來讓消費者產生興趣？
3. 在利用何種方法引起消費者興趣的問題上，行銷人員有哪些方法？
4. 能引起消費興趣的商品資訊，可分為哪些？
5. 請簡述何謂興趣逆向操作的方法。

03
建立正面消費態度

消費心聲

態度是一種相對持久的傾向，它是個人發展出對生活中的不同事物和問題的認識，包括對商品的消費，人們用語言將它們表現為觀點。因此，態度的成分很明顯應包括價值與信念，以及程度不同的事實知識，或者是這些人當做事實知識的內容，也包括認知、行為與情感方面的因素。但不明顯的是，它們有一部分是意識的，另一部分則是無意識的，而且這兩方面有時會彼此間產生衝突。

本節「建立正面消費態度」將承接前兩節的主題，繼續討論以下五項個目：態度的定義、態度的形成、態度的功能、態度和消費行為以及改變消費的態度。

一、態度的定義

態度可以定義為，以一種一貫的喜愛或不喜愛的方式，對一個事物發生反應的習慣傾向。消費者是否購買一個產品，在很大程度上依賴於消費者對它的態度，因此許多對行銷的努力，是花在那些找出消費者對產品行銷的態度，並尋求在適當情況下改變那些態度上。下文是把態度的定義進行分解，使其易於理解：

1. 態度是習得的，而不是本能的，它不是行為，是對某一特定行為的一

種偏好；它包含著一個人和某一個物品之間的關係；態度的對象可能
是另一個人、一個制度或一自然物品，這裡用的「物品」有「一個客
觀物體」的意思。

2. 態度是相當穩定的，並不隨著物理狀態和環境而發生很大變化，例如
一個消費者最喜歡的止痛藥是普拿疼（Panadol），那他的這種態度
無論有沒有頭痛時都保持著，行為（即吃藥）可以不發生，但態度仍
然存在。

一個人和一件物品之間的關係不是中性的，它是有向量性的，具有方
向和強度。如果你對某事是喜歡或者不喜歡，即是表示出自己的態度，而
若對它保持中立或冷漠，則會說你對它沒有任何態度。態度只能從陳述或
行為中來推斷，它是不可觸摸的，並且不可能直接觀察得到。換句話說，
儘管我們能夠觀察和測量行為，但我們必須要向人們詢問他們對各種事情
的態度，並且希望他們的回答是誠實的，但如果不是調查一個敏感的主
題，則會引起許多困難。

二、態度的形成

對消費者來說，態度的形成包括了第一印象非常重要、品牌態度的形
成以及消費者獲得對產品特徵重要性的信念等三個成分。

（一）第一印象非常重要

態度的形成，以對此物品的經驗為基礎，正常情況下是來自直接經
驗。例如，駕駛一輛特製的車，或品嘗一種特定牌子的啤酒，將會導致態
度的形成，此人便會對這個物品建立起一個在頭腦中的圖像（感知），並
由此形成態度。第一印象非常重要，因為它影響我們後來的資訊收集，這
也就是為什麼人們第一次約會時，會表現得很好，這樣別人就會形成一種
對他喜愛的態度。

有一些經驗是間接的，當我們對某些沒有直接經驗的事物形成態度

時，朋友或親戚的推薦或經驗的交流就顯得很重要。有時這會由於感知的綜合性，而導致迷信或偏見，這時如果朋友都告訴你，某部電影特別乏味，即使你並未看過此部電影，但你很可能會因為朋友的關係，而就會持有這種態度，所謂的消極態度，就是常常以此種方式形成的。

廣告和市場交流，一般都能透過提供一些另外的資訊，而對此有很大幫助，例如公共關係在此有特別重要的作用，因為它是交易中態度形成和變化的主要活動。態度中有一種感知的成分，比如一件事物被感知的方式，受到消費者穩定的特點（如：人格、智力、原來的知識、文化、性別等）以及目前性情（如：情緒、身體狀態等）等影響。

（二）品牌態度的形成

圍繞品牌或產品的情景變數，也會影響態度形成的過程。例如，令人不愉快的行銷人員，或位置不方便的取貨地點，都可能影響我們感知品牌的方式。

接受廣告刺激，在鼓勵學習和態度形成中具有重要影響，但主要的驅動力還是來自於消費者的需要。

（三）消費者獲得對產品特徵重要性的信念

因為認知系統，一次只能在頭腦中保留相對很小數量的事實，特徵重要性的信念是被消費者用來做判斷的那部分。一般而言，這些特徵重要性的信念，將會是那些消費者認為最重要的，但它們可能僅僅是最近才呈現的那些。

消費者對一個事物的完整態度，是這個事物的許多特性的函數。態度是作為消費者對這些特性的感覺強度，或特徵重要性信念程度，以及對這些信念評價的結果而形成的。例如，一個消費者可能對一個飯店持有信念，它包括了消費者沒有知識（如：廚房衛生與設備等）或有一點知識（如：菜色與價格比較等），或沒有考慮的領域（如：地點與距離等）。

換句話說，只有飯店特徵重要性的信念才被考慮，以便試圖解釋消費者特徵重要性的信念，它將如何幫助形成最終態度。

把消費者可能對一個飯店持有信念的特性，被整合起來形成一個完整的態度，因此消費者將會就飯店的好壞，而形成一個對飯店的態度。這個態度可以某種方式得到量化，例如這個飯店可能被認為是吃午餐的好地方，但不適合於晚餐；或者當消費者不想做飯時，它是一個吃速食的好去處，但在特殊場合下不是個好地方。

三、態度的功能

以下例子中，是對態度的功能和情景的說明。

20世紀30年代，法國南部的一個旅館中，每天都舉行一個奇怪的儀式。一個羅曼諾夫（Romanov）家族的王子（來自俄國皇家），要求他的廚師把一盤草莓切碎並吃掉。這個儀式每天都有，甚至為此必須特地空運草莓，原因是王子喜歡草莓的味道，但卻對它們過敏，因此不敢吃。由於他的特殊原因，所以對此產品的態度並不能導致對它的消費。

對產品的正面態度，並不等於對購買此產品持有正面態度。一個消費者可能對淡色的衣服有很強的正面態度，但可能因為淡色衣服在城市工作易弄髒，故不購買此產品。要測量的態度應該是對執行一個特定行為（購買或消費）的態度，而不是對事物本身的態度。有證據指出，這是購買行為的更好的預測，而不只是測量對品牌本身的態度。當然，在了解一個消費者為什麼擁有一個特定的態度時，會存在更大的複雜性，因為這要考慮更多的變數。

總而言之，態度可因條件或情況的變化而變化，例如收入的突然下降，可能導致個人認為這個產品太貴了，儘管以前它被視為很好的價格。

四、態度和消費行為

有思考的行動理論提出，顧客有意識地評價不同行為的後果，然後選擇將會導致最好結果的那一個。個人對這種行為的信念，以及對可能的主要後果的評價，將會聯合起來產生一種對這種行為的態度。同時，個人對其他人可能想法的信念與關注的程度，都彙集起來而形成對期望行為的原則，然後個人會衡量態度和原則的相對重要性，從而形成怎樣去行動的意圖，這樣就能進一步導致行為本身。

有思考的行動理論假設，消費者根據對行為的態度，來對行為決策進行一種邏輯的評價程序，而對行為的態度，則是來自於對產品或品牌的態度。

行銷人員常常努力於鼓勵人們先購買，然後形成態度。例如，試車、演示和贈券等，在形成態度和行為一貫性中，都比廣告更強而有力。在形成偏愛的印象中，產品試用是如此強有力，以至於汽車生產商都準備給予汽車租賃公司和駕駛學校特殊的交易，以便鼓勵雇主和學習者將來購買同樣類型的車。

沒有試用經驗就形成的態度，可能是虛弱易變的，在這種情形下，百事可樂挑戰代表著一種說服人們認為，百事可樂比可口可樂更好的方式，例如每年夏天，購物中心和海邊旅遊勝地就會擺起了小攤，提供路人在蒙眼的情況下，由味覺品嘗來比較百事可樂和可口可樂的機會。事後發現，人們經常會很奇怪地發現，實際上他們更喜歡百事可樂。這其中的一個原因就是，這兩種飲料實際上嘗起來非常相似，在沒有包裝上的視覺感官影響時，消費者一般不能說出兩者的區別。

態度是否在行為之前並沒有太大關係，且態度並不總是伴隨著所建議的行為，因為大多數的人不太會去做被建議的某事，反而實際上做了其他沒被建議的事，這可能是因為態度和行為並不總是一致的。例如，一個吸菸者可能會有吸菸不利於健康是反社會的這樣一種態度，但他仍然

不放棄吸菸。另外，節食也是類似的例子，儘管胖子相信肥胖不利於健康且不美，但減肥卻可能並不是他們的最後結果。用佛洛伊德（Sigmund Freud）的理論來說，態度可能來自於超我，但本我的要求可能導致沒有去行動。

事實上，更可能的是，至少對於急速的消費品，態度形成過程和行為是相互交織的，在這個模型中，存在一個回饋環路，使得消費者能夠再次評價和考慮自己的態度。所以，態度的形成因此被認為是一個動態的過程，行為也成為這個過程的一部分。

五、改變消費的態度

消費者對某一消費活動的態度，會因為看到這一活動是透過所崇拜人物的表現（代言者），而更加堅決。當然，這並不是說觀察別人做這些活動，可以代替消費者親自參加這些活動中的替代物。

我們知道要想改變消費者的態度，就要替他們找個代言者來示範，並與他們討論重要的問題，此時就應時刻觀察消費者，由於新態度而帶來的行為上的改變，並對之予以即時強化，否則這些變化就會是極為短暫的。當然，行銷人員也應不斷的策劃具體的機會，使消費者能使用新的行為，越早這樣做，態度改變的效果也就越好。

此外，消費者會對行銷人員的熱情予以積極的反應，只要這種熱情不是被強迫的，也就會被這種熱情所激發，並參與到有關的活動中。消費者一旦目睹了成功，很快就會希望透過參與，而與其聯繫在一起。這種熱情一直持續到它變成了自我強化，並且每個參與者都能對活動表現出極大的熱情。

成功行銷人員的另一個品質，是要能設置一個消費者願意效仿的例子；換句話說，具有消費者自己也願意擁有的技能和技術。上述對行銷人員而言，可幫助在設計改變消費者態度的策略上，而改變消費者態度的方法，有以下四種：

1. 增加一個新的顯著信念

例如，飯店指出在星期六晚上，可能會有一個吉普賽小提琴家的巡迴演出。這將是消費者要考慮的新因素。

2. 改變顯著信念的強度

如果信念是負面的，會使消費者的態度打折扣或降低；如果是正面的，會使消費者的態度更重要。例如，消費者對餐館餐具的衛生持有低的信念，但對餐館特性具有高的評價，此時餐館應該特別注意告訴消費者，餐具在放到桌子上之前已經特別檢查過了。

3. 改變對已有信念的評價

例如，消費者對餐館的價格水準取向低，消費者表示不需要廉價的飯菜，所以餐館可以透過強調低價格高品質，來吸引消費者更經常地惠顧，或者不必花很多錢來宴請朋友。

4. 讓已有的信念更重要

例如，消費者聲明侍者的友好，不為人所知或不重要，餐館因此可以強調如果侍者令人愉快，夜晚的享受將會大有不同。

如果態度的三個成分（如：認知、感情和意向等）處於平衡，那態度會因為已經穩定而很難改變。例如，如果某人超重，並認為這是一件壞事而節食，這種態度是穩定的，就很難改變。另一方面，如果同樣一個超重的人，認為這很糟糕但從未花精力去節食，誘惑此人「請客」吃一兩頓速食就相對容易了。

當新的刺激出現時，態度的三個成分之間就會發生不協調。新的資訊可能影響認知的或意向的成分，或一個不好的經歷可能改變感情的側面；當三個成分之間的不協調超過一個特定的承受水準時，個人就會被迫採取某種精神調節來重新達到穩定。這可透過排斥刺激、態度分裂及調節到新

的態度等三種主要的保護機制來進行。

1. 刺激排斥

　　是個人不重視新的資訊。例如，一個超重的人拒絕瘦子比胖子壽命長的建議，其根據是，研究卻沒有檢查那些過去胖而現在瘦，且一直保持苗條的人們。透過拒絕新的訊息，個人能夠保持關於態度認知成分的原狀。

2. 態度分裂

　　包含了僅僅接受不會引起不協調的那部分資訊，其中個人可能接受新的資訊基本是正確的，但自己的環境是例外。例如，一個人發現準備要投訴的公司已經破產，這將會改變態度的意向成分，因為不可能去起訴一個破產的公司，個人也可能同意一般情況是這樣，但卻認為他的情況是例外，即他可以起訴公司的經理。

3. 調節到新的態度

　　是最終改變態度，來適應新的資訊。例如，胖子可能轉換成吃低脂肪的食品，吸菸者可能減少或完全戒菸，可能的訴訟也僅僅記在經歷的帳上等。

　　以上這三個因素聯繫如此緊密，以至於一個因素的變化一般會引起其他的變化。新訊息引起一個認知的變化，將會改變消費者對產品的感情，這反過來又可能改變消費者對產品的意向。

　　精心製作可能性的模型，來描述改變態度的兩種路線。一是中間路線，包括訴諸於理性認知的因素：消費者進行一系列嚴肅的嘗試，以邏輯的方式來評價新的資訊。另一方面，外圍路線試圖透過把產品和對另一個事物的態度聯繫起來，從而把感情因素包括進來，例如一個搖滾歌星出現在一個飲料的廣告中，這可能會使他的歌迷改變對這種飲料的態度，這與飲料的特性沒有任何關係，而與歌星的特點有很大關係。像這樣的外圍路

線與理性的評價沒有關係，但由於態度成分的相對獨立性，變化仍會發生。事實上，是消費者對歌星的感情在這個產品產生的影響。

改變已存在的態度，嚴重依賴於市場研究，而要梳理清楚那些形成態度的因素，可能是一個特別困難的任務，這是由於光環效應的原故。所謂光環效應是指，因對一個顯著的信念態度傾向，而影響對其他事物的態度。例如，如果一個消費者在一個餐館裡吃了一頓很糟糕的飯，這很可能導致有關於此飯館的其他任何方面都不好的看法。同樣地，對一些因素喜歡的看法，經常導致應答者對其他因素表明喜歡的看法。

思考問題

1. 請簡述態度的定義。
2. 對消費者而言，態度的形成有哪些？
3. 產品代言者對消費者而言，產生了什麼樣的態度？
4. 對行銷人員而言，有哪些可幫助在設計改變消費者態度的策略上，改變消費者態度的方法？
5. 態度的三個成分，包括哪些？
6. 當新的刺激出現時，態度可透過哪些主要的保護機制來進行協調？

行銷加油站

使用複雜字體和高深詞語，來提升你的產品

　　使用簡單字體幾乎無往不勝，但至少在一種情形下，花俏、難懂的字體實際上比簡單字體的效果更好。

　　如果你賣的產品很昂貴，那麼用難懂的字體來描述它，會有向觀眾暗示當在製造這一產品時，投入了更多的心血。學者在進行認知流暢性研究時發現，作為這個研究的一部分──飯店裡的菜單就是一個這樣的案例。

　　研究人員向受試者提供了一份對菜品描述的菜單，有的描述使用了簡單字體，有的使用了難懂些的字體，與看到簡單字體的受試者相比，看到難懂字體的受試者明顯認為，該道菜對廚師具備的技巧要求更高。由此看來，飯店若想使他們高昂的菜價看起來合理，那麼對菜品描述就應該使用更難懂的字體。其他一些對菜品描述的認知流暢性產生影響的做法，也能放大花俏字體所產生的效果。

　　使用高深詞語的較長的描述，也能降低閱讀速度，並向顧客暗示了烹調這道菜，所花費的更多心血和技巧。

　　另外，有一個經驗適用於各類企業，那就是複雜的字體和晦澀的文本，可以使事情看起來更困難。假如你想向客戶證明你的產品製作過程嚴謹而細緻，或者證明你提供的服務需要高超的技巧，那麼就用難懂的字體和高深的詞語來讓讀者放慢速度吧！

　　對於認知流暢性來說，試圖使用花俏字體和複雜文本加以利用會有一個危險，那就是讀者可能會把複雜性與產品的特性，錯誤地聯繫在一起。

例如，為了讓軟體用戶滿意接受，而花了幾千個小時所設計並進行測試的程式，如果使用難懂的字體來進行洋洋灑灑的講述，那麼用戶的理解可能是用起來費勁、不易操作的感覺。

另一個危險就是，潛在消費者可能並未受到充分鼓動，因為一般較不會從頭至尾地讀完複雜的文本。或許，飯店裡的顧客可能會因為想點菜、想知道自己會吃到什麼樣的菜，而仔細閱讀菜品的描述，但對一般看產品手冊或平面廣告的消費者而言，可能乾脆就跳過複雜的文本而不閱讀。

因此，對於使用複雜、難懂及高深的字體與文本，行銷人員不可不審慎運用，以免造成了反效果。

Chapter 3

消費心理學的發展

01　發展消費動機的助力

02　發展消費欲望的滿足

03　掌握理性的消費心理

本章所設定的目標是「消費心理學的發展」，要討論的三個重要議題分別為：發展消費動機的助力、發展消費欲望的滿足以及掌握理性的消費心理。

消費心理學

01

發展消費動機的助力

消費心聲

動機是人們為什麼採取行動的原因。一個動機既有力量，也有方向，並且有可能是積極的，也有可能是消極的。換句話說，一個人能被促動去做某事，也可能被促動去避免做某事。

根據本節「發展消費動機的助力」為主題，分別來討論以下的五個項目：消費動機的定義、消費動機的種類、消費動機的動力、動機與消費行動以及滿足消費的享受。

一、消費動機的定義

儘管很難分辨出人們進行特定消費的動機，但可肯定地說，情感性和潛在性的動機經常在理性的和有意識的動機之前。例如，「高空彈跳」（Bungee Jumping，蹦極跳）對一般大眾而言，或許是愚蠢而危險的，這樣做也沒有任何理性的原因，但卻是非常流行的活動，因為它有趣而刺激，並能考驗參加者的勇氣。又如，購買高價進口外套時，可能會被局外人認為是種不切實際，且要價過高的行為，但對講求時髦消費者的情感需求，超越了僅僅消費防寒衣服之理性的及有意識的消費動機。

根據上述的前提，可以有下列三個要件來說明消費動機。

（一）動機應該與本能有所區分

一個動機只是行動的一個簡單理由，並非是對刺激自主的反應，而本能是天生的、不隨意的反應，儘管行為可能來自於一種本能的原因，但幾乎所有消費者的消費行為，都是非本能的或是有自主意志的。例如，正在觀看一部劇情電影時，依個人的生活背景，每個人很可能本能地迴避或渴望一個特定的戲劇場景。

（二）導致消費某一類產品的原因

例如，消費者也許需要消費一輛新車來取代一輛老舊的汽車（這是隱藏在消費一個特殊品牌後的原因），消費者或許有理由去消費一輛Vauxhall（渥克斯）牌車，而不是標緻牌的車，或者是一輛福特車而不是一輛BMW（寶馬）車（建立在理性的基礎上，或消費者境遇的合理估計之上），我們的汽車消費者也許已經作出為了一輛能夠乘載四個小孩和一頂敞篷汽車的需求選擇，並且把選擇建立在這個基礎之上。而這些動機，必須與消費者對品牌的感覺一起發揮作用。

（三）消費者意識的動機

例如，汽車消費者知道他需求一輛新車，因此這就是一個被意識到的動機。而低於被意識到的動機而起作用的動機，例如假設的汽車消費者可能沒有意識到他想要跑車的欲望，是和他已進入中年聯繫在一起的。

二、消費動機的種類

從心理學的觀點來說，動機可以分為五種：(1)生理上需要的原始動機，如購買生活用品等；(2)情感性動機，如購買有紀念性的物品等；(3)理性動機，如為了儲蓄購屋基金、出國搭乘廉價航空等；(4)被意識到的動機，如針對促銷活動、購買折價商品等；以及(5)潛伏的動機，如孕婦提前購買嬰兒用品等。

整合上述概念，我們將從消費心理實務面來討論與分析以下四個項目：希望滿足的需求、目標和行動的形成、被感覺到的需求以及未被滿足的需求。

（一）希望滿足的需求

從本質上來講，消費者是從希望滿足個人需求的欲望而驅動的，有許多方法可以定義需求的構成，且也許在大多數人腦海中，這世界是和生活必需品（如：食物、住房和服裝等）聯繫在一起的。然而，這種定義有點含糊不清，因為人類是極其複雜的生物，他們要滿足的不僅是生理上的需要而已，如一個被長期剝奪與社會交往的人，最後將變得精神錯亂；同樣地，人們需要感官刺激（娛樂）等等。因此，銷售商把需求定義為已被感受到的缺乏，這種定義意味著僅僅缺乏某件東西並不會產生需要，但事實上當這個人意識到缺乏這件物品時，需求才會成為現實。例如，沒有雨衣、雨傘並不會構成需求，除非有一場大雨，而且他又想去做遠距離的徒步旅行時。

一個沒有被滿足的需求所產生的不安感覺，在消費者腦海中會引發一系列的事件。當個體從一個活動往下一個活動移動時，行動就變得更具體，並且更容易被觀察到。例如，消費者從一個模糊不清的缺乏某件東西的感覺，到消費者穿上大衣走出家門去商店時，這種接連的思考過程，經常發生在一個很短的時間內。

（二）目標和行動的形成

目標和行動形成，有以下四種的心理因素：

1. 需求被意識到

係指意識到缺少某物的感覺，如消費者意識到了疲乏的感覺，是由飢餓引起的。

2. 產生動力

例如，一個去解決進入腦海問題欲望的行動，以及挑選相關的動機。

3. 選擇目標

例如，某些特定的或熱門的商品被注意到，而引起消費決定。

4. 完成選擇目標的方法

例如，當消費者對目標已有了選擇，最後決定是起身行動，抑或是利用到府服務的方式。

（三）被感覺到的需求

被感覺到的需求，可以被分成以下兩大類：

1. 實用主義的需求

引導消費者去考慮目的及產品的功能屬性。

2. 享樂的或經驗的需求

引導消費者去考慮主觀事件、產品的舒適性或美學等方面。

在一個消費決定中，以上的兩類需求都被考慮是很普遍的。例如，一個消費者或許會為了實用的目的，如駕車上下班而去消費一輛車；也會可能為了享樂的目的，如喜歡駕駛而去消費一輛跑車。事實上，有學者曾在1924年時指出，消費者是由理智和情感的動機所激勵出來的，儘管在60年代和70年代之間，在論調上轉向行為的理性化解釋，但目前的觀點是兩種動機之間有著一個平衡點。

被感覺到的需求的第二個有用的定義，就是「想要」。另外，也許有人會把想要定義為一種無關緊要的、不重要的東西。因此，在這裡沒有一個便於使用的定義，因為一個人的奢侈品也許是其他人的必需品，例如居住在已開發國家的大多數人將冰箱當作必需品，然而對於世界上的大多數

開發中國家的窮人來說，冰箱也許是一個真正的奢侈品。

因而，為了變成易於理解的理由，銷售商把「想要」定義成為了需求的一種特別的滿足感。例如，一個人也許有對食物的需求，但他卻想要一個漢堡，或者也許有對飲料的需求，但卻想要啤酒等。

一個特定的需求，能夠透過許多方法來得到滿足。例如，對友誼的需求，可以透過加入一個俱樂部，或結識一些朋友，與朋友一起外出去某地，或去酒館，或為一杯咖啡而去拜訪某位朋友的家來得到滿足。

需求傾向是普遍的，而「想要」則是特定的。由於這個原因，很多推銷努力鼓勵消費者用一個特定的物品，去滿足他們的需求。如此顯示了一個發展次序的激勵模式，這個模式包括了學習和期望的因素。在這個模式中，沒有被滿足的需求，將導致一定能夠滿足需求的推銷行動的發展。

（四）未被滿足的需求

這個模式，對於消費者行為暗示了一個非常清晰、理智的途徑。事實上，此模式中進行的過程發生在消費者頭腦的最深之處，並且使用這種方式去運行——「我渴了，哪兒有一個可口可樂機——我以前喝過並且喜歡可樂——哪兒是投幣口？」這經常是在無意識中發生的事。有時看到可口可樂機器的結果，這使得消費者注意到了口渴。

三、消費動機的動力

動力，是使一個人對消費需求作出反應的力量，它是一個內部的刺激，並且是由從願望狀態到實際狀態的趨勢所引起的。動力，經常被感知為拉力，或者是永不停息的力量。如果一個人現在在哪裡和他喜歡在哪裡之間有差距存在的話，為了去糾正這種狀態，就有了動力。

這種動力的力量依賴於在願望與顯示狀態之間差距的大小，例如由於口渴，導致一個去尋找喝飲料的動力。一個人變得越口渴，他去喝飲料的動力就越大。然而，一旦他已解渴了，那麼動力就會消失，並且以前致力

於尋找飲料的能量將被引導到其他地方。

　　從一個行銷的觀點來看，動力能夠被生成的主要方法是透過鼓勵與修正願望狀態，那就是，使這個人對實際狀態感到不滿意。若動力狀態在一個高水準上，此人對滿足需求的新方法的建議就更容易接受。例如，除了經常飲用的飲料外，某個口渴的人也可能會去嘗試一下另一種新的飲料；當飢餓的時候，大多數人會想到食品採購問題，這很容易使商場中的手推車上的食品超載，並且人們經常會被引誘去嘗試一下新的食品。

　　若動力狀態在一個低的水準上，個人將由於被人提醒仍然會被激勵去採取行動。例如，當開車駕駛時，經常會看到路旁的標牌上寫著：「茶、咖啡、三明治，150公尺遠。」這些標誌給駕車者足夠的時間去考慮：「我能在路邊的點心車出現時，去喝上一杯茶。」這點心車主也許沒有考慮過標誌的心理意義，但這標誌卻簡單地起了作用，這就被稱為啟動需求。儘管駕車者沒有去積極尋求一杯茶，但標誌卻扮演了一個提醒者的角色，例如一杯茶將會使你心滿意足等。駕車者的動力如果在零水準上，那麼他將會繼續往前走（也許因為他剛剛喝過茶），但標誌的成功率大到足夠使它每天值得被放在外面。

　　當然，這種激勵和允許讓人從願望轉向與實際狀態相較，是有區別的，這就是對大多數人來講，生活充滿情趣的地方。允許某人在出去吃飯之前逐漸形成飢餓，或者去酒館之前逐漸形成口渴，從而使得以後的經歷更加令人愉悅。同樣地，完成願望狀態（例如：得到升遷等），也許最後會導致個人對更高層次工作的眼界和願望的上升。按照消費者的思想，為了消費一輛福特牌車而積蓄多年的人，也許會為了消費一個更昂貴的BMW（寶馬）牌車而很快地開始繼續儲蓄。

　　每一個人都有著一個水準，在此水準之上，這種類型的激勵是令人愉悅和富有挑戰性的，沒有任何不舒適與擔憂，這被稱為「樂觀刺激水準」（Optimun Stimulation Levl, OSL）。如果內部的激勵超出了樂觀水準，消費者將尋求去滿足這種需求，並且降低動力。如果激勵降低到低於OSL

水準，那麼，他將會尋求去增長刺激使它回升到OSL水準。這種OSL是一個主觀因素，這就是說，它隨著不同的人而有不同的變化。研究表明，高OSL的人喜歡新奇的事物，並且敢於冒險，而那些低OSL的人則寧願選擇已嘗試過的和經驗過的東西。一般而言，有高OSL傾向的人是較年輕的人。

四、動機與消費行動

動機，是人們為什麼採取行動的原因。一個動機既有力量也有方向，並且有可能是積極的、也有可能是消極的；換句話說，一個人能被促動去做某事，也可能被促動去避免做某事。動機也許是內部產生的，來自於人的本身，如飢餓時購買食物等；也有可能是外部產生的，來自於環境，如促銷活動時去消費等。

一個人被激發的水準，將依賴於下面的幾個因素：(1)最終目標的合乎需要性。(2)完成目標的容易性。和研究有關的一個問題是，動機不能從行為推斷出來。例如，一個年輕人也許為了欣賞音樂而去聽音樂會，或可能是由於他的女朋友喜歡這支樂隊，並且他想在這個夜晚討好她而去聽音樂會。甚至，他在那兒是因為他自己在樂隊中演奏，並且他想看一下比賽的目的是什麼。此時，他的動機因而是主觀的，對於觀察者是沒有任何用處的。很少有行動，是由於一種動機力量的作用產生的結果。在上面所舉的例子中，幾種動機也許同時起作用，且其中一些動機在該問題中並不表現出來。例如，他喜歡樂隊，且也想去討好女朋友，也可能是為了避免與衝突過的家人共度夜晚。

因為動機可能是來自許多方面的，但不大可能同時滿足一個人所有的生理和情感的需求，因此研究人員需要考慮能夠被分類和排序的可能性。早期對生理需求的分類，是由美國心理學家亨利·默里（Henry Murry）所提出來的，這個生理需求的分類是由二十種基本需求所組成的一個列表，它包括了救濟物品、營養物品、感覺能力、尊敬、謙卑、防禦、不喜

歡、避免危害、成就感、阻礙、順從、好鬥、交往、自主、命令、反對、性、理解、表演和玩等。事實上，以上所有的這些需求都與行銷有著密切關聯。例如，反對的這種需求，被可口可樂所使用，它鼓勵消費者去反對他們支持的「這是真正的東西」的品牌。而營養這種需求，在為涼菜和冷湯所做的廣告中，被重點強調。

默里的列表也許並不十分權威，換句話說，可能還有許多其他的需求並沒有被列入表中。儘管如此，並不是所有的需求都將對每一個人產生作用，且需求對於不同的人也許有不同的優先權，另外列表中的一些需求也可能是互相衝突的，例如順從和抵抗等。所以，對於默里的列表來說，是由個人的臨床經驗發展而來的，而不是一個專案研究的結果。

五、滿足消費的享受

行銷的最高目標，就是讓消費者能夠享受消費。其實，多數現代人傾向於享樂主義，但享樂主義被認為是過分重視於享樂。對於消費者行為學來說，這與那些附屬於擁有某些物質的快樂領域有關。例如，汽車製造商設計汽車門關上時，能帶有一種令人滿意的「砰」的一聲，這除了使駕駛者和乘客感到他們乘坐在一個安全的汽車中外，再也沒有任何別的用途；同樣的，在設計福特運貨車時，非常細緻地確保駕駛員的舒適，因為許多運貨車都是主人親自駕駛的，舒適是一個很重要的指標。

在這方面有著大量的例子，例如，咖啡罐上的拉環被「砰」的一聲打開是非常令人愉快的；Apple Mac軟體全有卡通頭像，使得工作起來更加有趣（如：觀察瀏覽且移動的瞳孔）。在一些情況下，娛樂性方面幾乎是作為包裝設計的副產品而偶然出現的。另外一些情況下，產品的娛樂性是在設計階段刻意加上去的。產品在上述這些方面的設計，無疑是為了鼓勵人們的消費。作為一個人，不僅是生存，還有著更多的東西，如娛樂和享受等。

而作為一個物種，絕大多數人幾乎都已經解決了日常生活的所有問

題。因此，人們願意付出少部分額外的費用，去得到一些他們樂於擁有和使用的東西，或者那些只為增添生活樂趣的產品，在西方工業社會尤其如此，特別是在富裕的人之中。

對產品的設計和提高享樂的方法是很豐富的，因為消費者一般都能從所提供的任何品牌中，獲得產品的基本用途。如果行銷人員能夠提供給消費者來自於使用產品的一些額外樂趣或舒適，就能夠更有效地使品牌脫穎而出。

 思 考 問 題

1. 動機可分為哪些？
2. 被感覺到的需求有哪些？
3. 何謂動機的動力？
4. 需求與銷售之間有何關係？
5. 銷售商如何才能使品牌成功的脫穎而出？

02
發展消費欲望的滿足

消費心聲

　　行銷人員都想知道，消費者為什麼會產生購買欲望？我們當從消費心理發展過程著手。如果消費者對某件商品的興趣停留時間足夠長，就會轉化成購買欲望。消費者往往喜歡從新東西中，尋找與以往記憶或經歷相同或相似的地方，過去的愉悅經歷會促使他購買商品，行銷人員要做的就是幫助消費者轉移興趣，移除阻礙的因素。

　　承接前節主題，本節以「發展消費欲望的滿足」為主題，繼續討論。而討論內容，則包括了以下五個項目：何謂消費的欲望、欲望和心理活動、促成消費的雙贏、客觀性與持續性以及消費者滿足欲望。

一、何謂消費的欲望

　　購買欲望是興趣發展的自然結果，如果興趣停留的時間足夠長，就會轉化成購買欲望。所以，適當使用前面章節中提到的方法，行銷人員就可以讓消費者產生購買商品的欲望。但是，讓消費者產生購買商品欲望的方法並不僅僅只有這些，購買欲望作為一個獨一無二的心理活動過程，需要單獨進行深入的分析討論。購買欲望的產生、發展，可以劃分為以下幾個關鍵步驟：

　　首先，要吸引消費者對商品的注意力。商品可以是實體物質（如：汽

車等），也可以是非實體物質（如：油井的股票等）。其次，是幫助消費者轉移興趣，例如在一件新物品中，消費者需要發現很多和舊東西相同的地方，就如同當他在一輛新車上時，他可以看到過去曾給他帶來過快樂經歷的元素；在石油股票上，他也彷彿看到過很多朋友曾經在這上面得到了許多財富。這種在認識新物體時，從過去的經歷中取出一塊片段投射未來的習慣，就是消費者轉移興趣的習慣，一般來說，消費者所追求的愉悅感越強烈，購買的欲望就越強烈。透過這些可以得出結論，如果行銷人員想強化消費者購買某件商品的欲望，可以透過引起他內心愉悅感的方式來實現。

再者，如果想引起消費者的這種愉悅感，需要使用意象。想喚起消費者對過去的鮮活回憶，一定要注意選取那些帶著愉悅印記的回憶，然後將這種過去回憶中的意象或形象，以及未來可能出現的商品聯繫起來。例如，透過精確的詞語，描繪出一幅消費者用車載著一家人，在星期天的早上去鄉下踏青，然後在樹蔭下享受野餐的景象等。使用清晰的意象潤色每一個賣點，在使用這一技巧上，像廣告語：「就像媽媽過去做的那樣。」就是一個非常好的示範。

以下的案例，就是利用這樣的廣告語詞透過使用意象，來喚起消費者的購買欲望：

童年時代常見西式的油滋滋肉餡餅或中式蔥油蛋餅，牙齒穿過餡餅，美味在口腔中瀰散，愉悅感撲面而來，餡餅出爐的瞬間，辛香甜辣的味道在廣告圖畫上瀰漫。當然，最重要的還是媽媽溫柔的笑容，她切開金黃色的餡餅，來到桌邊，分發到每個人盤中。

廣告中，使用的每一個元素都讓人心情舒暢，令人嚮往。過去的部分回憶，現在被轉化為對這種新式碎肉餡餅的好感。廣告圖片是如此鮮活和具有誘惑力，它讓消費者在某一時刻離開自我的中心而注意到商品，此一舉動對產生購買欲望來說是非常重要的，因為注意到商品的下一步就是產

生購買欲望。例如，一個孩子因為喜歡所以向手錶伸出了小手，成年人同樣也會因為對某件商品的欲望而伸出手想要購買。

有時消費者注意到一個商品之後立即購買了，整個活動中，購買欲望存在的時間非常短暫。在這種情況下，消費者的心理活動可能還停留在某個購買心理活動的階段中。而阻礙消費者產生直接購買行為的因素，可能是物質的，例如隔開商品與消費者的玻璃櫥窗，使消費者離商品太遠，無法看清楚商品的具體模樣等；也可能是心理上的，例如在預算有限的前提下，消費者還想同時購買其他商品等。當阻礙因素被移除之後，消費者便可自由地觀看商品和做出購買決定了，此時他會感到非常愉悅，這也是產生購買欲望階段結束的標誌。

以上的這些阻礙因素，會讓消費者產生不愉悅感，欲望越是強烈，不愉悅感也會隨之越強烈。所以，想要使行銷成功就要移除阻礙因素，這也是行銷人員必須做到的事情，而要移除障礙，行銷人員就必須竭盡全力做到以上所提到的那些事情，這樣消費者才能自由地進入下一個購買的心理活動階段。

二、欲望和心理活動

為了更清楚地分析欲望的產生和作用，我們對心理活動的小溪做了一點人為改變，那就是讓心理活動小溪放緩流動速度，讓它的速度比一般情況下慢。另外，還要暫且忽略以下三個事實：

1. 阻礙因素被移除之後，消費者可以自由擺弄商品，他的心理活動就進入了決定購買階段。雖然此時消費者還處於產生購買欲望階段末期，但是他確實已經進入了下一個決定購買階段。
2. 行銷人員通常以推理論證、暗示建議等，縮短消費者進入決定購買階段的時間，和移除阻礙消費者下一步行動的因素。
3. 欲望得到滿足會產生快樂感，也稱為「滿足」。

總而言之，透過把欲望看作心理活動中引起興趣的後一個階段，這一部分闡述了過度重複的風險。在這個階段裡，消費者會將過去的經歷作爲未來行爲的框架。首先，生理和心理上的某些因素，會壓抑這些行爲的出現，故這些因素是需要被移除的東西。它可以透過喚起消費者腦海中的意象，或者喚起那些伴隨著強烈愉悅感的意象，來完成這個清除的任務。

三、促成消費的雙贏

消費價值觀念是會改變的，價值的第一個變化是，行銷人員對價值的態度變化。過去，盡可能少讓利給消費者，似乎是一件司空見慣的事情，但現在這個觀念變化爲盡量讓利給消費者。出現這種變化的原因，可能是早期消費者對廠商投機牟利行爲的抗議示威。如果不把改變過高生活成本的短暫憤怒看作是導致進步的原因，也只有從社會總體的不斷發展消費價值觀念進步上，尋找改變的答案。

本書的反對者可能會對上面的陳述提出異議，認爲這些說法是在暗示消費者和行銷人員應該取消或停止討價還價。其實不是，而是讓行銷人員將消費者的利益，當作是自己的利益來進行銷售，這是一種日益增長的趨勢。行銷人員漸漸感到如果讓消費者受益，自己也可以從銷售中受益的這種想法改變，目前的確減少了許多消費者和行銷人員之間的敵對情緒。另外，也可以從另一個角度探索出這種變化出現的原因，行銷人員面臨的銷售競爭日益嚴峻，所以他們採取了減低價格的方式來進行自我防禦。此外，透過降低成本和物流費用，行銷人員有條件地實行了降價策略和上面提到的行銷觀念。

無論多想只從經濟的角度來分析這種進步的原因，都必須承認這是一種普遍的事實，即行銷人員正在讓出比以往更多的利潤。例如，在美國印第安納波利斯（Indianapolis）百貨商店曾經貼出來的告示，也許就可以證明上述此一重大改變正在發生。那就是，某公司的商品銷售計畫，禁止參與這一銷售計畫的任何商店發生提價（報價）行爲。不准用庫存的舊商品

代替打折的新商品擺上貨架，無論這兩種商品長得有多麼相同。這也是為什麼顧客發現相同的商品卻標著不同的價格的原因，值得參考。

四、客觀性與持續性

（一）客觀性

　　雖然在過去，行銷活動被認為是主觀活動，但現在它卻被認為是客觀活動。這一點可以從以下幾點論述中看到原因：

1. 過去價格的決定因素是消費者討價還價的能力，所以價格通常具有很大的波動性，最能證明這一點的是，過去商家為了獲得大眾青睞，經常在門上懸掛著「不二價」。討價還價，曾經被認為是一種良好的習慣和值得尊重的商業慣例，但在今日，價格基本上都被固定了，討價還價的行為已經過時了。新秩序表現的形式，是每雙鞋子上都會標上各自的價籤，帽子、輪胎等商品的標準價格眾人皆知。有些法規，甚至還要求所有商品在到達零售市場前，必須掛上寫著固定價格的價籤。

2. 斷定行銷是主觀活動，還有另外一個原因，那就是行銷人員需要用娛樂活動或金錢補貼，來吸引消費者購買商品，而吸引消費者的物品，主要是一盒香菸、一瓶酒、一頓飯或者一張歌劇票，但在現代的銷售中，這些行為習俗已經逐漸被廢除了。新時代銷售的特徵之一，就是專業購買代理商的出現。這些採購代理商擁有足夠的專業技能，來保證他們在紛繁的現代市場中保持清醒，只有某種商品的確有明顯的價格或品質優勢時，他們才會理智地出手購買。

3. 其他可以表明這種變化趨勢的證據，可以從下面廣告中看出兩種不同的行銷方式。這是一則出現在某週刊上的廣告：「著名健身教練，願意函授教你如何透過他自創的科學健身方法成為強壯的人，成功率百分之百。這是一種健康、簡單、快速獲得健康身體和靈活身手的方

法。另外，這種方法對於治療消化不良、失眠、精疲力竭都很有療效，透過學習它會讓你的身體煥然一新。」後來刊登同樣內容的廣告，則這樣寫道：「健壯男目標健身系統訓練，帶給您不一樣的健康、不一樣的精力和不一樣的活力。」

（二）持續性

商業行銷，在過去被認為是一件只和此時此刻相關的活動，而消費者和行銷人員就像黑夜裡擦肩而過的兩條小船，所以他們之間的交易很容易演變成充滿彈藥味的討價還價，因為他們知道交易完成之後誰都不會再見到對方。與此不同的是，現代行銷被看作是一個連續的過程，在這個過程中，最理想的狀態就是在一場交易完成之後，下一次的交易繼續開始。

以鋼琴為例，行銷人員在樂器放置到消費者家裡之前，絕不會認為銷售已經完成了，因為他知道，他還可以繼續再賣一台鋼琴給這個消費者的親朋好友，所以他努力確保消費者一直處於一種購買狀態。此時研究的，正是消費者心理變化的滿足階段，在這個階段，消費者購買行為產生的滿足感，會使他下次購買這種商品的時候，直接進入注意目標和引起興趣階段。

五、消費者滿足欲望

討論讓消費者滿足欲望，有三項重要課題：滿足感對心理活動的影響、分析消費者的心理問題以及商品好壞評價不斷重複。

（一）滿足感對心理活動的影響

銷售的終極目標，就是讓消費者滿意。為什麼有的行銷人員能在一場交易完成之後，繼續開始下一次交易呢？因為他遵循了古老的黃金法則，即永遠不要自私自利，認識到銷售的價值在售後服務，銷售的終極目標就是讓消費者滿意。在消費者滿意之前，他絕不會結束銷售活動，只有讓消

費者獲得滿足感，才能達到雙贏。

目光短淺的觀察家和對銷售理解狹義的人傾向於認為，當金錢從消費者手中轉移到行銷人員手中時，買賣就算完成了。但對那些能以一種更廣闊、全面的視角看待銷售的人來說，直到消費者滿意，銷售才算結束。

（二）分析消費者的心理問題

要分析消費者的心理問題，必須求助於心理學解釋。消費者買下某件商品後，他並沒有停止思考這個交易過程，他在心中回想著許多剛剛發生的場景，例如對這件商品的最初印象、行銷人員的態度或者商品的限時快遞服務等。如果購買商品之後，沒有在腦海中及時反覆重播這些情景，那麼他一定將此次購買經歷暫時放置到心理活動小溪的邊緣區域了。不過，當他下次再遇到類似商品時，則會重新拾起這段曾經的經歷，如果過去的這段經歷讓他滿意，就會毫不猶豫地做出相同的購買決定。

（三）商品好壞評價不斷重複

消費者使用某件商品時，對這件商品的好壞評價會不斷在他腦海中重複，如果這件商品質量很好，而且能滿足他的所有要求，令他感到滿意，那麼下次再遇到同樣的商品，他一定會毫不猶豫地再次購買。這裡討論的那種滿意感，必須是真正意義上的滿意，也就是說，商品必須能滿足個體在謀求生存和發展方面的急切需要，而不是被某些不道德的行銷人員所煽動後的衝動購買。近年來，很多人從各個角度論證了這個觀點，即銷售的最終目標就是讓客戶感到滿意。

過去幾十年，湧現出了大量行銷方法的修正，例如公眾行銷方法的改變、接近客戶行銷方法的改變、終端行銷策略的出現以及行銷觀念，也就是最根本的交易哲學發生了變化，而這些方法都有各自的演變過程，且有很多方法都還不完善，仍然處於不斷演變中。所以，在這裡所描述的發展趨勢，也就是指出未來發展的方向。從統計資料上來看，將要提到的行銷

變化與以上這些變化相比較，就普通多了。

　　許多的變化都會讓道德有所進步，而這些變化的進步正是社會希望看到的。當然，這些進步也可以是經濟變化產生的結果。經濟因素的加入，讓進步發生的源頭問題產生了不確定性，增加了不少趣味。外界環境的變化後果無法一一道出，但無論如何，對滿意度的重視都可以看作是行銷觀念和行銷方法的轉變。當某種行銷行為和觀念流行多年之後，許多其他不同的方法就會接續地流行起來了。

1. 何謂消費欲望？
2. 請解釋欲望與心理活動之間的關係。
3. 如何創造出銷售雙贏？
4. 請簡述銷售的客觀與持續性。
5. 如何讓消費者滿足欲望？

03

掌握理性的消費心理

消費心聲

　　理性消費心理是消費心理的發展最後的重要議題。在心理學中，理性是指人類能夠運用理智的能力，相對於感性的概念，它通常指人類在審慎思考後，以推理方式，推導出符合邏輯的結論，這種思考方式稱為理性。

　　感性和理性，都屬於意識的範疇，且為意識的性質。理性，基於意識，是具有參照性的意識。經濟學的模型中，絕對理性被當成是模型中人的作為準則之一，人因為絕對理性而做出自我利益最大化的行為。但是在論理模型外，人不是絕對理性的，非理性因素影響著人在微觀經濟和宏觀經濟中的決策。

　　消費者做出的很多決定是在感性的主導之下進行的，有時他們也會做出理性判斷，他們的理性會促進或阻礙交易的達成。當這種理性阻礙交易的達成時，行銷人員需要做的是使用精準確切的詞語，來描述消費者可能遇到的困難，並提出邏輯嚴密的解決方案，讓消費者感覺你是個「理性至上」的人，一旦理性的消費者產生這種感覺，成交就近在眼前了。

　　經過前幾階段的心理活動階段之後，消費者已經準備好掏錢購買商品了。此時的這種心理狀態是獨一無二的，可以稱之為決心、抉擇以及完成

事情的最佳心理時刻。在這裡，我們要討論幾個重要的心理活動。

本節「掌握理性的消費心理」將承接前兩節的主題，繼續討論以下三項個目：何謂理性消費心理、發展理性消費心理以及理性消費心理應用。

一、何謂理性消費心理

一個人理性判斷時，會歷經發現困難、確定困難、尋找解決方法以及解決困難等四個時期。為了說明這四個時期，可以設想在一場銷售活動中，消費者決定單純依靠理性，來決定是否購買一個汽車輪胎。

（一）發現困難

假設行銷人員所銷售的輪胎帶有一個預防鋼圈斷裂的設計，那麼他該如何讓消費者知道這一點，然後決定購買呢？這就是第一個時期：發現困難。

首先，要讓消費者認識到，他的汽車目前面臨的最大問題是輪胎壽命短暫。對這個問題，消費者會表示半信半疑，或許他根本就沒有意識到這個問題。在這種情況下，行銷人員就需要用形象的辭彙，來描述這個問題，而如何進行有效的描述，將於後文探討。

（二）確定困難

其次，在這個階段，行銷人員需要告訴消費者輪胎容易磨損的原因，並將這個原因歸結於輪胎鋼圈易於損壞。行銷人員可以利用舊輪胎的圖像來說明這一點，讓消費者看到輪胎外壁是如何因為鋼圈的磨損，而變得更加容易損壞。甚至，還可以展示一個更具戲劇感的場景，那就是一個用戶最近才購買了一個舊式的輪胎，輪胎外壁被馬路磨平，越來越薄，後來只剩下最裡面的鋼圈回車庫，而鋼圈能夠完好無損地回車庫，是因為那個舊式輪胎使用了這種最新材料的汽車鋼圈。

像這樣的場景，對消費者來說是很新穎的，而透過這樣的場景展示，

消費者也會吃驚地發現，他們經常使用的舊式輪胎潛在的問題。

（三）尋求解決方法

再者，行銷人員可以從以下幾個方面繼續來說服消費者，例如這種輪胎的外壁是由很多層疊加而成，輪胎結構緊實堅固，絕不會發生廣告場景中那樣被磨平的情況；另外，這種不斷裂的鋼圈設計，能夠更有效地保證輪胎外層的材料不易被磨損。此時，行銷人員的主要目標是要描述這樣一個生動的場景，讓消費者感覺如果沒有使用他所銷售的輪胎，那境況將多麼糟糕。

想讓消費者相信，除了這個辦法，其他的辦法都會失敗，就必須告訴消費者為什麼那些方法會失敗的原因。例如，行銷人員可以向消費者展示一組輪胎，在生產標準中所要求輪胎平均壽命長度的資料，然後再展示他銷售的這種不斷裂鋼圈輪胎的平均壽命，最後得到結論，購買後一種輪胎就是解決這個問題的最好方法。

一般而言，消費者對自身境況了解得越清晰，對行銷人員述說的場景就會感到越焦慮。在這個階段，行銷人員也可以從福音牧師「銷售」宗教的行為中學習經驗。例如，牧師給潛在宗教皈依者講述如果沒有學習福音教義，對他們來說將是非常大的損失，在面臨生活中的重大問題和考驗時，他們將會一無所依。其中，福音牧師用很多生動活潑的詞語來描述此一場景，最後那些潛在「宗教消費者」不得不相信，信仰宗教是他們解決生活中遇到難題的唯一方法。從某個方面來說，一個成功的福音牧師是一個完美的行銷人員，他甚至可以給行銷人員上一節消費者心理的專業課程。這就是第三時期：尋找問題的解決方法。

（四）解決困難

最後，經過以上三個時期，消費者會從廣告讚美詞的消極聽眾轉換為積極反對者。他會提出自己過去經驗作為論據，反對行銷人員的論斷。例

如，他們會說：「你銷售的輪胎，可能也存在問題。」而擺出自己的觀點來反駁行銷人員所提出來的解決方法。此時的場景有點像在法庭上，雙方不停提出對立的證據和新論點，對任何一個廣告中所涉及的證據，消費者都會認真思考判斷，會用他過去的經歷來衡量驗證這個證據的真實有效性。行銷人員如果想為自己的產品辯護，就必須提供可以駁倒消費者反對意見的論據，例如他必須實地展示自己銷售的輪胎中的纖維有多堅硬，輪胎是由無數這樣的纖維層疊加而成的，在任何易磨損的地方都填充了許多無法輕易損毀的材料等。

以上這些反駁證據，可以說明行銷人員熟知整個生產流程，並且掌握了商品所有的製作工藝，身為行銷人員必須要對所銷售的產品瞭若指掌。此時，就不知不覺中進入了最後的階段──解決困難，也是在這個時期，消費者開始認同行銷人員的觀點，即行銷人員銷售的輪胎可以解決他們遇到的困難。在這種情況下，出現最後理想的標誌是，消費者會說：「所以，我需要……。」如果這一串銷售推理天衣無縫，有理有據，那麼得到的結論就意味著整個銷售過程的結束，最後消費者心裡就會產生信任和滿足感。

二、發展理性消費心理

如果想透過邏輯推理來吸引消費者，行銷人員就需要注意以下兩個問題：第一，使用精準確切的詞語，來描述消費者可能遇到的困難。想做到這一點，行銷人員必須提前研究消費者的需求。人們經常說：「一個成功的行銷人員，比消費者自己更了解他們的一切。」第二，避免離題。漫無目的的閒聊對行銷來說是非常有益的，特別是在推理論證銷售的第三階段，可以用來緩和尖銳的對立氣氛。此時為了避免離題，行銷人員最好能針對銷售商品和計畫，列出一個簡短的「講道詞」，例如：

1. 提出困難

你的輪胎損壞得很快。

2. 確定問題

輪胎鋼圈裂開了。

3. 嘗試可能的解決方案

消費者可能提出的反駁論點。行銷人員可以提前模擬消費者可能提出的問題。

4. 準備不同的論點

但注意不能在消費者提出觀點前，突兀地陳述自己的反對觀點。

5. 滿足需求

新輪胎能滿足你的需求，並解決困難。

具體銷售情況中，可以使用這個提綱的放大版。一個了解自家商品並熟知消費者心理的行銷人員，可以透過邏輯推理的方式，使消費者對他所銷售的產品充滿信心。

雖然說透過邏輯推理，行銷人員可以引導消費者購買某件商品，但也不能完全依賴這種銷售方法，因為很少有完全建立在邏輯推理上的成功銷售。而支持這個觀點的論據，是一些來自非推理銷售方法的廣告資料，這些廣告一般使用圖片（非理性材料）來說服消費者購買商品，很少使用理性分析來闡述產品特徵，目前這種廣告占市場上所有廣告數的92%。

事實上，很多銷售中，行銷人員都沒有把邏輯推理方法當作主要行銷方法來使用。消費者做出的很多決定，其實都是在感性的主導之下進行的。但因為很多消費者希望自己是一個理性的人，能理性地判斷決定購買某件商品，所以行銷人員使用邏輯推理的方法，來讓消費者感覺自己仍是經過慎重的思考推理之後，才做購買決定的「假象」。有經驗的行銷人員

了解人類的此一天性，所以當他發現消費者對某件商品流露出購買意向時，就會講出一套「理性至上」的觀點，來證明消費者感覺的正確性，最終促使消費者購買這件商品。

除了上述這個錦上添花的角色外，邏輯推理在銷售中也可以扮演嚴肅和決定性的角色，特別是對那些經常購買某種商品的消費者，例如對專業代理購買機構來說，時時刻刻保持理性是非常重要的。如果想要知道如何引導一場邏輯推理嚴密的銷售，那行銷人員就需要對那些聰明的消費者和代購機構做一番詳細的研究。

三、理性消費心理應用

研究理性活動的特徵時，我們發現成年人的理性行為，常常被後天習得的行為影響改變。消費者產生某種特定行為的原因有兩種：來自個人的經驗及來自種群的經驗。由這兩種不同的原因產生的人類特定行為，沒有任何差別。但是，由第二種原因產生的行為對行銷人員來說，更具有操作性，他可以透過抓住消費者的這種理性行為，來促使他們購買商品。

理性活動，具有相對確定性、引起消費者積極回應以及理性活動富有情感等方面的作用。

（一）相對確定性

理性活動最初是印刻在百餘年前的祖先身上的習慣，這對個體來說是不可磨滅的本性，在適當的條件下，人類會毫無掩飾地表現出來。理性活動是依據個人經歷而得到的，從廣義上來說不是那麼穩定，同樣地，也不是那麼牢固和不可改變的。

此外，因為理性活動是種群內每個成員都具有的行為特徵，所以當行銷人員在銷售過程中使用某種技巧時，這個銷售技巧的有用與否、會得到人群的什麼反應，會在心中有一個明確的預期估計。

但是，針對理性活動設計的銷售技巧的效果，就不能這麼肯定了。因

為人們根深柢固的偏見和無知，使他們可能不願意停下來聽行銷人員的推銷。一種推銷方式對某個人來說可能很有用，但對另一個人則不然。而針對理性活動的推銷結果，對一個人或一群人，效果都是一樣的，例如以給孩子更好的生活作為廣告的切入點，則會引起所有父母的強烈反應。

（二）引起消費者積極回應

人類對理性活動的反應，比對感性活動的反應要快，這是因為理性活動的神經衝動，傳遞到大腦有固定的最短途徑。相較之下，由行銷人員所激發的理性行為神經衝動就要翻山越嶺了，它先要穿過人類的感覺器官，才能到達大腦的神經中樞。大腦在接收信號之後，也不會立即採取行動，因為大腦還要衡量一下個體所處的環境和情況，然後再按照個體捲入事件程度的大小等因素判斷之後，才會做出行為反應，而所做出行動決定的時間，可能需要一小時、一天、一週、一個月，甚至是一年。在理性活動中，神經信號傳輸的路徑早就存在，而且比一般的傳輸路線要短，所以幾乎在大腦收到信號的那一瞬間，個體就會產生行動反應了。

（三）理性活動富有情感

理性活動的最後一個優點是，理性活動與多種情感密切相關。例如，如果福音牧師給他的潛在信徒們傳教時只是說理，他會發現潛在信徒們臉上充滿敬畏，但卻沒有絲毫熱情，但當他拿起情緒的魔杖，激情四射地演講時，則會引起聽眾更多共鳴。想影響別人購買產品的行銷人員，可以從福音牧師身上學習很多經驗，因為牧師和行銷人員都有一個共同的使命，那就是引導信徒和消費者的行為，所以他們都可以利用相同的心理學方法，來達到這個目的。

最後，我們指出存在兩種行為活動——理性活動和感性活動。事實上，這兩個概念只是人類為了更好地研究這個問題，所區分出來的兩種行為活動，而在實際的生活中，人類的行為活動可以同時包含著這兩種活動

因素。我們對這兩種行為活動進行比較，是想要得出一個結論，即行銷人員如果著重於透過利用人類的理性活動推銷產品，會比透過人類的感性活動來達到同樣的目標容易多了。

總而言之，我們完成了對存在於每個消費者心中的人類遺傳天性，即理性活動的討論。理性活動很難分析清楚，因為它總是與很多抽象複雜的後天習得行為活動同時出現。另外，理性行為產生的年代距離我們現在十分遙遠，它們產生的原因對生活在現代的人來說，是非常模糊和難以理解的，而這種情況也造成了研究它的困難，但是這些來自遺傳的理性活動，在行銷中卻很有價值。理性活動固化在人類腦中，具有普遍性（每個個體身上都會表現）、及時性和強烈的感情，將以上這些理性活動的特性應用在行銷中，則會達到事半功倍的效果。

 思考問題

1. 請簡述何謂理性消費心理。
2. 在理性判斷時，會有哪些歷經？
3. 行銷人員利用邏輯推理來吸引消費者時，需要注意什麼？
4. 消費者產生某種特定行為的原因是什麼？
5. 第二類的理性活動，具有哪些作用？

行銷加油站

向花大錢的人推銷

　　神經經濟學研究發現，在所有顧客中，花大錢的人約占15%，這類人對購買之痛，即因為與錢「分手」而感到的神經不適，敏感度出奇的低。

　　向這種幾乎沒有或根本沒有購買之痛的人推銷應該不難，因為花大錢的人在購買東西時顧忌較少，這與守財奴、甚至與正常的「該買就買」的顧客相比，他們更有可能利用任何促銷機會出手購買。然而，成交並非十分簡單，這裡面其實也有競爭，你的促銷不僅要與其他類似產品或服務展開競爭，還要與另外幾十種不相干的產品或服務展開競爭。儘管花大錢的顧客總想看見什麼買什麼，但卻不能這麼做，除非花大錢的顧客的身家非凡，否則購買就得有所挑選。

　　而為何要特別考慮大手筆的客戶？因為每六位顧客中，只有不到一位是屬於花大錢的人，而且向這類人促銷比較容易。守財奴會買昂貴的LV女式手提包或Hermes領帶嗎？恐怕不會，除非是實際擁有的財富太多了，沒有什麼與購買這些產品相關聯的痛感。因此，豪華產品的行銷人員，尤其是那些非必需用品乃至於奢侈品的行銷人員，應特別注意花大錢的消費心理。

　一、迎合享樂、實用的心理

　　與守財奴不同，花大錢的人除了關注實用性問題之外，還會留意某種產品或服務，會給他們帶來什麼樣的感受。例如，對100美元按摩服務的研究，服務以兩種不同的方式呈現給實驗對象：「舒緩背疼」及「愉悅體驗」。前者幾乎過半，後者僅為約22%，即前者比後者高出了一倍還多。

用後一種方式呈現時，花大錢的人購買服務的比例遠高於守財奴。

但有趣的是，對治療性按摩，花大錢的人的購買比例也高於守財奴——前者非常接近80%，後者略低於70%。這說明對花大錢的人來說，最有效的促銷還是實用性的服務，但對愉悅體驗這種理念，花大錢的人作出反應的比例也是高一些。

對行銷人員而言，應該雙管齊下，就這種產品既是所需，也要有話題。

二、提供信用支付，並予以強調

對守財奴的研究發現，在各類顧客中，花大錢者最有可能透支信用卡。由於這類顧客使用信用卡的意願高於一般水準，所以提供信用卡支付和其他便捷融資管道，便有助於成交。雖然，融資型支付也有助於向守財奴促銷，但兩者的理由卻不同。對守財奴而言，融資支付延緩並分散了購買之痛，但對於花大錢的人，融資支付方式的重要性在於，它們能讓花大錢的客戶成功購物。

三、不要在語言上費心思

將5美元運費表述成「區區5美元」，對於向守財奴促銷非常有效，但對花大錢者就沒什麼用。當然，這並不意味著對斟酌措辭這一招就應完全棄之不用，只是說，付出許多努力將定價以最好聽的方式表達出來，這起不了大作用，重點應放在推銷對這類顧客有吸引力的產品或服務上。

四、提供即時滿足

花大錢者的行為特徵，意味著相較於其他類型的顧客，更容易受即刻或快速滿足型促銷的影響。例如，有什麼比酷炫的跑車更棒的呢？要是能馬上從停放處開走，幾分鐘後就能在自家門外展示一番或到處兜兜風，那就是最棒的消費了！

五、用可選件改善利潤空間

由於花大錢的人對購買之痛的敏感度較低，所以某些銷售情形可以先用誘人的條件使顧客「上鉤」，然後再以顧客喜歡的可選件來改善利潤空

間。這種價格拼接的淨效應，可能與套餐式或捆綁式促銷並無二致，但銷售成功率可能會有所提高。

第二篇　實務篇

♥　第四章　　開拓消費市場心理

♥　第五章　　發揮消費環境心理

♥　第六章　　善用消費互動心理

♥　第七章　　掌握顧客促銷心理

♥　第八章　　促進持續消費心理

♥　第九章　　排除消費抱怨心理

♥　第十章　　滿足消費購買心理

Chapter 4

開拓消費市場心理

01　消費者與消費市場

02　新行銷市場的發展

03　服務取向市場心理

在 本章所設定的目標是「開拓消費市場心理」，而要討論的三個重要議題，分別為：消費者與消費市場、新行銷市場的發展以及服務取向市場心理。

消費心理學

01
消費者與消費市場

消費心聲

在選擇行銷目標市場時，要先了解行銷市場的特色，而市場的特色可由消費者心理的研究來獲知。所以，消費者的心理決定了目標市場區隔的標準，經由市場區隔選擇目標市場，接著針對目標市場擬定行銷策略。

在此，根據「消費者與消費市場」的主題，討論以下四個項目：消費市場的定位、讓目標市場區隔、讓消費產品定位以及成為目標市場。

一、消費市場的定位

消費市場的定位，是指在選擇行銷目標市場時，要先了解行銷市場的特色，而市場的特色可由消費者心理的研究來獲知。所以，消費者的心理決定了目標市場區隔的標準，經由市場區隔選擇目標市場，接著針對目標市場擬定行銷策略。

積極尋找潛在消費者是行銷人員的關鍵任務，正如射箭要有箭靶，行銷活動也要有目標。許多人在賣東西的時候不知道誰是潛在消費者，心想反正世界上有那麼多人，總有幾個來惠顧吧！於是被動的等著消費者上門，這種消極的做法固然不值得鼓勵。但，另有一種積極的做法也不可取，例如有些壽險行銷人員為了達到績效，挨家挨戶地去敲門推銷。而這

種做法還不如先研究一下會有哪些人最可能投保，是大學教授？是司機？誰來決定投保，是丈夫或妻子？他們投保的動機是什麼？然後再選擇最可能的消費者去推銷，這便是行銷過程中選擇的目標市場。

了解消費者心理，除了可以做為行銷策略的基石外，還有「知己知彼」的功能。所謂知己的功能，就是了解自己產品的優點和缺點，且要知道自己產品在消費者心目中的印象；而知彼的功能，就是要了解競爭者產品在消費者心目中的地位，進而擬定打擊策略。所以，了解消費者心理是行銷主管最重要的工作之一。

此外，產品有千百萬種，而消費者更多，每種產品的消費者心理都不一樣。鋼鐵業、醫療業、洗衣業或者飲料業等行業的環境不斷在變動，價值觀念和社會組織也在迅速的變遷，在這種情況下，鋼鐵業成功的行銷策略，在汽水業可能根本行不通，甚至今年成功的行銷策略到了明年可能就行不通了，原因無他，乃因消費者的心理已改變，因此行銷人員必須時時針對本身產品的消費者心理來調整行銷策略，以適應環境及市場的變化，這也是為什麼行銷活動沒有一成不變之定律的原因。

消費者的目標市場，到底包含了哪些因素？要分析消費者的心理應該如何著手？一般而言，分析消費者的心理，首先要分析本身產品的類別、了解本身產品是耐久性或非耐久性，這種產品的分類提供行銷人員擬定行銷策略基本信念，接著再分析消費者為什麼要購買你的產品。第三步是了解在購買過程中，有哪些人影響購買過程，而且這些人影響的方式有何不同。最後，再分析購買決策的過程。

二、讓目標市場區隔

有效的協助消費者進入消費市場，是要讓消費市場作適當的區隔。當消費者購買決策評估完畢之後，就會進行購買決策。影響購買決策的因素有很多，例如消費員本身的經濟能力及購買習慣、潛意識的需求或團體中其他人的心理影響等，但一般在決定購買何種品牌的時候，都會受到「可

察覺風險」的影響。消費者在購買前會擔心產品是否能發揮預期的效能，金額較大的貨品所考慮的因素也越高，所以消費者會從事某些降低風險的工作，例如消費者會先觀察朋友使用後的感覺、會偏好有名的廠牌或要求廠商的保證等來降低風險。

　　所以，廠商對於投資金額較大的產品，應加強保證宣傳或者提供試用，來減低消費者在購買前所擔心的風險，藉以增加購買量。而肯定消費者購買後的感覺是極為重要的，因為它會影響消費者持續消費的意願。行銷策略中，最主要的兩項概念：一是目標市場的選擇；二是針對目標市場發展有效的行銷方案。而目標市場選擇的方式，是先將市場區隔成幾個小市場，再選擇適合本身競爭優勢的小市場。以下，首先介紹市場區隔以及市場區隔的基礎。

（一）市場區隔

　　為何需要市場區隔？自工業革命後，大量生產已是降低成本的不二法則，且廠商認為降低成本後，可以降低價格，增加銷售數量。但近二、三十年來，市場規模逐漸擴大，購買能力大幅提高，價格反而不是決定購買的主要因素。同時，各種產品的競爭漸趨白熱化，廠商開始認識到產品差異化的需要，除了價格外，還可在品質、式樣和包裝上提供消費者心理上的滿足，以產生市場區隔化的概念。市場區隔之後，有下列兩項的好處：

1. 公司可以發展明確的概念，以擬定直接行銷策略，比較容易打入市場。
2. 廠商可以比較各小市場的潛在銷售量，發掘出較佳的行銷機會。

（二）市場區隔的基礎

　　一般用來區隔市場的標準，有下列三種：地理變數、人口變數和心理變數等。

1.地理變數

包括地區、縣市規模、人口密度及氣候。這種標準以住宅業用得較多，鄉村裡的子女人數較多，所以隔間也要多一點。兒童的零食及速食麵的市場，都反映在鄉村及農村或都市上班族區域較多。

2.人口變數

這種變數行銷人員用得最多，包括年齡、性別、家庭生命週期、所得、職業、教育程度、宗教及社會階段等。

3.心理變數

包括生活方式、個性、購買動機和品牌忠誠程度等。

近年來，以產品定位做為選擇目標市場及市場區隔的廠商日益增多，產品定位是指廠商產品在消費者心目中的印象。

三、讓消費產品定位

行銷人員要讓產品定位，應先發掘消費者對於某種產品所重視的屬性，再由這些屬性來構成產品空間。例如以汽水為例，假設消費者重視的兩種屬性是汽泡及甜度，那就構成了產品消費市場的空間；又以西服製造業為例，在國內由於嘉裕西服的崛起，使西服業遭到一些衝擊，而嘉裕西服的市場區隔是以腰圍和胸圍為主，一般消費者年齡較大，工作年資較深，收入也較豐，可能腰圍也較大，所以腰圍可以代表市場特性，腰圍較大的消費者所喜好的花色較穩重，要求的質料也較好。所以嘉裕西服從其中找出了品牌的位置及消費者所認為的優缺點，再根據現有品牌分布狀況擬定產品策略。

一般消費產品的分類方法有二種：一種是依產品的性質；另一種是依消費者的習慣。

（一）依產品的性質分類

依產品的性質，可分為耐久性與非耐久性、勞務與服務。

1.耐久性與非耐久性

(1) 耐久性

一般而言，耐久性產品是指經過許多次使用後仍然存在的有形貨品，例如冰箱、冷氣機、家具等。這一類的產品，需要較大和較頻繁的促銷，且由於產品的使用期較長，所以品質要好，較不需要培養品牌忠誠，因為購買次數少，所以消費者會要求更多的售後服務及品質保證，這可由家電用品廣告中窺見一二。但由於許多家電產品都不太敢做過多的品質保證，而只敢強調售後服務，所以各廠牌家電的品牌忠誠度並沒有太大的差異，若敢做品質保證的產品，往往就能在市場上略勝一籌，例如三陽機車行駛五萬公里的保證等，因而它銷售量能直線上升。

(2) 非耐久性

非耐久性產品，則是指只能用一次或幾次的貨品，例如洗衣粉、肥皂等。像這種貨品的行銷在策略上，與耐久性迥然不同，因為非耐久性由於購買次數頻繁，所以鋪貨地點要廣，才能讓消費者方便買得到。但以電腦產品而言，過去因價格昂貴可以當作耐久性產品，可是由於現代科技的進步，使生產成本大幅下降，因此會有用壞了就隨手丟棄的現象，不再拿去修理，所以它從耐久性變為非耐久性的產品。

2.勞務與服務

指其他人所提供的服務。例如，理髮及電器修理等均屬勞務，它和非耐久性一樣是消費得快且經常需要使用的產品，所以培養品牌的忠誠度也很重要。

所以，依產品的性質所分類的最終目標，乃是為獲得消費者的品牌忠誠。因此，行銷人員要用各種方法發展強烈的品牌忠誠，有些公司會採用大贈獎的促銷活動來培養品牌的忠誠度，這種方式若消費者嘗試使用之後滿意度高，自然就會重複購買，否則消費者是因大贈獎而購買的，沒有贈獎也就沒有購買的動機，往往大贈獎結束後銷路即立刻下跌。

從上面的介紹，我們可以了解到不同的產品有不同的行銷策略，因此行銷人員必須先確定本身產品的種類，但上述的分類法只是提供大概的觀念，如今隨著經濟發展，產品的類別也在變化。

（二）依消費者的習慣分類

依消費者的習慣，從購買時所花的時間、心力而定，可將產品分為便利品、選購品及特殊品。

1.便利品

在非耐久性商品中，便利商品是比較普遍的一類，它是指消費者經常購買而且只花很少工夫去比較的產品，例如汽水、餅乾等。由於消費者花於購買這種產品的工夫很少，所以品牌比品質重要，當然品質也決定了品牌的印象。

2.選購品

消費過程的最後目標是選購品，它是指消費者在購買時，特別喜歡比較品質、價格以及式樣的產品，例如時裝、眼鏡或手錶等，消費者大約只需花一天時間即可決定，由於消費者會比較各種產品，所以應強烈發展產品差異，只要品質容易看得出來，品牌的重要性會減低。而且製造這種產品的廠商要格外注意競爭者的策略。

3.特殊品

在最後目標是選購品中還存在所謂的特殊品，它是涉及心理偏好，有

獨特的特性及品牌的產品，消費者會花很多工夫在選購這類產品上，例如高級音響組合、住宅等，這種產品並不需要很廣的銷售點，消費者就知道要到哪裡去購買。

有人認為消費者只是習慣性的動作，受到環境的刺激，就習慣性的產生購買的心理，而且購買後的滿足感又增強了他的心理，所以由現場的刺激和以前的經驗造成了購買心理。

四、成為目標市場

行銷人員可以根據心理、人口和地理等因素做為市場區隔的標準，成為所選擇的目標市場，但區隔出來的市場必須符合可測度、可接近及足夠大等三個條件，否則未得其利反得其害。

（一）可測度

用以區隔的標準必須是可以測量的，市場的特徵必須是可描繪得出來的，例如以地理區域區隔蜜豆奶的市場，就是可測量的標準，但電視機的市場卻難以區隔。

（二）可接近

這表示行銷人員的努力可以使產品打入所區隔的市場。例如，某根據上述市場區隔標準區分出各個市場，然後配合自己產品的性質，就很容易找到了目標市場。又例如，雜誌業的市場區隔最明顯，《讀者文摘》以高水準的讀者為目標市場，《婦女雜誌》以婦女為目標市場，前者以人口變數中的教育水準為區隔標準，而後者則以人口變數中的性別為區隔標準。其他如百事可樂專以年輕人為目標市場而搶走了汽水的生意，使得黑松汽水不得不生產黑松可樂，而且行銷策略則由以往無區別行銷改變成重視市場區隔，其所選擇的目標市場就是以往黑松汽水廣告「從都市到鄉村」從「男人到女人」、快樂公司發展出適合海外華僑口味的食品，結果卻發現

所選的目標市場不容易打入，甚至要讓華僑們知道有這種新產品都很困難，像這樣的市場區隔，便一點都毫無意義了。

（三）足夠大

區隔市場的行銷費用相當昂貴，不只是行銷成本增加，生產成本也會因為型式特殊而提高，所以目標市場一定要大到足夠讓行銷人員值得從事行銷活動，例如嘉裕西服不會為腰圍26吋以下的男士生產西裝褲，因為一般而言成年男士的腰圍多數會大於26吋。

任何一個區隔標準都必須符合上面三個條件，但最佳區隔的標準則有賴於行銷主管自己去發掘了。例如，在臺灣一直都喝著黑松汽水，但受到「可口可樂」深得年輕人青睞的衝擊，為了市場占有率而不得改變策略方針，就連廣告的訴求也改以年輕人為重點，試圖爭回在飲料業的地位。

選擇目標市場的例子俯拾即是，但一般廠商選擇了目標市場之後，就會按照所認為目標市場的特性擬定行銷計畫，而不研究目標市場的消費心理。例如，福特公司推出野馬型跑車時，認為這種時髦又不昂貴的車子，應該會投合年輕人的需要，結果發現即使上了年紀的人也會買這種車，福特公司終於體會到區隔標準不是年齡上的年輕而是心理上的年輕。

思考問題

1. 行銷人員開拓消費市場心理的首要工作有哪些？
2. 請簡述何謂消費市場的定位。
3. 市場區隔有哪些好處？請簡述之。
4. 消費產品有哪些分類？請簡述之。
5. 區隔出來的市場須符合哪些條件？請簡述之。

消費心理學

02

新行銷市場的發展

消費心聲

消費者主義實際上已展示了一種嶄新的行銷觀念，它迫使行銷人員從消費者的觀點來考慮事情，並指出了可能所忽略的消費。一個成功的行銷主管，應該努力找出隱含在消費者主義中的契機，而不要只是沉陷於其限制之中。

承接前節，本節以「新行銷市場的發展」為主題，繼續討論。討論的內容，包括以下四項目：消費市場的回顧、面對消費者主義、行銷人員的權利以及消費者的權利。

一、消費市場的回顧

從工業革命後消費市場發展的背景來看，可分為生產導向、產品導向、銷售導向、市場導向、社會利益導向以及傳播導向等六個階段。以下就這六個階段說明之。

（一）生產導向階段

生產導向階段，是從工業革命後的19世紀末開始到20世紀初。這個階段，乃是所謂生產觀念時期、以企業為中心的階段。由於是工業化初期，市場需求旺盛，社會產品供應能力不足，消費者總是喜歡可以隨處買到價格低廉的產品，企業也就集中精力提高生產力和擴大生產分銷範圍，以增

加產量及降低成本。在此一觀念指導下的市場，一般認為是重生產而輕市場的時期，即只關注生產的發展，而不注重供求形勢的變化。

（二）產品導向階段（20世紀初至30年代）

本階段亦稱產品觀念時期，以產品為中心的時期。經過前期的培育與發展，市場上消費者開始更為喜歡高質量、多功能和具有某種特色的產品，企業也隨之致力於生產優質產品，並不斷精益求精。因此這一時期的企業常常迷戀自己的產品，並不太關心產品在市場上是否受歡迎，是否有替代品出現。

（三）銷售導向階段（20世紀30年代至50年代）

由於高速工業生產化的產品競爭，出現了銷售導向的市場，因此亦稱推銷觀念的時期。由於處於全球性經濟危機時期，消費者購買欲望與購買能力降低，而在市場上，商家滯銷的貨物已堆積如山，企業開始網羅推銷專家，積極進行一些促銷、廣告和推銷活動，以說服消費者購買企業產品或服務。

（四）市場導向階段（20世紀50年代至70年代）

本階段亦稱市場觀念導向時期，以消費者為中心的階段。由於第三次科技革命興起，研發受到重視，加上二戰後許多軍工轉為民用，使得社會產品增加，供大於求，市場競爭開始激化。消費者雖選擇面廣，但並不清楚自己真正所需。企業開始有計劃、有策略地制定行銷方案，希望能正確且快捷地滿足目標市場的欲望與需求，以達到打壓競爭對手，實現企業效益的雙重目的。

（五）社會利益導向階段（20世紀70年代至20世紀末）

本階段亦稱社會行銷觀念時期，以社會長遠利益為中心的階段。由於企業運營所帶來的全球環境破壞、資源短缺、通貨膨脹、忽視社會服務，

再加上人口爆炸等問題日趨嚴重，企業開始以消費者滿意以及消費者和社會公眾的長期福利，作為企業的根本目的和責任，提倡企業社會責任。這是對市場行銷觀念的補充和修正，同時也說明了，理想的市場行銷應該同時考慮消費者的需求與欲望、消費者和社會的長遠利益以及企業的行銷效應等。

（六）傳播導向階段（21世紀開始至今）

傳播導向是整合行銷傳播為主要訴求的行銷，心理學的理論與實務則大量被應用。它強調行銷傳播工具的附加價值以及所扮演的策略性角色，結合行銷傳播工具（如：一般廣告、直效行銷、人員銷售、公共關係等）提供清楚、一致性以及最大化的傳播效果。

傳播導向行銷的另一項特色，是以特定的方式公開在網路上或電視實體上，收集消費者的消費心理反應與消費行為資訊、廠商的銷售資訊，並將這些資訊以固定格式累積在資料庫當中，在適當的行銷時機，以此資料庫進行統計分析的行銷行為。

其次，網路行銷是企業整體行銷戰略的一個組成部分，是為實現企業總體經營目標所進行的，以網際網路為基本手段營造網際網路上經營環境的各種活動。網路行銷的特點是以目標顧客為中心，依顧客的環境與心理狀況進行推銷，其職能包括了網站推廣、網路品牌、線上市場調查、資訊發布、顧客服務、顧客關係、銷售管道及銷售促進等八個項目。

再者，直效行銷或稱為直銷（direct marketing）是在沒有中間行銷商的情況下，利用消費者直接（consumer direct, CD）通路來接觸及傳送貨品和服務給客戶。直效行銷其最大特色為直接與消費者溝通，或不經過分銷商而進行的銷售活動，乃是利用一種或多種媒體，理論上可到達任何目標對象所在的區域，這區域包括地區上的以及定位上的區隔，且是一種可以衡量回應或交易結果之行銷模式。這種行銷方式所使用的媒體溝通工具與大眾或特定多眾行銷媒體（如：電視廣告）不同，而是以小眾或非定眾

的行銷媒體為主，例如在面紙包裝上刊印廣告訊息後，再將該面紙包分送出去給潛在的消費對象，此種方式以型錄、電話推銷、電視購物和網路銷售為主。

21世紀以來，直效行銷成長極為快速，技術也精進了不少，而且比以往更強調一對一與大量客製化的行銷，因此個性化媒體工具（如：直效信函與直效電子信函）的重要性與日俱增，特別是在以電子化為基礎的網際網路行銷與資料庫行銷等方面，直效行銷未來的發展及影響力，尤其備受關注與期待。

二、面對消費者主義

什麼是消費者主義，顧名思義，乃是一種以消費者為主體的市場機制。消費者主義來自於消費者的覺醒——一種對於獲利程度所訂定之配額，可以成為一種極有效的控制工具。這樣一來，保護消費大眾之利益的覺醒（這倒不是說從前的消費者不重視自己的利益），行銷人員就不會避重就輕地只求脫售容易銷售的產品，而使消費者不知道的利益已經受到侵害。

這個道理很容易明白，除不可僅以銷售配額為考驗行銷人員的唯一標準外，還必須考慮其他的行銷標準因素，例如銷貨的毛利、訂單的大小、獲得新客戶數目、喪失客戶數目、被取消的訂單數和平均每獲得一訂單之訪問家數等。因而公司必須根據當前之消費市場情況與主要行銷目標，以及亟待改善之難題，來適切釐訂行銷人員的行銷標準。

從臺灣消費糾紛不斷來看，消費者主義的實踐，依然還有很長的路要走。例如，當你看到報上刊出一則「原裝進口電子錶半價大優待」的廣告時，興沖沖地去買了一只，結果卻發現不但不是原裝貨，而且品質惡劣、動輒故障，根本不值這個價錢，這時候你大概只是大呼倒楣，怪自己太不小心，而不會想到去追究銷售商的責任。像這樣類似的例子，在我們日常生活中實在多得不勝枚舉，但很少人會想到應該採取什麼積極的行動來

「制裁」那些廠商，或者防範類似事件再度發生。也許在臺灣的消費者較具有「反求諸己」的精神，吃虧上當時習於先檢討自己是否「買錯了」，而很少想到廠商是否「賣錯了」。

因此，一般人尚不能充分理解「消費者主義」的概念，而要想明白什麼是「消費者主義」，就必須先知道傳統觀念的行銷人員與消費員權利為何，以下分別說明之。

三、行銷人員的權利

面對高漲的消費者主義，首先要檢討行銷人員的權利，雖然從消費者的觀點來看，他們是強勢者，但是相對於企業老闆及管理者而言，依然是不對等的。大致說來，傳統行銷人員的權利，包括有以下五點：

1. 有權利推出任何大小或式樣的產品

只要它對個人健康與安全沒有危險；即使有危險，只要加以適當的警告與控告，然後便可以推出。

2. 有權利將產品的價格訂在任何水準

只要對相同種類的消費者沒有差別待遇即可。

3. 有權利花費任何數量的錢在產品推銷方面

只要其推銷方式不違反公平競爭的原則即可。

4. 有權利製作任何產品訊息

只要它不會令人誤解或其內容有不誠實之處。

5. 有權利使用任何他們所願意運用的購買誘因

即誘使消費者購買該產品的因素。

上述權利看來似乎相等公平合理，但隨著工業社會的日益興盛，許多

人從實際經驗中開始發現，行銷人員是力量較大的一方，因為他們掌握了有力的宣傳工具與資料線索，消費者在缺乏足夠資訊的情況下，很容易被導入陷阱，使得行銷者占盡了便宜，而消費者卻蒙受莫大的損失。

四、消費者的權利

為了在消費者與行銷人員之關係中，增強消費者的權利與力量，消費者遂與政府及社會團體結合起來，展開有組織、有計劃的活動，來與行銷人員相互抗衡。其活動的重點中，有以下幾項消費者權利：

（一）獲得產品的重要資訊

以往行銷人員一向持有「賣瓜的，說瓜甜」的態度，對於產品的優點不遺餘力地加以宣揚，而對產品的缺點則避而不談，以致消費者在購買產品之後，才發現吃虧上當。例如，某些藥品的功效雖大，卻具有不良副作用，病患使用後，發現了這些副作用而提出抗議，所得到的答覆卻是：「愛買不買隨便你！」或者是「我只說它可以治療××病，並沒有說它沒有其他副作用呀！」類似此類遁詞，如今已被公認為是逃避責任的表現，提倡消費者主義的人士正在努力制止廠商們這種「避重就輕」的做法，並要求不論是製造者或經銷商，皆有義務提供顧客有關產品的完整資料。

（二）對抗不良之產品與行銷手法

欲達成此項，必須透過政府的立法措施，訂定種種法規來制止廠商的不良行為。例如，誇大不實的廣告必須加以取締；廠商對其不良產品所造成消費者之損失（不論有形或無形），都必須予以彌補；流通市面的產品有嚴重缺陷時，廠商必須全數收回；有期效性的產品，如乳製品、藥物等，逾時亦必須全數收回銷毀等等。當然，這一點在執行上會有若干困難，到底何種廣告才算「誇大不實」的廣告？何類產品才算是「不良」產品？這些都很難予以明確界定，經常會引起法律上的爭執而纏訟不已，儘

管如此，但它仍然是一個重要的努力方向。

（三）影響產品與行銷措施，以提高生活品質為目標

傳統的觀念認為，只要不危害大眾，廠商願意生產什麼產品就生產什麼產品，消費者可買可不買，無權干涉廠商的決定。此種看法，如今已做了若干修正，消費者開始以積極的行動來影響廠商的產品和行銷措施，例如在美國已有「消費者聯盟」的組織出現，隨時密切注意各廠商的動態，一發現有不妥之處便立即加以糾正，廠商甚難抗拒此種壓力。

消費者主義最初興起時，會使許多企業家感到憤怒不安，因為他們的產品缺點往往被消費者領袖毫不留情地公諸於報章雜誌上，以致銷路銳減。例如，在美國有人就曾指控說，一般早餐所吃的麥片缺乏卡路里，因而使一般美國人對麥片營養的評價大為降低等。

因此，有些大公司遂開始對消費者主義加以反擊，認為現代消費者的福利比以往好很多了，過分限制廠商的行動，只會導致銷售成本的提高，而此增加的成本，遲早會再轉嫁到消費者的身上。但久而久之，有眼光的企業家們發現，消費者主義不但不會構成行銷的阻力，反而是一種相當大的助力。任何產品的最終目的皆在滿足消費者的需求，唯有能令消費者滿意的產品，才會產生利潤，故企業的利益應該是與消費者利益一致的。

消費者主義的興起，意味著今日的消費者水準已大為提高，他們不再是從前的愚夫愚婦，可以任廠商耍弄矇騙；相反地，他們已睜開著雪亮的眼睛，仔細地研究廠商的產品及其宣傳方式，以免招致無謂的損失，這雖使廠商們的行銷工作面臨了更嚴格的考驗，但未嘗不是件好事。因此，今後任何企業必須以更紮實的做法，來迎接更嚴峻的挑戰，想要魚目混珠的劣質產品或不肖的廠商，都將難逃被淘汰的命運，優勝劣敗的局勢將更為明顯。

消費者主義也使今日的行銷主管發現，所負重擔正在日益增加及艱鉅，必須花更多的時間來檢查產品的成分、檢驗產品的安全設備及包裝、

提供充足的資訊、檢討其銷售推廣策略以及發展明確合格產品的保證等，必要的情況下，甚至還要與公司的律師檢討許多決策，以免誤蹈法網而受到法律制裁。

總而言之，最重要的是消費者主義，實際上已展示了一種嶄新的行銷觀念，它迫使行銷主管從消費者的觀點來考慮事情，並指出了可能為廠商們所忽略的消費。一個成功的行銷主管，應該努力找出隱含在消費者主義中的契機，而不要只是沉陷於其限制之中。

1. 工業革命後消費市場發展的背景，有哪幾個階段？
2. 什麼是消費者主義？請簡述之。
3. 行銷者權利與消費者權利之間有什麼差別，請簡述之。
4. 消費者權利的活動中有哪些重點？請簡述之。
5. 現今的行銷主管除了銷售業績外，還要如何提升自我的行銷觀念？請簡述之。

03

服務取向市場心理

消費心聲

　　服務的定義，它是銷售產品還是銷售的附加東西？從廣義來講，服務及勞務都該是單獨的銷售產品。市場，是一種貨物或勞務的潛在消費者的集合需求；換言之，市場是指貨物及勞務等產品之所有實際和潛在行銷者與消費者的交易集合場所。

　　本節承接前兩節的主題，以「服務取向市場心理」為主題，繼續討論。而討論的內容，包括以下四個項目：服務取向消費市場、消費者的市場認知、市場服務的標準化以及市場服務危機處理。

一、服務取向消費市場

　　以消費者的觀點來看，商品的消費最好能夠包括服務的利益，消費者為了得到某些回報而付出辛苦掙來的錢，除了在意所購買的產品是否實用之外，還同時要求擁有它的滿足感這個事實。例如，對從超市冷凍櫃所買的披薩和從披薩店中購買的披薩之間的相互比較，在冷凍櫃中的披薩接連地放在架子上，看起來都同樣的漂亮，但或許是幾星期前預先做好的，如果再把它儲存到冰箱中，也許再過了幾個星期你也不去吃它。此時，作為一個消費者，現在所買的披薩只是為了在以後的日子中，能吃到比較方便的食物而已，然而在披薩餅店中所購買的披薩，實際上所得到的利益遠遠

超出了僅僅想要解決飢餓的目的。

又如，披薩餅店不僅提供的是一個令人愉快的氛圍，同時又能滿足經常和朋友一起約會的社會需求，因為它會替你整理餐桌，甚至透過對你的服務，來迎合被受尊重的需要。實際上，披薩餅店的產品會隨著消費者的不同而有所不同，因為部分是客製化的，而某部分乃是因為廚師可能每一次所使用各種調味料的量不一樣，抑或是每個晚上係由不同的廚師所製作。因此，當去一家披薩餅店時，所購買的大部分東西是這個交易中無形的部分，如氛圍、社交和侍者的服務等，而美味的披薩餅實際上只是其中的一部分而已，或許它在全部帳單中所占的比率不超過20%。

一般而言，服務在同意購買之前是無法被檢測的，因為檢測的唯一的方法是實際享用服務。例如，當你從大賣場購買披薩餅時，只能先閱讀一下製作成分，並且瀏覽是否有吸引購買的品牌，如果此時對其中的販售人員不滿意卻很難去抱怨，而所能做的僅僅是付帳和微笑。

另外，以供應商的觀點來看，有一個更深層次的問題，那就是服務無法像物質產品一樣堆積起來。例如，在夜晚營業的披薩餅店，侍者和廚師仍然需要付給薪資的，但他們所提供的服務並沒有被售出，卻仍要支付僱用費用。相反地，大賣場裡冰凍的披薩餅當天並沒有賣出，卻可以在明天依然接著賣。

因此，服務與物質產品相比，是非常不耐久的，因而我們能在下面這些特徵上，看到服務與物質產品的區別：

1. 服務是無形的。
2. 服務是生產與消費經常在同一時刻發生。
3. 即使來自於相同的供應商，服務也是有變化的。
4. 服務是面對面、不持久的。

以上這些對消費者而言，很自然會產生一些問題的，因為購買服務看起來就像瞎買一樣而沒看到實物。事實上，消費者是在購買一個承諾，那

就是由服務提供者所提供特定的，也許會、也許不會出現的利益，而當服務沒有達到期望時，消費者幾乎得不到賠償。

二、消費者的市場認知

在服務市場中，消費者更多的是依靠口中所說出的話，而不是物質產品這件東西。由於產品的不可捉摸性，消費者無法運用許多資訊的正常收集過程，例如廣告等。因此，供應商不能專一的對待服務及其品質，並且大多數服務很少服從於由政府和團體所制定的規章制度。所以，服務的預期消費者，大多數可能是依靠朋友和同事的推薦，尤其像美容美髮和餐館等這類服務，更是如此。

對於專業性的服務，消費者也許會對服務提供者的合格和信用提出一些問題。例如，一個正在尋找律師去處理離婚事件的消費者，很自然想找一個家庭法律方面的專家，並想了解一下這個律師在這個方面的經歷。而專業性的服務，大多來自其他專業人士的推薦，例如房地產代理商推薦律師，律師再推薦會計師，如此等等。

三、市場服務的標準化

服務水準是指消費者需求被滿足的程度，在管理上，稱為作業標準化（SOP）。例如，一家航空公司也許為服務水準制定標準，要求航班在時間表的10分鐘內起飛；或者像一個披薩送貨服務保證能在30分鐘內送達，否則披薩是免費的（這種特別的保證類型在都柏林是違法的，因為披薩送遞司機將由於過分匆忙而導致大量的公路事故）。英國各政府部門努力建立《公民憲章》（Citizen's Charter），就是一個試圖提高服務水準的例子，結果導致這樣一個認識，即納稅實際上是為了得到服務而繳交的，並且國內稅務局（Inland Revenue）、牙科學生協會（DSS）、海關（Customs）和消費稅局（Excise）、國民保健制度（National Health Service）以及別的部門等，都要提供這種服務，顯然所提供的服務不可能

讓消費者完全滿意（因為沒有人喜歡付錢給國內稅務局），但至少能使服務在對消費者不便利最小化的綜合水準上運行。

以下就一些公司尋求提高服務水準的案例，舉例說明之。

1. 英國市際鐵路公司（British Rail Intercity）的目標，是確保90%的火車在時刻表的10分鐘內到達，並且有99%的服務將運作。
2. Tesco披薩的保證是，如果有人排在你的前面，除非所有的付款處都已開放，它將開放其他付款處。
3. 英國郵政局（Post Office Counters）保證95%的消費者的事務，能在5分鐘內被處理完。

關於服務水準的決定，主要依賴於經濟因素和消費者對金錢價值的感知。這就回到了前面提過的問題，消費者將為服務付更多的錢，因為他們相信這意味著將得到一個更好的服務，而隨後可能會稍有失望。舉例來說，一個每晚付100英鎊住在五星級飯店的消費者，將期望房間服務是周到的、有禮貌的和及時的，而同樣一個消費者，在12英鎊一晚的旅店只有床和早餐，將不期望任何房間服務；相反的，在英國的民宿B&B旅店裡，能享有提供良好充足的老式英國早餐，消費者將把這期望為服務的一部分。

以上的這種服務水準，必然與消費者感到重要的事有關係。但如果只是將確保前一批消費者遺棄在停車場另一端的商店手推車，能在10分鐘內放回到挑選點，這樣的服務對消費者來說，不可能有太大幫助；反之，若能確保特定的重要貨物從不會缺貨，這樣的服務，可能與消費者更息息相關，效果更好。

同樣地，服務水準的設定，必須在有能力完成的範圍內。例如，對於一個假日安排者來說，確保出遊日有陽光，則很顯然地是超出了旅遊業者的能力之外；相對的，當沒有陽光的那些日子打折扣，則在供應商的控制

範圍內，並且可能更為相關。

理解服務水準必須是適當地，而不是最大地滿足期望，在這裡是很重要的。一個付低價的消費者的期望不會很高，例如廉價溜冰者不期望會得到很好的照料，如果服務太好，則反而會使他覺得可疑，換句話來說，這可能會使消費者覺得有陷阱。例如，在英國市場中，Safeway超市的早期經歷說明了這些。在美國Safeway超市裡，僱用了包裝人員為消費者的購買物打包，甚至把包裹送到消費者的車裡（常常期望有一些小費），此服務是免費的。但當Safeway超市進入英國市場時，公司用同樣的方式經營，但英國的採購者（那些不經常受到此水準服務的人）變得有疑問，並猜想為了支付這項高水準的服務，商店的價格必定很高。爾後，儘管在要求的情況下可找到打包人員，但Safeway最終不再繼續提供這種服務了。

總而言之，由上面各例中可看出，關於服務水準的主要決定標準如下：

1. 服務水準必須與消費者感到重要的利益有關。
2. 服務水準必須是能夠達到的。
3. 服務水準一定要恰如其分，不可過分理想化。

四、市場服務危機處理

有時服務出了狀況，消費者對所提供的服務不滿意。換句話說，就是所提供的服務並不是消費者所期望的，服務提供者不得不試圖以某種方式來彌補。如前面所提到的那樣，消費者將用以下三種方式中的一種，來盡力表達他們的不滿：

1. 口頭反應

在這種情況下，消費者會回來並抱怨。

2. 私下反應

這種情況包括把不好的服務，告訴親朋好友。

3. 第三當事人反應

例如，採取法律行動。

而大多數服務提供者會透過使用下列方法，試圖盡力來確保上述的情況不會發生：

1. 事先詳細闡明服務，並且闡明可能的缺點。
2. 在提供服務的過程中，與消費者查核是否每件事都令人滿意。

另外，當服務出了狀況，消費者又無法接受所提供的服務時，為了減少不協調，以下幾種技巧方法的例子，提供參考。

第一種方法的一個例子，即為法庭案件對律師的早期諮詢。律師一般會警告當事人，任何法庭案子的結果是得不到保證的，若沒有勝訴，當事人將支付大量的法庭（和律師）費用，對方可能會提出一些預料不到的答辯（或攻擊，依案件而定）等等。

第二種方法的一個例子，是在一個航班的頭等艙內，空服務員定期查核乘客以確定一切都安好。這種方法經常被使用於服務要有一段時間才能完成的情況，並且在整個服務供應過程中，消費者均在場，例如醫療過程、航空旅行、理髮或者美容等。無論是醫生為外科手術說明手術後的治癒情況，還是服務員說明消費者所訂的菜是極端辛辣的，查核消費者是否完全了解所提供的服務，對供應商總是值得的。這就是為什麼詳細說明成分，甚至烹飪介紹，經常被用於飯店菜單的原因。

即使如此，事情仍會出錯，有時是由於服務的變化性導致不能提供被期望的服務水準，甚至在這些事件中，服務提供者最後也會對此感到驚訝。當然，補救措施要符合環境，因為消費者的損失分為服務的損失和後續損失等兩種類型，為了將供應商的責任限制在一定範圍內，事先制定規

章是必須的，例如照相沖洗服務經常把他們的責任限制在一捲新底片的花費內，主要意味著可以避免由於損失底片而被控告。

為了制止消費者的抱怨，服務可分為以下幾種類型：

1. 適合於提供再次服務或擔保的服務

例如，乾洗、家庭裝置維修和外賣食物批發店。

2. 退錢通常就足夠的服務

例如，零售店、電影院、劇院和影音出租店。

3. 不得不補償後續損失的服務

例如，醫療服務、律師和快遞服務。

上面的分類並不一定是唯一的，在這種意義上，說許多次失望的劇院觀眾得到了退款也許是真的，但有時他們也許會為了旅行花費，或者是在一次表演中的偶然事故受傷等而提出告訴。由於這個原因，服務提供者常常運用公共責任擔保，且第三類服務提供者，通常也有職業責任保險去負擔後續損失，不像物質產品不合格的賠償，對於一個不合格的服務，很難確定恰當的賠償水準。例如，如果一個新的個人音響第一週就壞了，它能用一個同樣型號的新音響替代或者退還消費者的錢；然而，如果燙髮對於當事人並不十分滿意（由於頭髮過分加工的損害），而再次服務是不可能的，很顯然服務只是部分不合格，在這種情況下，退錢也許是過分賠償，但仍應退還一部分。

上述的這類情況，要求細心判斷消費者的滿意度，以及賠償消費者的最佳方式。這通常需要有些技術性協商技巧，並最好透過有高度權威的人士去實施，因為提供服務很大部分依賴於口中說出來的話，把抱怨處理到消費者完全滿意，比物質性產品的情況更為重要。

與物質產品相較下，消費者更容易傾向於使用消極的口頭表達，而不

是積極的口頭表達，但是如能正確地處理抱怨，將會產生比一個好的服務本身更積極的口頭表達。這意味著一個願意接受賠償的不滿意的消費者，將比一個第一次就得到滿足的消費者，更可能積極地想到服務提供者。從這點看，確保不滿意的消費者發洩他們的不滿意，是很重要的，此外，服務提供者有效地回答問題也很重要。例如，航空公司、旅遊公司和劇院，經常要求消費者填寫市場調查問卷，以決定服務供應的各個方面的滿意水準；但在餐館和個人服務業，這麼做就有點困難，因為它經常依靠的是服務提供者和消費者之間的交談，而不是正式的問卷調查。

 思考問題

1. 請簡述服務的定義。
2. 服務與物質產品有哪些區別？
3. 服務與物質產品的區別內容是什麼？
4. 服務水準的主要決定標準是什麼？
5. 請說明如何處理市場服務的危機。

行銷加油站

品牌打敗感官

強勢品牌的力量甚至比我們的感官還強大。還記得那個經典的「百事挑戰」的故事嗎？百事可樂公司將自己的可樂產品與可口可樂公司的產品放在一起，讓受試者進行盲測品嘗，結果百事可樂一直處於優勝地位。

長期以來，百事可樂一直在自己的廣告中，利用這些測試結果來震懾可口可樂，逼得可口可樂這家更大的公司開發出了「新可樂」（New Coke）產品。經過改良配方的可口可樂，在後來的一系列盲測品嘗中擊敗了百事可樂，但這場行銷上的災難如此慘重，它幾乎毀了這個品牌。

美國貝勒醫學院（Baylor College of Medicine）人類神經影像實驗室主任，以一種全新的方式重複了這個「百事挑戰」的測試。他讓受試者品嘗兩種可樂產品，並同時使用功能性核磁共振造影儀器（functional magnetic resonance imaging, FMRI）對受試者的大腦進行掃描，受試者可以透過這台儀器看到自己的大腦如何對兩種可樂做出反應。在一次盲測中，這位實驗室主任證實了「百事挑戰」的結論，受試者不僅口頭承認更喜歡百事可樂，他們的大腦也做出了認可——他們大腦的獎賞中樞之一，在他們飲用百事可樂時，顯示的興奮度要比飲用可口可樂時高出五倍。

然而，當受試者能眼見他們所飲可樂的品牌時，幾乎所有受試者都說他們更喜歡可口可樂。耐人尋味的是，受試者的大腦活動也同時發生了變化。在「可見品牌」測試中，看見可口可樂品牌的受試者大腦中，與自我認同相關聯的一片區域極度興奮。即使把兩種可樂的身分互換，無論受試者真正喝下去的是可口可樂還是百事可樂，結果依然不變，即可口可樂高

高在上。

　　品牌能對我們的大腦產生異常強大的影響，行銷人員就該尋找出可運用的方法，來鞏固自己的品牌，並利用品牌給自己帶來收益。

Chapter 5

發揮消費環境心理

01 消費環境的影響力

02 文化和階層的影響

03 家庭成員相互影響

在　本章所設定「發揮消費環境心理」的目標下，我們要討論以下三個重要議題：消費環境的影響力、文化和階層的影響以及家庭成員相互影響。

01

消費環境的影響力

📞❓ **消費心聲**

　　消費者作為有獨立行為能力的個人，我們更願意相信他們是自我選擇和自己消費的主宰，然而，對我們消費行為作一個客觀評估，可能與這種看法相去甚遠。有多少人願意承認，曾受到包括廣告或是行銷人員行為的環境影響？請思考：首先，你更喜歡逛商場，還是超市？為什麼？或者，你更喜歡網路購物？為什麼？最後，回顧你的每一次消費是自己的決定，還是有參考包括家人、親友或廣告促銷資訊的意見，為什麼？

　　在此，我們首先根據「消費環境的影響力」主題，討論以下三個項目：消費環境意識的存在、影響選擇的消費環境以及網路購物的環境優勢。

一、消費環境意識的存在

　　作為有意識能力的存在，我們更願意相信是自我選擇和自己命運的主宰，然而，對我們生活的一個客觀評估，可能與這種看法相去甚遠。我們有多少人願意承認，曾受廣告或是行銷人員的行為影響？如果想知道為什麼有人買或是不買某種產品，就要理解環境如何塑造人們的行為。把尋求對消費者的理解這一過程，從消費者購買行為發生的情境中分離出來，就

可了解以上人們的這些行為。而為了實現銷量最多和產品資訊傳播的最大影響，環境就是其中所要考慮的因素之一。過去40年中，大量的研究已經顯示出，我們的行為是如何受到銷售環境的影響。

　　一般而言，市場調查是在一個對調查者方便的地方進行的，而且多數調查都是根據資料獲取的地點來命名，例如街頭調查、線上調查、人戶訪談或會議等。而受訪者被帶到接受調查環境，這些環境可能是臨時搭建的房子、大廳、棚頂，或是在調查過程中用到電腦、視訊播放器或其他刺激源（包括類比裝置），抑或只是注視測試及觀察小組（利用觀察設備）等，所以這種命名所傳遞的資訊十分清楚，無論在哪裡提問都不會產生任何影響，也都會得到相同的回答。因此，透過觀察人們購買什麼以及如何購買等調查，都能學到很多知識，但首先應該解釋環境為何如此重要？它是如何改變人們的行為，以及對銷售所產生的影響有多大。

　　曾經有專門研究商業空間環境心理學的學者，在一家賣酒的商店作了以下的測試，就是在這家商店播放流行音樂排行榜前40名的歌曲或是古典音樂。結果發現，當播放古典音樂時，人們花在一瓶酒上的時間，要比當播放流行音樂時所花費的時間高出三倍之多。當然，所有參加測試的人都認為，他們是在購買自己想買的酒，而且能夠為其行為提供貌似合理的理由，但他們卻不知道輕柔的背景音樂，可能會是影響他們購買的唯一變數。

　　近來有位酒類行業的專家說，他相信酒的味道會受到所播放音樂的影響，說法雖怪異，但當考慮到無意識心理關聯的影響，以及心理學研究反覆遇到的當歸因的可能性時，這個說法就是有意義的看法了。舉例來說，研究人員已經發現，所播放的音樂種類，會極大地改變人們在商店停留的時間長短以及離開的快慢程度，且會改變他們對等待時間長短和購物區擁擠程度的認知，而這些對行為和認知的影響，將會引發消費者更多的消費支出。例如，在一家超市裡播放輕音樂和節奏快的音樂作一比較，雖然消費者不會認為，是因為超市裡播放音樂的速度慢才消費更多，但在對比結

果之後，可以明顯地發現前者所導致消費的銷售量，比後者高出了39%之多。

又例如，美國的心理學家們透過對兩家零售店的產品展示，改變各自的照明進行了實驗，其中一家是販售特色工具的五金店，另一家是銷售西服、面料及皮帶的零售店。他們在天花板上都另外安裝了獨立於室內主照明及可以控制的500瓦照明設備，並對顧客進行錄影，記錄下顧客花在產品展示上的時間、摸過的產品數量以及選擇產品的數量，結果發現，在外加照明燈打開時，顧客會觸摸更多的產品，且花在產品上的時間也明顯變長。

另外，相關的研究也充分證明了，明亮度能對大腦的化學成分產生影響，例如照明控制了人體的生物時鐘，並與血清素的釋放有關，而血清素在控制心情、憤怒和攻擊性方面，發揮了重要的影響。然而，或許只有那些被診斷出患有像季節性焦慮症的人，才可能承認光照越多，他們越感到舒服。因此，我們完全有理由來假設，如果調查環境中的照明與消費者現實中的照明相差甚遠，那麼人們的感覺和反應也會大相徑庭。

除了音樂和照明的改變，能導致人們行為的不同之外，更多不易察覺的變化，例如房間的面積等也被證明了，不僅會改變人們的思考方式，且其思考過程的本質似乎也改變了。兩位行銷學教授建造了四個除了天花板高度不同（約8或10英尺高）外，而其他方面完全相同的房間，然後給受試者分配那種需要不同類型的心理處理過程的任務，並分析結果後發現，位於天花板較高的房間裡的人，在完成那些需要進行關係處理（識別和評估不同運動之間的關係）的任務時表現得更好，而當天花板相對較低時，受試者在完成某些具體項目任務方面表現得更好，另外還發現了在如何評估兩種產品方面存在統計上的顯著差異。

從上述的各實驗中，所有參與測試的每個人，都未被告知任何研究的資訊，這才是研究所要關注的重點。而重點就是，這些由環境影響所發生在無意識層面的變化，及透過一些扭轉人類命運的進化過程，我們都無法

得知是什麼原因，影響了這些真正驅動的想法、情緒以及由此所引發的行為。

二、影響選擇的消費環境

消費者環境的另一方面，是存在於產品以及圍繞產品的任何一個已知方面的資訊，而研究說明了，廣告的效果受其所處情境的影響。在測試中，當雜誌或電視節目的情境與廣告主題相似時，消費者就會對廣告產生更好的理解和更大的好感度，而對情境產生的好感，則會被錯誤歸因於對廣告本身的好感。

在一項實驗中，作為汽車達人的受試者，被要求去評估一則本田（Honda）汽車廣告。如果這廣告的四周都是一些高知名品牌的廣告時，例如亞曼尼（Armani）手錶或勞力士（Rolex）手錶等，那麼受試者對本田（Honda）汽車廣告的評價，會比其周圍盡是一些知名度不高或平價品牌的廣告更好。由此，對比了人們如何評估一系列產品的吸引力時，結果發現人們對某個產品的偏好程度，是受抉擇時的情境所影響。

由於各種的影響因素被市場調查排除在外，因此市場調查結果根本不可靠。例如，當麥當勞在20世紀90年代開發出了拱形豪華漢堡時，公司信心十足地認為有了一款可以吸引成年顧客的成功產品，且在市場調查的情境中，產品表現得相當好，但在麥當勞餐廳的情境中，由於有快樂兒童餐、麥當勞叔叔和其他與兒童相關的暗示，所以顧客對這款食品的反應相當冷淡。其中，具有諷刺意味的是，其廣告創意是以麥當勞叔叔參加更多成人活動為特色，這可能反而強化了顧客反感的對立關係。

公司重視管理和對標準化的期望，這對會計、採購和品牌創建等功能的成功，至關重要。然而，正如麥當勞公司發現的，在集中化的處理中並非全能提供答案，而市場調查期望在遠離複雜零售環境的情況下來獲得對新產品開發的指導，是十分危險的想法。

因此，如在沒有銷售產品的情境下，消費者便無法對產品作出真正的

反應。例如，麥當勞在芝加哥橡溪鎮總部直接採取行動，開發了成人口味的漢堡，以吸引更多的成年人，且遠離了塑膠椅、明亮的主色調、熟悉的價格表，以及適合孩子的多種產品情境影響，因而受訪者對這款產品的口味、新鮮度和滿意度評價都很高。然而，儘管麥當勞投入全部支出的一半費用，來促銷一款被市場調查證明很有吸引力的產品時，結果還是失敗了並被撤回。原因是，它並不是在產品銷售現場環境中進行測試後所開發出來的產品，而只是在沒有消費者的測試反應下所開發出來的產品。

所有的人類行為，都會受到環境的深刻影響，正如《看不見的影響力》（Invisible Influence）一書的作者凱文‧霍根（Kevin Hogan）所說：「人類，像動物一樣，與其環境產生互動並對環境作出反應，而這遠在意識層面未被我們認識到。如果你想改變自己或是其他人的行為，你能做的第一件事就是改變環境。改變環境，具有改變人類行為的強大力量，再沒有比其更有影響的單一因素了。」

心理學家斯坦利‧米爾格朗（Stanley Milgram）在環境如何影響人類行為方面，進行了開拓性且知名的研究中，充分說明了當環境發生改變時，人們準備要做的事也會發生明顯改變。情境不僅決定人們如何行動，還決定人們的行動方式與原來設想的方式的差別性，且在絕大多數情況下，還決定了在多大程度上願意告訴自己所要採取的行動。

市場調查環境的人為特徵，是否也會導致在真實的購物環境中被無意識強化，而且在決定產品命運過程中，具有重要意義的那些情況，則無法得以說明。例如，當年亨氏公司（Heinz）開發出全天然的清潔醋，因為公司早就知道可以利用食用醋來清潔物品，這種產品對媒體而言，更有十分濃厚的興趣。然而，在一個超市環境中，特別是當該公司的其他食品也在場時，這款產品就很難讓消費者把那些無意識的食物與清潔產品聯想在一起了，因為人們總是將清潔產品與危險的化學品、細菌聯想在一起，因而產品最終宣告失敗並被召回。

一般而言，環境對人們行為的影響，就像以下所列舉的案例一樣，細

微得幾乎察覺不到。例如，研究人員設計了一個由兩組男生參加的實驗，表面上看起來研究目的是考察風景對創造力的影響，事實上，研究的目的是想看看有多少受訪者會邀請這位女性採訪員出去約會。

在實驗中，設計者由一位迷人的女性採訪員來提問，而且讓參加實驗的兩組人分別處在不同的地方。一組的個人訪談，在一個很深的峽谷上方一座搖搖晃晃的橋上進行，另一組訪談則在橋另一端的長椅上進行。實驗結果，兩組的差別是十分明顯的，因為在橋上的受訪者中，有60%的人邀約了女性採訪員，而坐在長椅上的受訪者中，卻只有30%的人邀約女性採訪員。

研究人員總結認為，橋上的人錯誤地將其對不穩定的橋的心理反應，歸因於那位女性採訪員。換言之，他們知道自己感覺到了什麼，他們的意識心理錯誤地將這種直覺，斷定為被站在面前的採訪員吸引的感覺，而非擔心從搖晃的橋上跌入谷底摔死的那種恐懼。

從上面的案例中，行銷人員可以很清楚明瞭，為什麼消費者選擇消費產品時，在很大程度上是受了消費環境的影響，而決定所消費的與否及何種產品。

三、網路購物的環境優勢

網路零售商具有能進行現場測試的獨特優勢，他們以引導消費者隨機訪問網站的兩個或多個備選頁面，甚至是設計完全不同的網頁，這既給了他們對消費者體驗很大程度的控制權，也給了他們探索細微的環境變化，是如何對消費者行為產生影響的機會。

雖然有這麼多靈活選擇，但問題是要知道這些網路零售商想要測試什麼。透過研究那些在這類測試中取得成功的案例，可以得知它和在其他地方購物一樣，對於人們在線上的反應，同樣也會受到無意識成見的影響。雖然，有些人因為擔心風險太大而不會在網路上購物，然而絕大多數人的態度就已經發生了變化。人們對網路上購物的擔心，特別是擔心那些從未

向其購買過商品，或是沒有對應的熟悉店面環境之網路零售商的安全性，這也導致大量保障方案應運而生。

這種安全感的重要性，可以在luggagepoint.com的網站設計測試中得到證實。例如，在這次測試中發現，當網站將駭客安全w徽章向右移動了2英寸，同時移動了它旁邊的一個推銷國際航運的小廣告區塊後，網站的銷量增加了5%，而從每個顧客那裡所賺得的收益也提高了11%。

缺乏輕鬆或順暢的網購頁面，可能會導致銷售失敗。如果在網頁上無法輕鬆找到自己所需的產品，甚至首頁很難打開，人們就會去別處購買。一項研究說明了，除非螢幕上有提示告訴人們資訊正在載入，否則2秒鐘就是人們決定離開的極限。google公司發現，提高google地圖網站速度（將網頁縮小約25%）後，訪問量在第一週就增加了10%，而僅三週後訪問量就增加了25%。

如今，消費者在電視廣告的空檔中，使用電話進行線上購物時沒有一點擔心。曾經是亞馬遜公司的焦慮之源，現在被電話一鍵式訂單的處理一掃而空。或許消費者從該網站購買的很多產品，都可能以更低的價格從其競爭對手那裡買到，但由於亞馬遜公司使購物變得如此輕鬆，因此使得消費者從來沒有時間去比較。

優惠的折扣價，也是冒險從新網站購買產品的一個原因，然而這通常並不會決定後續行為，因為這時像順暢（習慣）和社會認同等因素，相對的卻是更重要，尤其在2001年，一項基於北美上網者的點擊次數分析研究發現，只有8%的人會對價格極其敏感。

最佳銷量排行榜、推薦或顧客評論等，也是社會認同的表現形式，這種社會認同也是對線上購物者的一個重要影響因素。線上零售商客戶告訴消費者，獲得最佳評論的產品會賣得最好，這一點都不奇怪，因為在看不到其他人正在購買什麼的情況下，這些資訊對網購顧客來說，是十分重要的。

思考問題

1. 請簡述消費環境意識的存在，對消費者有何影響。
2. 請簡述消費環境對消費者的影響。
3. 請簡述廣告的效果受其所處情境的影響。
4. 市場調查是根據什麼來命名的？
5. 請簡述網路購物的環境優勢。

02

文化和階層的影響

消費心聲

　　消費行為總是發生在一定環境的情境下或背景中，因此情境的影響來自於獨立於消費者或購買物件（產品）之外的因素。文化是一種群體內，大多數人所共有的信念和價值。由於文化是一種共有的資訊，自然產生了文化環境的效應。

　　承接前節主題「消費環境的影響力」，本節以「文化和階層的影響」為主題，繼續討論。而討論的內容，包括以下五個項目：環境的情境影響、一般環境的作用、文化環境的影響、文化環境的效應以及階層環境的影響。

一、環境的情境影響

　　購買的環境情境，是指商店內的零售環境，購買情境中的因素包含從社會的（如：行銷人員的態度等）到物理的（如：商店的裝飾和陳列等）。商店氣氛在這方面尤其重要，因為大多數消費的情境因素都不受行銷人員的控制，而商店氣氛則受到更多注意，這可由行銷人員控制。

　　每一個商店的氣氛，一般會影響消費者對商店的感知，例如打折的商店會刻意使用廉價裝飾品。基本的陳列環境有搭配印象，即這裡的商品比在豪華商店裡會更便宜；而在另一個極端面是，利用應時的時裝屋為顧客

提供酒和咖啡，並同時在豪華的背景下讓模特兒穿上所要展示的衣服來展示。

消費行為總是發生在一定環境的情境下或背景中，因此情境的影響來自於獨立於消費者或購買物件（產品）之外的因素。情境的影響包括人和物，並且是情境本身內在的影響，而情境性的影響可以利用物理性環境、社會環境、時間、任務和先前的狀態等五個維度來定義。物理性環境可能包含了地理位置、布置、聲音、味道、光線、天氣和圍繞產品周圍的產品陳列等，物理環境影響個人的情緒，因此會渲染個人對產品的態度。

例如，一些超市應用帶有新烤麵包香味的空氣噴霧器，來營造一種溫暖安全的印象，從而促進商店中麵包的銷售。零售批發商店的裝飾通常設計為輕鬆的，這樣顧客停留的時間會長一些，並且會多買些東西。一些商店為此使用一些讓人平靜的音樂，儘管在英國超市中，近年來這種現象正在減少，原因是一些顧客發現這些音樂令人煩躁，淡而無味。

二、一般環境的作用

依據消費者所面臨的環境，會以不同的方式發揮作用。

（一）資訊獲取或交流環境的作用

在資訊獲取或交流的環境中，消費者有時過多地擁有資訊，並發現很難抉擇，例如具有代表性的是電視廣告，它會在中場三分鐘休息中加進來，一般包括6到8個廣告資訊。

由於這個資訊通常是密集的，而資訊爆炸式的刺激使看電視的人發現，如果不關上電視或離開房間，就很難忽視它們的存在，但同時所有包含的資訊又不能一次吸收完。同樣地，雜誌廣告也是資訊密集，讀者不可能閱讀所有的廣告，也經常會略過許多廣告。

以上這些，被稱為「廣告擁擠」，它對行銷人員來說，是個不斷擴大的問題，因為它導致消費者對廣告與日俱增的排斥。最典型的排斥方式就

是，利用廣告的空檔泡茶、上廁所、打電話或乾脆迴避這些資訊，甚至用電視遙控器關閉聲音，或將廣告清除出錄影中，這樣所觀看的節目就可以不被打斷而可一直看下去。

交流環境通常會使消費者陷入兩難的處境，因為他們對資訊的渴望，可能被「出賣」的恐懼所節制。換言之，就是儘管廣告可能很有趣，或者行銷人員也值得一談，但消費者可能寧願迴避這種環境，也不願冒資訊超載的風險，或被糾纏進某件事裡。

（二）完整消費環境的作用

完整的購物環境，它涵蓋了從步行購物街到郊區大街，或購物中心和城區外設有停車場的大賣場，每一種都有自己的氣氛和特點，並且每一種都導致特定的消費者行為。例如，城外設有停車場的大賣場主要吸引汽車駕駛員，因為公共交通通常是有限的，這意味著這種設有停車場的大賣場主要用於重大的購物旅行，或去大量購買耐用品，或進行每週的雜貨購買。

購物行為在購物中心與在街道市場是不同的，每種情況下，消費者對價格、質量和服務的期望也都有所不同。另外，購買環境還包括了現金的支付和最後的交易，這些領域是行銷人員要控制的至關重要的地方。零售商將盡力保證顧客能支付足夠的錢來進行購買，因此大多數商店都會接受信用卡的刷卡的服務，這種政策對零售商的好處是，商店一天工作後沒有太多的現金，可以節省保險費用。另外，在較大的城外大賣場的停車場設有提款機，目的就是讓顧客可以隨時提領支付商品的錢。

消費環境圍繞著產品的實際使用或消費，在大多數情況下，行銷人員對消費環境沒有直接的控制，只能透過廣告提些建議，對一些產品，消費行為可能會進行很長的時間，例如微波爐可能消費10年或更長的時間等。另一方面，具有高服務容量的產品，能使行銷人員更好控制消費環境，例如釀酒商能夠以相當精確的程度，來控制酒吧環境；對純粹服務方面的產

品，如美容美髮或健康服務等，產品完全是在受控制的環境中分配。

（三）轉讓環境的作用

轉讓環境是消費者轉讓用過的或不再需要的產品的環境，這對行銷人員來說，是越來越有意義的。例如，在某些情況下，這些產品只是被簡單地扔掉，但在另一種情況下，消費者卻可以把它送給義賣商店、在二手商店中賣掉或換成新的款式，因此在每一種情況下，對行銷人員來說都是感興趣的。

對於被拋棄的產品，如今有許多行銷人員會感到有責任來保證產品不會污染環境或危害健康。例如，如今的速食店正處於相當大的壓力下，即要保證未吃完的食品和油渣的包裝不能隨便地丟在周圍環境中。在這種情況下，導致了麥當勞清潔小組的建立，他們巡視商店周圍的區域並撿拾垃圾。另外，對於義賣商品和二手商品的買賣，銷售商可能發現，新產品的市場在某種程度上被這些（更便宜的）替代物所損害。

環境可以改變，並同時改變消費者的購買意圖。例如，一個飯店的裝飾變化，可促使一個就餐者到別的地方用餐，或者一個回收利用項目的關閉，可能引起消費者購買不同包裝的產品。像上述這些環境的變化，都有可能失去或得到顧客；而大多數的銷售商，都希望能得失平衡，但這是有困難的。

三、文化環境的影響

文化是一種群體內，大多數人所共有的信念和價值，而在文化考慮下的群體通常相對較大。文化是由群體中的一個成員，傳遞給另一個成員，尤其是由一代傳給下一代，它是學習而來的，因此既是主觀的又是任意的，例如食物與文化間聯繫密切等。舉例來說，就像奶酪在法國被認為是一種精美的食物，而以有上百種不同的奶酪品種而自豪；而在日本，奶酪卻被認為像是腐敗的牛奶一樣，很少有人會吃它；同樣地，幾乎沒有英國

人願意吃昆蟲；猶太人一點也不吃蝦貝類，因為在猶太教的教義裡，蝦貝類不是清潔的食品。以上這些口味的不同，與其說是個人口味的隨機差異，倒不如用文化來解釋，且這些行為是來自於特定文化背景的人們所共有的。

相同地，語言同樣根基於特定的文化，即使一種語言由多種文化所共有，也會由於地區文化而存在著差異。舉例而言，美國英語和英國英語的差異是眾人皆知的，但甚至英國的蘭開夏郡（Lancashire）英語和紐卡斯爾（Newcastle）英語，也存在著差異。這些差異的很大原因，就是每個人都想像著別人理解文化背景，就像理解語言一樣，在其他人身上的任何差異，都傾向於被視為愚蠢或含有惡意。大多數文化都把「種族中心主義」的觀念，當作是自己的一個特點。這種信念，即自己的文化才是正確的，其他一切的文化多少是一種拙劣的模仿。

四、文化環境的效應

由於文化是一種共有的資訊，自然產生了文化環境的效應。世界各民族的文化特點，可以被鑑別出來是不足為奇的。例如，荷蘭學者霍夫施泰德（Hofstede）在66個國家展開了一項有6,000位應答者的跨文化調查中，他區分出了如下所說明的四種文化特點的效應：

（一）個人主義與集體主義

個人主義與集體主義是不同的。一些文化珍視個人主義和個人自由，它們比集體主義和團體服務更重要。例如，在美國和荷蘭表現出強烈的個人主義傾向，而遠東地區如臺灣和日本等，則表現出集體主義傾向。另外，個人主義在英國正在增長（這在大多數工業化國家是共同的），這在第 x 代（在20世紀60年代和70年代出生的人）群體中，尤其能強烈辨別出來。

（二）不確定的迴避

不確定的迴避是指一個國家的人們，為了減少不確定而遵守法律的習俗的程度。高水準的不確定迴避，表明了一個傳統價值所主導的文化，新觀念或超常的生活方式，是不能被容忍的。而低水準的不確定迴避，則暗示著一個人們傾向於容忍新觀念的文化，結果更可能改變這種文化。這種不確定的迴避趨勢，值得開發行銷策略的參考。

（三）權力距離

這是指文化服務於權力集中的程度，以及來自不同權力等級的人們，能夠互相接觸的程度。權力距離也影響著對收入差別和財富集中的接受，特別像是南美洲的巴西、亞洲的印度以及非洲的南非等大國，財富高度集中（國家的大部分財產集中在少數人手中），而像荷蘭和比利時、瑞士以及北歐國家，財富就不太集中。企業根據這些背景擬定市場，開發行銷策略。

（四）價值觀的性別化

價值觀的性別化，是指在行銷策略上，區別出男性或女性的需求優勢。這在性別文化的基礎上，展現成功的男性或女性為對象的行銷，而不是傳統以男性為主的行銷。以美國為例，關心環境、運動、貧窮和社會正義等，是一種偏向男性化的文化；而關心家庭、食品、營養和美容等，則較屬於是女性化取向的文化。根據這個性別化價值觀區別市場，並開發行銷策略。

從上述這四點文化特點的效應中可以看出，儘管像這樣的性別文化價值觀點的行銷是有用的，但根據霍夫施泰德（Hofstede）在工作中的普遍發現，這對來自其他國家的消費者做出以美國文化的推論，是需要小心的。甚至來自同一文化內個人之間的差別，比來自不同文化個人之間的差別，就可能更多。也就是說，最個人化的臺灣人，比最尊奉傳統的美國

人，有更多的個人主義。

由上可知，當接觸大規模市場時，這樣的一般化是很有用的，比如當計畫諸如電視廣告節目這樣大規模的廣告活動時，就確實曾被廣泛地應用。廣告通常深深根植於地方文化，因此不能經常跨國界轉移，例如廣告把文化意義轉移到產品上等。廣告通常使用「符號」，而這符號對不同文化的人可能毫無意義，例如英國廣告可能用獅子代表愛國主義，而美國廣告可能用禿鷹，法國廣告則可能用小公雞等。同樣地，即使是在使用同一語言的時候，文字說明也會有所不同，這是由於慣用語的使用，以及跨文化的文字參照不同。

另外，有一些品牌的名稱必須改變，以適應當地的語言，著名的例子就是Vauxhall（沃克斯豪爾）汽車的新星Nova（Nova，在西班牙的意思是「別去」），和愛爾蘭的米斯特（Mist）酒（Mist，在德國的意思是「糞」）等。更微妙的是，為一個文化所製造的廣告，在其他文化中可能看起來似乎更令人生氣或可笑。

亞文化或次文化是指在一個主文化中，一個亞群體所共有的一種信念。儘管這個亞群體擁有這個主流文化的大多數信念，但他們共同擁有另外一種自己的信念，這種信念可能與主群體持有的信念有些不同。例如，剃光頭的人在看電視時喝啤酒，住在家中，說英語以及其他方面共同擁有英國主流文化，但又具有一個穿著靴子和背帶，以及無頭髮的不同的亞文化，這表達了這個群體環境和經歷的「艱苦、男子氣概和勞動階級」外形標準。對特定服裝式樣的認同〔例如：靴子和馬褲、或龐克（punk）式樣，或較早接受的爵士雅服等〕，是表達文化認同和顯示穿戴者是一特定群體中一員的一種方式。同樣的，對其他文化元素的適應（例如：語言），積累起來就成為一種特定的風格。

總而言之，文化可以隨時間而變化，儘管這種變化傾向比較慢，因為文化深深地根植於人們的行為中。但從銷售的觀點來看，在一個特定的文化中工作，比試圖去改變它可能要容易許多。

Chapter 5
發揮消費環境心理

五、階層環境的影響

商品一般在行銷上，會進行以消費者階層劃分的市場區隔，例如職業、權力及生命機遇等階層，而這種行銷策略都被廣為應用。

（一）以職業階層劃分的影響

社會階層，主要是透過個人的職位來界定的，人們可能被劃分為如熟練工、非熟練工、更高級的管理和職業以及其他等群體。近來，因為大多數已婚婦女在外工作，導致了社會學家之間對如何分類這些婦女，是依據她們自己的職業，還是依據她們配偶的職業之問題，引起了一場爭論。儘管這個分類仍被廣泛地使用，但使用時應該慎重，因為它與一個人的購買行為關係，在目前多少有點受到限制。

（二）以權力階層劃分的影響

除了職業以外，還有其他更多進行的社會階層劃分方法。階層意味著權力等級中的一個位置，例如一個人所處的階層越高，所具有的權力影響就越大。這種權力和處理權，朝著社會階層最高點逐漸增加，具有銷售方面的涵義。例如，卡爾‧馬克思（Karl Marx）曾說過：「每個年代的統治階級的觀點，就是統治的觀點」，這種想法導致了關於革新的「利益擴散理論」，這也反映了社會階層之間的關係，以及在資本主義結構中的作用和職業類型。

（三）以生命機遇劃分的影響

馬克斯‧韋伯（Max Weber）用「生命機遇」來定義階層，一個階層是一個人群，他們的生命機遇都共同具有一個特殊原因的構合，其代表擁有商品和收入的機會，而這一切是在商品或勞動力市場的條件下運作。換句話說，個人的階層，是由掙錢機會和擁有商品的水準所決定的。

這樣看來，個人的消費方式既是社會階層的結果，也是社會階層的一

個決定因素。那些能夠積累財富、提高掙錢機會的人，在社會等級上會越爬越高。例如，一個搬運工顯然應劃歸工人階級（熟練工），然而如果這個搬運工積累了一些資本，並建立了自己的企業，最終會成為一個富裕的開發商，因此被定義為中產階級（管理或職業的），這種類型的「社會移動」，在過去的階級壁壘被打破時，就變得更為常見了。

而以一個行銷人員的觀點來看，社會階層更多是基於個人的教育水準、職業需要和經濟權利之一系列亞文化存在的反映。在這種背景下，行銷人員為了拉攏消費者，就要在廣告中使用與階層相關的意象，例如火星酒吧的廣告，它表現出工人、職員和娛樂場所的人們正在火星酒吧中享受著；同樣的，雀巢的廣告中，使用了中產階級背景的形象，來傳達雀巢是這種人合適的咖啡等行銷意象。

 思考問題

1. 情境的影響有哪些？
2. 情境性的定義為何？
3. 物理性環境有哪些？
4. 依據消費者所面臨的環境有哪些特點？
5. 霍夫施泰德的文化特點有哪些？各為何？
6. 階層環境影響與銷售之間的關係為何？請簡述之。

03

家庭成員相互影響

消費心聲

> 家庭的消費關係，是行銷工作不可忽視的一項工作。在有所有的涉及群體中，家庭成員對消費者的決策有最大影響力。

本節承接前兩節的主題，以「家庭成員相互影響」為主題，繼續討論。而討論的內容，包括以下四個項目：家庭的消費關係、家庭消費的特徵、消費行為性別角色以及子女的消費影響力。

一、家庭的消費關係

家庭的消費關係，是行銷工作不可忽視的一項工作。在所有的涉及群體中，家庭成員對消費者的決策有最大的影響力。

（一）家庭概念的定義及認知

關於家庭概念的定義及認知問題，需要釐清。在傳統意義上，家庭研究認為丈夫是男性伴侶、妻子是女性伴侶，雖然本節是在70年代所做的研究，以當時絕大多數的父母親都是已婚的，但隨著未婚父母家庭數量的增加，這種方法有些過時了。雖然，它指的是傳統的角色，而這些角色或許被特殊家庭接受或不被接受，但這個研究的有效性和相關性不在本節的討論之中。

角色特殊化對家庭購買決策是很關鍵的，因為每年家庭都要購買一定

數量的各種產品，以保持家庭的供應。這在實際中所意味的就如同例舉說明的一樣，例如家庭負責做飯的成員對採購食物承擔主要責任；開車最頻繁的家庭成員對購買汽車及零配件、汽油的選擇服務做主要決策；家庭養花的成員主要購買養花用品等。

以下所謂「角色特殊化」的四種類型，已被確定了。

1. 妻子主導型

是妻子做決定。

2. 丈夫主導型

是丈夫在決策中擔任主角。

3. 混合型或民主型

是共同做決定。

4. 個別自主型的決定

完全由伴侶們獨立做出。

其中，以第四項最為普遍。例如，妻子可能在購買新窗簾的決策上起最大作用，而丈夫則會在選擇家庭房車中占主導地位，雖然他們可以共同決定家庭其他用品的購買，但丈夫可以單獨選擇購買養花所需的肥料。行銷人員需要確定的一種角色特殊化類型，在目標市場中發揮了主要作用，以便於確定促銷活動的目標。

（二）家庭成員的加入及成長

此外，由於子女的出生與成長，於是讓家庭消費關係，有了如下更複雜的理由：

1. 家庭經濟來源支持者在消費上，夫妻中有工作者或家務負擔者之間，分別扮演了不同的角色。

2. 父母親的影響是最早的，接下來是子女們「自我」感知的每一件事情，然後子女們逐漸長大與成熟，擁有自己的獨立判斷，超越父母的影響力拘束。

3. 對父母親來說，當他們為家庭購物時，想為子女購買最好產品的願望，影響了他們的購物決定，例如購買衣服、食物與用品等，總會徵詢孩子的意見。

21世紀對家庭的概念，是偏向比較狹義的父母親和他們的子女。然而，在大多數家庭裡，也會有來自其他親戚們的影響。儘管在英國家庭裡，這種影響力要比其他國家常見的大家族影響力少一些，但仍然或多或少地存在著。目前，在西歐所發生的一種變化，那就是單親家庭數目的增加，但是在這之間有一些區別，而且離婚率的增長，也導致了單親家庭的增多。

從市場行銷的觀點來看，許多產品的需求水準是由家庭的數目決定，而不是由成員的數目決定的。家庭與行銷的關係，更多的是與消費者行為相聯繫的，而與消費者需求等級相聯繫較少。

二、家庭消費的特徵

面對一個涉及群體的關係而言，家庭消費行為是由以下的幾個特徵加以區別的：

（一）直接面對面接觸

家庭成員差不多每天都見面，而且能以建議者提供資訊，有時是以決策者的角色進行消費與溝通。

（二）分享消費品

例如，冰箱、電視和家具這樣可持續消費的消費品可以共用，食物是可以統一購買和烹飪的（雖然，現在有一種家庭成員不在一起進餐的強烈

趨勢）。購買這些物品通常是統一的，孩童甚至也會參與購買汽車、房屋等主要產品的決策。雖然，其他涉及群體也可以分享一些消費品（如：一個鐵路模型俱樂部，可以租一個車庫共用工具），但家庭是分享大多數用品的。

（三）個體的次級需求

因為消費品是共用的，一些家庭成員會發現，購買方案的選擇並不能滿足所有需求，故退而求其次的滿足個體的次級需求。例如，Kia廣告表明家庭汽車是如何變成多用途汽車，因此在滿足家庭上學用車需求的同時，也滿足了父親駕駛跑車的需求，儘管這也發生在其他群體中，但在家庭中這個效應更加顯著。

（四）購買代理

因為共用消費品，大多數家庭會讓某一成員擔任大部分的購物任務。在傳統中，多數由家庭的母親來擔任，但是現在越來越多的購買代理人是家裡年長的子女們，甚至有時是由十幾歲的少年來承擔此一角色，主要是由於母親（如：職業婦女等）的工作量日益增加。

以上的這種現象對行銷人員而言意味深長，因為十幾歲的年輕人比成年人看更多的電視，容易與市場行銷的方式進行溝通交流。其他涉及群體也可能有購買代理人，這可能只是為了某些特殊的產品，而不是所有群體都感興趣的產品，而且大多數非正式群體只是為了偶爾為之的目的，才指明購買代理人的（如：訂購披薩或預訂週末聚會等）。

（五）家庭決策的影響

家庭的消費關係中，決策的制定者、社會文化及社會階層，還有在決策中所引起的爭議等，都會影響著消費行為。

1. 決策制定者的影響

家庭決策的制定，並不像行銷人員以前認為的那樣直截了當。有一種假設認為，制定決策的人通常是購買代理人（如：母親），但這是一種忽視了購買決策是如何得出的方法。以美國為例，對行銷工作而言，產品策略影響角色特殊化和制定決策系統。例如，當考慮一個消費巨大的產品時，或者大量購買家庭其他項目的開銷，大多數家庭成員都會以某種方式加入決策。但在其他購物中，例如日常用品等，幾乎不用集體統一的決策。當產品有可分享的使用性（如：假期或汽車等）時，集體決策的組成部分才會相應增加。相反地，當產品只因家庭的某一成員主要使用時，即使不為主要購買者，這個成員還是會支配決策的制定（例如，家庭裡的廚師對新烹飪用具的事宜，可做大部分的決定等）。

2. 社會文化及社會階層的影響

文化對於家庭決策的風格，在宗教信仰和國籍上，也經常影響決策制定的方式，例如非洲文化傾向於男性主導決策，而歐洲和北美文化在決策上，表現出更多的平等。

社會階層產生不同的決策模式，在非常富裕的家庭裡，較為明顯的趨勢是丈夫來做決定。在低收入的低階層家庭，傾向於更加母權制，妻子總是對房租、保險、食譜和居家布置等有財政支配權，而中產階級在決策中，則表現得更為合作。隨著日益增長的財富和群眾教育的普及，這些社會階層的區別正在逐漸消失中。

3. 決策爭議的影響

家庭會根據決策的不同階段，擔任不同的角色。在出現爭議時，例如子女需要買新鞋，子女自己是問題的主要提出者，母親會決定應該買哪種鞋子，而父親則可能會帶著子女去買鞋。其中，較為合理的假設是，產品的主要使用者在起始階段是重要的，而在決定最後購買才可能是共同決策。而其他決定性因素，包括父母親是否都在賺錢？如果是，那決策更多

的是聯合制定，因為每一個人都涉及家庭財政支出的利害關係。一些研究表明，當父親是家裡唯一賺錢的人時，家庭決策更多是由父親做出，而如果是夫妻雙方都賺錢，則是共同做出決策。當然，男性也更傾向於支配高技術耐用產品的購買權（如：家用電腦等）。

總而言之，相對於個體的購買行為，有爭議的決定在家庭決策中越來越重要了，主要是因為更多的人牽涉到家庭購買中，每一個人都有自己的需求和內在反抗的要求要解決。

三、消費行為性別角色

關於消費行為的性別角色及性別角度的傾向，對決策也是很重要的。對性別角色持傳統觀念的丈夫（和妻子）傾向於認為，絕大多數有關消費的決策，應由丈夫來決定。然而，即使在這種決策系統類型中，丈夫也會經常考慮妻子的態度和需要，而調整自己的觀點。

在人口中，女性比男性多，家庭結構也是如此，主要的兩個因素是男嬰的死亡率高及女性有更長的壽命。在過去30年中，女性的角色有很大改變，女性現在做出更多的購買決策，所賺的錢可能為家庭主要收入來源，並且較多地制定有關家庭、子女的購買決策。

主要的購買決策，主要是由雙方共同承擔的，而且男人參與有關家庭消費的購買決策上越來越多。最近，美國的一項調查發現，35%的夫妻說對食品的購買是共同的責任，而只有8%的夫妻說是丈夫負責的，其餘57%的夫妻說，都是由妻子去購買食品。這和30年前男人很少購買食品（除非是單身漢）相比，已經是一個很大的改變了。

性別角色改變，有以下原因：

1. 技術意味著大多數工作不需要體力，所以有更多的工作傾向婦女。
2. 大量的避孕方法，使婦女們從懷孕中解放出來。
3. 更加有序的社會導致人身安全的增加，較少需要由男性來承擔防禦的

角色。

4. 更加普及的教育，使婦女們不再滿足於待在家裡做家務。

以上這些家庭成員的性別角色、性別期望的轉變，影響了消費的行為。

四、子女的消費影響力

子女在家庭中的排序，會影響其角色的重要性。頭胎長子比其他子女在經濟上，有更強的影響力。例如，大約有40%的子女是第一胎，他們拍照拍得更多，穿所有的新衣服（不是傳下來的舊衣服），並且受到更多的關注。又例如，從研究中指出，第一胎的子女較他的兄弟姊妹有更高的成就，而且隨著生育率的下降，這樣的子女占有更高的比例。

子女在某些特殊購買決策上，也扮演著一個對父母親施加壓力的角色。子女們的力量可以是巨大的，父母親經常會屈服於子女的需要。雖然，子女們的數量正在穩定的減少，但他們作為消費者的重要性並沒有下降。除了子女們需要直接購買東西之外，在很大程度上也影響了決策。

子女們成為消費者前，會經歷了觀察、產生需求、做出選擇、做出輔助性購買以及做出獨立性購買等五個階段。近來研究說明了，十幾歲的少年和年輕人對家庭消費，比他們的父母有更大的影響力，原因如下：

1. 因為父母親都在工作，而子女們有逛商店的合適時間，因此總是子女們在買東西。

2. 子女們看更多的電視，更受廣告的影響，更了解產品。

3. 子女們更容易與消費者的觀點相互協調，因為他們有時間到處逛商店，可以買到便宜的東西，例如雞蛋等。

從行銷的觀點來看，家庭的生命週期包括了單身階段、新婚階段以及完整階段等三個階段。

1. 單身階段

單身家庭一般賺錢較少，但是花得也少，因此有較高的可支配收入。

2. 新婚階段

新婚沒有小孩的家庭通常是雙收入，因此較富裕。他們仍然像單身一樣，在相似的事情上消費，也較多地受廣告的影響。

3. 完整階段

當有了第一個子女，父母親有一人會停止在外面的工作，所有家庭收入會大幅度下降，小孩的出生帶來了新的需求，從而改變了消費模式。之後，雖然家庭收入隨著子女的長大而改善了，但消費模式依然受子女們的強烈影響。

總而言之，家庭是一個靈活的概念，雖然經歷了家庭的生命週期，但仍會受到子女們影響其消費行為。

思考問題

1. 家庭消費關係中，有哪四種角色特殊化的類型？
2. 子女的出生與成長對家庭消費關係，有哪些更複雜的理由？
3. 家庭消費有哪些特徵？
4. 在家庭消費關係中，有哪些會影響家庭決策？
5. 性別角色改變的原因有哪些？
6. 從行銷的觀點來看，家庭的生命週期包括哪幾個階段？

行銷加油站

讓你的網頁符合黃金分割法則

　　數學家、建築學家、雕刻家、生物學家和平面設計師有什麼共同之處呢？他們都使用了或許是數學中最有趣的那個數字：「黃金分割值」，也稱為「黃金比例」或「黃金分割」。

　　數學家把這個數值用phi（Phi coefficient，Phi相關係數）來表示，它就是「費氏數列」（Successione di Fibonacci）中後項與前項的比例；生物學家在鸚鵡螺的殼和樹葉中，找到了這個比例；建築學家、畫家和雕刻家在他們的作品中會使用這個比例，因為這個比例似乎能帶來一種讓人愉悅的平衡感。帕德嫩（Parthenon）神廟的正面，就被認為是歷史上比例最完美的建築物之一，而它的比例就是黃金比例。

　　神經學家透過使用核磁共振攝影（亦稱磁振造影，magnetic resonance imaging，MRI）對大腦進行了掃描，開始解開了至少一部分的謎團。義大利的研究人員在用功能性核磁共振造影（FRML）技術，對實驗對象進行腦部掃描的同時，向他們展示了一些雕塑的圖像，這批雕塑的原件都採用了經典的黃金比例。這批受試者之所以被挑選出來，是因為他們不具備細緻的藝術知識。之後，研究人員將同一批雕塑的圖像進行了修改，使其不再符合黃金比例，並向這批實驗對象再次展示。結果發現，當受試者看到符合黃金比例的雕塑圖像時，他們的大腦便以一種不同的方式活躍起來。觀察到的大腦中比較活躍的部分是腦島，就是調節情緒的那一部分。腦島的這種活躍反應可被判斷為大腦欣賞客觀美的體現，這種客觀美是一種不受個人主觀品味影響的美。

利用黃金分割值

大腦天生會對具有特定比例的形狀作出積極回應，這一點意義重大。但這並不意味著每個網頁或平面廣告上的每個構成部分之長寬比例都應該是黃金比例，在某些情況下，刻意偏離這個比例，效果可能更好，畢竟通常廣告不會成為不朽的藝術品，而且廣告主題和可用廣告空間，也可能會對廣告尺寸比例帶來其他的約束。儘管如此，平面設計師和商業藝術家也要謹記大腦對這個比例的偏愛，並在恰當的時候使用這個比例。

尤其，網站訪問者會在遠不足一秒的時間裡，對網頁是否在視覺上有吸引力作出判斷，那麼喚醒網站訪問者大腦中對美的本能感知，就會有助於引導這個極快的決策過程。

Chapter 6

善用消費互動心理

01　　　與顧客建立有效溝通

02　　　建立良好形象與信任

03　　　發揮溝通的說服能力

本章所設定的目標是「善用消費互動心理」，我們要討論的三個重要議題分別為：與顧客建立有效溝通、建立良好形象、信任以及發揮溝通的說服能力。

01

與顧客建立有效溝通

消費心聲

溝通與人際關係密切相關，或許很複雜，或許很簡單，有時可能拘泥形式，有時也可能十分隨興，這一切都取決於傳遞資訊的性質和傳遞者與接收者之間的關係。而行銷與溝通是企業永續發展的關鍵。

本節將根據「與顧客建立有效溝通」的主題，分別來討論以下四個項目：行銷與溝通、認識溝通效應、積極的傾聽以及善用行銷溝通。

一、行銷與溝通

「如果不是公司內部人員溝通工作有問題，公司現在會更加興旺發達。」一位資訊專家因未能成功地向董事會陳述通訊系統改進計畫，而失望地抱怨道：「他們根本就不聽我的，更不想了解計畫的內容。」他的這種表現，是由於他不具有進行有效的溝通能力，還是由於計畫本身毫無價值，這一點我們不得而知。但如果你詢問任何一位行銷者：「你的組織內部，存在的主要問題是什麼？」他們會不約而同地回答「溝通」兩個字。

溝通，可被認為是涉及資訊傳遞和某些人為活動的過程。溝通是人為的，沒有人為行動，也就無所謂溝通。溝通，它包括了資訊傳遞、行銷內部的人員與人員之間、行銷人員與消費者之間的相互理解。其中，資訊溝通又有多種型式和媒介，因此有效溝通對組織的成功是至關重要的。現代

人際關係正在發生多種變化，而這些行銷人員與消費者之間的變化，包括了下列五項：

1. 行銷工作實務與行銷策略方面，正變得更加錯綜複雜。
2. 消費和市場情勢，正在迫使生產和服務業提高效率、提高質量。
3. 消費者主義相關意識的高漲，迫使政府法規修訂要求行銷倫理更高的規範。
4. 行銷人員特別是年輕人，希望雇主給予的回報更多，不僅是高薪資，還包括個人心理上和工作上。
5. 行銷組織現在更加依賴於橫向的資訊管道。隨著資訊的日趨複雜化，資訊需要在行銷人員及消費者之間，公開與快速傳遞，以免資訊的延誤和失真。

因此，為適應在現代行銷組織關係中所發生的種種變化，就必須要求行銷人員進行更有效的溝通。為什麼要進行有效率的行銷溝通？除了行銷績效外，還包括以下內容：

1. 讓行銷者與消費者更了解情況。
2. 使行銷人員參與，激勵員工的工作積極性和無私奉獻的精神。
3. 有助於行銷人員理解市場與行銷策略改變的必要性，明確他們應該怎樣適應這種變化，以減少障礙與阻力。

另外，溝通傳遞的資訊必須要清晰明確，必須要讓接收者聽明白。例如，一個供應商可能會對逾期未付款的客戶這樣說：「王先生，我想你不妨查看一下你的帳目，是不是有點過期了？」這句話的表達顯得含糊不清，但如果供應商這樣說：「王先生，有一筆逾期未付的帳款，本週末是我方最後銷售期限，如到那時我方仍未收到這筆逾期未付的帳款，我方將不得不把此事交由訴訟律師處理。」毫無疑問地，這樣的表達就更明確有力，王先生會認為欠款之事非同小可，因為供應商是嚴肅認真的。

二、認識溝通效應

溝通這一常見的用語，就如同組織（或稱機構）這一用語一樣，是一種很平常但是又難完全定義的用語。我們不妨這樣看待這個用語，即溝通是指人與人之間傳遞和接收，具有某種意義之符號化的資訊過程，因此溝通必然是人與人之間的資訊交換和相互理解。所以，人際溝通的有效管理方法，就是資訊的傳遞和人際之間友好關係的建立。

（一）人際關係的性質和質量

資訊傳遞的成功與否，大多取決於人們接收資訊的性質和質量，而這些資訊的性質和質量，又取決於人際關係的性質和質量。人們在與親朋好友以及其他容易相處的人進行交流或交往時，往往可以獲得某種心理上的滿足。在溝通中，人們之所以能夠直言不諱、暢所欲言，甚至對重要的事情開玩笑，那是因為他們彼此之間的關係親密無間，有時即使相互責罵也是友好情誼的一種表現形式。

然而，為了實現組織目標，行銷人員就必須與那些尚未建立親密關係的消費者進行溝通。雖然，在交流中可能會因誤解，而使意見不能一致，發生矛盾或迴避矛盾，產生彼此間的不信任，進而損害合作或造成不健康的工作環境，但實際上，人們彼此之間是願意遵行禮節、渴望真誠合作的。人際溝通之所以未能盡善盡美，是因為人們尚未正視影響人際關係的一些基本問題。

（二）人際間的差異性質

我們必須理解人際間的差異性質，努力改變人際溝通中的行為方式，以適應人的不同品性。每個人對客觀世界、組織和工作的看法，都有自己持久不變的觀點，而你又必須在群體中工作，這便是你在人際溝通中，感到困惑的原因所在。

事實上，行銷者所面臨的最大挑戰之一，就是要如何妥善處理人各有

異的問題。人與人之間的基本差異是個性和知覺的不同，這兩種差異使人們因行為舉止不同而產生溝通障礙。

（三）個性和知覺的差異

有多少心理學家，就有多少有關個性的定義，例如從佛洛伊德（Freud）的性壓抑到榮格（Jung1an）的自我實現（self-realization），又到阿德勒（Ad1er）的自卑情結，對個性的概念均有不同的表述。

身為一位行銷人員，只需理解個性不是人們天生具有的，至少不是全部，因為個性的形成和演變，不僅受遺傳基因的影響，而且還受社會環境、物理環境和個人經歷等影響，這些因素使人具有各自獨特的基本觀念、信仰，以及使自己的一貫行為符合社會要求的責任心。

但當人們一旦達到心理成熟的標準後，個性就不再會發生很大的變化。而個性的組成部分，對於個性傾向和個性心理特徵將會更加完整。其中，個性傾向和個性心理特徵的涵義，分別如下：

1. 個性傾向

包括人的需要動機、興趣和信念等，決定著人對現實的態度、趨向和選擇。

2. 個性心理特徵

包括人的能力、氣質和性格，決定著人在行為方式上的個性特徵。

由上述的涵義中意味著，由於人們都具有不同的生活經歷、不同的物理和社會環境，而這些環境因素和遺傳素質又以複雜的方式相互作用，從而形成有機的結合體，這種結合體必然導致行為方式上的個人特徵，如人們的智力、教育、信仰和社會背景等。由於每個人經歷各不相同的這些因素，都會對我們與他人進行溝通的方式產生影響。所有這些因素，也形成了各不相同的個人標準，所以每個人均以各自獨特的方式，來看待這個社

會。

我們的物質和精神生活，以及所處的社會環境，都會直接影響我們的知覺和判斷。知覺是人們運用與各自的標準和世界觀相一致的語言形式，對作用於感官的多種刺激（包括：感官資訊等）進行選擇、組織和翻譯的過程。

我們不斷地接收資訊，有些被我們所忽視，有些被我們所接受，並根據過去的經驗去翻譯新近得到的資訊，據以更加準確地預測將要發生的事情。運用這種方法可以形成對人的印象，一般我們只會根據很少的資訊量，來預測他人在某種情況下的行為舉止，並選擇我們認為最好的方式，去影響他們或與他們進行交際、溝通。當我們在了解資訊時，我們所聽到和看到的，通常是我們所希望聽到和看到的，而忽視了客觀現實。認識客觀現實的最大障礙是自我概念，即本人對世界和他人的觀念體系。我們往往拒絕接受那些看來好像對自我概念構成威脅的資訊，主要是不想讓自己的形象受到損害或是使自己難堪，所以只願意從容地接受那些來自容易相處人員的資訊，而且這些資訊對自我概念也不構成威脅。

由於人們各有不同的個性，因而知覺也各不相同，所以有時與他人進行有效溝通十分困難。但是，如果我們了解對方，有效溝通就會變得比較容易，不了解對方的知覺、價值觀和理解力，就不可能實現有效的溝通。

「周哈里窗」（Johari Window）理論，可以有效的減少人際溝通中的知覺偏差。在人際溝通中，一些自身的因素，如態度、行為和個性等，是自己和他人都了解的區域（開放區域）。同樣地，在某些方面，如個人的口頭禪、習慣性動作或特定的做事方法等，是他人了解而自己卻不了解的區域（盲目區域）。另外，我們往往還有一些保留方面，如態度、情感和隱私等，是自己了解而他人不了解的區域（祕密區域）。或者有些無法解釋的原因，在某些方面也確實影響了我們的舉止行為，例如有時突然莫名會有的喜怒哀樂等，這都是自己和他人都不了解的區域（未知區域）。

當初次與他人見面時，一般不願也不會更多地透露自己，即縮小開放

區域，這通常會給他人造成錯誤的第一印象。而為了進行有效的溝通，必須與他人緊密合作，擴大開放區域，同時縮小盲目區域和祕密區域，為達到這一目的，可以採取兩個自覺行動——自我透露和回饋。自我透露，是坦率地向對方提供自己的資訊，以減少祕密區域；而來自對方的回饋資訊，又可縮小盲目區域，兩者相互作用的結果，有助於縮小未知區。

三、積極的傾聽

積極傾聽係指要求全心地投入、專心致志地進行自我訓練，訓練自己具有全神貫注和排除外界干擾的能力，這是一個曠日持久的過程。另外，還必須注意對方三種不同程度的反應。身為行銷人員，傾聽消費者談話，對行銷人員實施有效的溝通，是至關重要的。然而，行銷人員一般只對對方的資訊傳遞作出有意識的選擇，再決定是否有必要傾聽，然後是全聽、部分聽、還是一概不聽。如果資訊符合行銷人員的現實需要和觀點，或是能滿足行銷人員的行銷需要，那行銷人員可能就會留心去聽；如果不是這樣，行銷人員可能就會不予以理睬。

所謂對聽的選擇，就是傾聽全部資訊，排除外界干擾。行銷人員必須仔細認真地聽，不因噪音干擾而漏聽重要的資訊。例如，不妨訓練一隻貓去聽鋼琴演奏的美妙音樂，然後放出一隻老鼠，此時貓即會對優美旋律充耳不聞，而是全神貫注地去捉老鼠了，同樣地，人類也具有這種排除干擾的能力。

行銷人員聽的技能越好，就越有可能進行廣泛的交流。行銷人員要如何運用頭腦、情緒和身體動作等來進行交流，例如頭腦選擇傳遞真實資訊的語言、情緒是指傳遞時所流露的情感、身體動作是用以強調重要事實和情感的。積極傾聽者常常以語言（如：請告訴我等）和非語言（如：坐立不安、顯得不耐煩等）的方式，表現出專注、投入和興致。因此，行銷人員在傾聽時，不要打斷對方的談話，或以自己的觀點去判斷，甚至在對方的談話尚未完全清楚地觸及主題之前，不要突然加入談話，否則這會令談

話者感到非常反感。

　　積極傾聽他人談話時，行銷人員可運用以下技巧：

1. 對消費者的詢問，作積極的反應。
2. 針對消費者的談話，表示了解。
3. 在交流時，流露出真誠的情感。
4, 讓消費者在選擇商品過程，感受到被鼓勵。
5. 假使在資訊交流過程有不完整或者誤會，要即時澄清。

　　以下，是溝通過程中常用的話，提供讀者參考：

　　——你說的就是……
　　——看來你好像對那件事很擔憂。
　　——我明白，請繼續講。
　　——請讓我重複一下你說的，看我是不是理解了。
　　——我好像覺得你的意思是……
　　——先讓行銷人員來看一看這件事是怎麼發生的。

〔案例〕傾聽的效應

　　「說」是一門藝術，「聽」也是一門藝術。聽別人講話要像自己講話一樣，保持飽滿的情緒，用心地理解對方講話的內容，即使你已經聽懂了對方的意思，也應出於禮貌，耐心地聽下去，要善於做一個謙虛的聽眾。同時，不要邊聽人家講話，邊做與談話無關的事，這是對他人的不友好表現。

　　韋恩是溝通專家羅賓・納爾遜（Robin Nelson）見到的最受歡迎的人士之一，他總能受到邀請。經常有人邀請他參加聚會、共進午餐、打高爾夫球或網球，並擔任基瓦尼斯國際或扶輪國際的客座發言

人。一天晚上，羅賓碰巧到一個朋友家參加一次小型社交活動時，發現韋恩和一個漂亮女孩坐在一個角落裡，出於好奇，羅賓遠遠地注意了一段時間。羅賓發現那位年輕女士一直在說，而韋恩好像一句話也沒說，他只是有時笑一笑，點一點頭，僅此而已。幾小時後，他們起身，謝過男女主人，走了。

第二天，羅賓見到韋恩時，禁不住問道：「昨天晚上我在斯旺森家看見你和最迷人的女孩在一起。她好像完全被你吸引住了。你是怎麼抓住她的注意力的？」韋恩說：「很簡單啊！是斯旺森太太把喬安介紹給我的，而我只對她說：『你的皮膚曬得真漂亮，在冬季也這麼漂亮，是怎麼做的？你去哪呢？阿卡普爾科，還是夏威夷？……。』她說：『夏威夷！夏威夷永遠都風景如畫。』我說：『你能把一切都告訴我嗎？』『……當然。』她回答。於是，我們就找了個安靜的角落，接下去的兩個小時她一直在談夏威夷。今天早晨喬安打電話給我，說她很喜歡我陪她。她說很想再見到我，因為我是最有意思的聊天對象。但說實話，我整個晚上沒說幾句話。」

看出韋恩受歡迎的祕訣了嗎？很簡單，韋恩只是讓喬安談自己。他對每個人都這樣說：「請告訴我這一切」，這足以讓一般人激動好幾個小時。人們喜歡韋恩就因為他注意他們。

無論行銷人員或消費者，都是以自己為中心的，如果有機會讓他談論自己的話，或許可能會滔滔不絕的講幾個鐘頭。對於這個人性的特點，韋恩看得非常清楚，正因為如此，他可以在人際交往方面做得游刃有餘。我們總是抱怨朋友太少、過於孤獨，可是你有沒有想過，在交友方面你付出多少、花費多少心思呢？你如果過多地以自己為中心，從未考慮過他人的需要和感受，別人為什麼一定要喜歡你呢？要知道，真正受歡迎的人往往並不過多地關注自己，相反地，他是非常體貼別人的感受。恐怕只有這

樣，我們才能得到更多的朋友，行銷人員也才能得到更多的顧客。

四、善用行銷溝通

要如何善用行銷溝通？以下六個項目，提供讀者參考。

（一）語意問題

當人們在不同的情形中使用同一個單詞，或在相同的情形中使用不同的單詞時，就會發生語意問題。可知道在英語Charge有幾種不同的涵義，它包括了買賣交易上的「費用」、電機用語上的「充電」，以及在管理上指「掌握」等涵義。當人們用希望他人能夠理解的行話或用語，或是使用超出他人辭彙量範圍的語言時，也同樣會產生語意問題，這些都是值得行銷人員與消費者溝通時作為借鏡。

（二）感覺失真

由於自我概念、自我理解不夠完善，或是對他人的理解不夠充分，都可能產生感覺失真。例如，消費者正在思考另一款產品，行銷人員依然滔滔不絕推銷手中的產品，讓顧客有感覺不受尊重的誤會。

（三）文化差異

文化差異影響到行銷者與消費者之間的人際交流，例如年輕行銷人員與老年消費者之間的文化差異。老年消費者具有長期效益的意識，注重耐用，而年輕行銷人員只關心流行，關心推銷最流行的產品。另外，在經歷了不同的社會和宗教環境的人員之間，也經常產生文化差異。

此外，在國際行銷上值得注意是，在英國，邀請別人晚上8點赴宴，但大多數客人不會提早到達；在德國，準時赴約是極其重要的；在希臘，9點至9點30分才是標準的約會時間；而在印度，如有必要，約會時間甚至更晚。在世界上的大部分國家裡，點頭表示同意，搖頭表示不同意，但在印度的某些地區，意思卻截然相反，點頭表示不同意，搖頭表示同意。有

時人際溝通眞是難乎其難。

（四）環境混亂

環境混亂會產生很多噪音，一般是指隔音不良，汽車噪音可以穿透的房間；旁邊辦公室經常傳出打字機的敲擊聲；人員在辦公室內頻繁走動；漫無目的地用手撥弄鉛筆；或在進行交流的關鍵階段送來了咖啡。以上這些都稱爲噪音，行銷人員要注意這個問題。

（五）資訊管道不當

如果想讓接收訊息的消費者迅速採取行動，就不要傳送冗長的文字報告，而應打電話或直接見面說明來意。行銷人員要切記，一張圖片可以發揮出用語言無法表達的效果，而在當今的電腦時代，運用電腦來製作圖片資訊或其他資訊，是快捷傳遞資訊的有效方法。

（六）沒有回饋

雖然單向資訊交流快捷（如：向消費者傳簡訊等），但雙向資訊交流（如：打電話等）更加準確、有效果。在複雜的交流環境中，雙向交流既有助於傳遞者和接收者判斷其理解是否有誤，也可促使買賣雙方全心地投入交易工作中，察覺並消除誤解。

思考問題

1. 現代人際關係正在發生多種的變化，而這些行銷人員與消費者之間的變化，有哪些？
2. 人際溝通的有效管理方法是什麼？
3. 請簡述個性傾向和個性心理特徵。
4. 當積極傾聽他人談話時，行銷人員可運用的技巧有哪些？
5. 請簡述如何善用行銷溝通。

02
建立良好形象與信任

消費心聲

　　面對強勢的行銷工作者，消費者都會有本能的拒斥心理，建立消費者對行銷人員和商品的信任則是銷售工作完成的基礎，這基礎要透過有效溝通取得。信任是在消費者腦海裡的消費習慣，穩定同時也很脆弱，只要遇到一點欺騙就會瞬間崩潰。重複和保持消費者的愉悅感，能夠很好地幫助行銷人員維持消費者的信任。

　　承接前節主題「與顧客建立有效溝通」，本節以「建立良好形象與信任」為主題，繼續討論。討論的內容，包括以下五項目：信任的消費意義、信任與企業形象、建立信任的基礎、發揮信任的特性以及獲得消費者信任。

一、信任的消費意義

　　消費者對不同商品的信任程度，是不同的。對於一個長時間存在於市場上的產品，就算第一次購買，消費者對這件商品的品質和信譽，也有著無限的信任，不過這樣的商品在現實中幾乎不存在。無論如何，當消費者購買某件商品時，主要是對這件商品有基本的信任，或者是信任這件商品的行銷人員，抑或是兩者都信任。

　　行銷人員努力提高自己信譽的行為，可以證明消費者對商品的信任與

購買數量成正比。行銷人員一再地向所有人強調，自己是一個值得信賴的人，他們花很大氣力向公衆展示他們的商標，希望消費者把貼在他們商品上的商標，看作是一枚代表信任的勳章。

如果用金錢衡量公衆對企業信任（有時也被稱爲企業的社會形象）的價值，這個巨大的數額可以從側面證明信任的重要性。在這種信任價值的估算方法上，一個會計師這樣寫道：「（企業）好的公衆形象是它的一項無形資產。這項資產的價值可以這樣計算，企業最近5年的總利潤減去最近5年的資本利息（資本利息以每年7%計算），剩下的結餘就是企業公衆形象的價值。」

二、信任與企業形象

在商業清單上，信任是未被列入的重要資產。它的模糊和不可計量性，導致大家一直認爲它只是理論上存在的東西，雖然，這一部分名爲消費者信心的資產難以估算和觸摸，但它卻眞實存在的。

如果有人問，信任這一資產在公司裡是棲身在何處，最好的回答是，它就住在消費者的大腦裡。在那裡，對商品的信心是消費者花費大量人力、財力所建立起來的一種消費習慣，這種消費習慣構成了消費者購買某種商品的偏好，例如某個男裝店在消費者心中擁有良好的公衆形象，就會促使消費者形成一種偏好，只要一想到要購買任何衣飾用品，哪怕只是一個領結，也會推開所信任的這家商店的大門，而不會去光顧競爭對手的商品。一個領結廠商的良好公衆形象，會讓消費者一進商店就直接開口問店員，是否有他們品牌的產品，而不會去考慮其他品牌，有時候，消費者還會向朋友們推薦這個牌子的領結。

以上這些消費習慣，在某種意義上來說是個人的習慣，也就是只屬於消費者的習慣，卻是在廠商強烈的廣告攻勢和優秀的服務與品質下形成的。

消費心理學

三、建立信任的基礎

　　行銷人員根據消費者的基本特點，設置了一系列培養信任的措施是可行的。首先，如果要弄清這些特點的來源，就必須追溯到遠古人類文明的嬰兒期，那時人類的思想才剛剛萌芽，我們可以從那些最初始的東西中，找出後來成年人類所共有的相同特性。審視人類嬰兒時期的思想時，會發現人類祖先最初的信任來源非常簡單，可說是思想的本能，除了「感知到的簡單事實」這一語言外，幾乎無法用其他術語來定義這種信任的來源。

　　例如，每一次用手觸碰周圍的環境後，嬰兒時期的人類就會說「啊，我感覺到這兒有東西，我想我可以相信我的感覺。」他相信只要能感知某件物體，這個物體就一定在他身邊。無論正確與否，存在對他來說就是被感知，他相信他所感知的一切，並且對這些信任擁有絕對的信心。對物體的這些孩子氣的經歷感覺，與嬰兒時期人類對世間萬物的認識，是緊密相關、粗獷又積極的，而這種感覺就是信任感的基礎。

　　人類祖先的這種信任，曾被一位心理學家稱爲是「原始的輕信」。這位心理學家認爲，人類的思維是有條不紊的，以至於無法容忍無知的存在，於是它傾向於接受所有的說法和解釋，如同小孩子容易相信他們腦中事物的眞實性，直到他們認識到另一件與之完全相反的事情存在。孩子們天生傾向於相信大人告訴他們的所有一切，例如聖誕老人會從煙囪裡爬進屋裡、仙女們住在花朵裡、小妖精們會在晚間出沒於田野山林等。

　　普遍存在於每個嬰兒心中的這種「原始的輕信」，會隨著時間的流逝而逐漸失去它的天眞本色，更多經歷的獲得將會消滅對事物的新鮮感，人類的心理變化就是發生在這個過程中。例如，孩子餓了，他會伸出手想抓住牛奶瓶，卻發現曾經放瓶子的地方一無所有。與舊日的經驗相比，此時他將產生一種現實的新感覺，這個感受被稱爲「非現實的感覺」或者懷疑。

　　經歷過第一次懷疑之後，孩子會在以後的生活中經常懷疑。在現實經

歷中，他會慢慢發現原來認識中的「眞實的世界」和眞正的世界相比，有很大的出入。不僅是牛奶瓶不再出現在他手邊，其他的事情也和他原來的認知有很大不同；抑或是可能在一次失敗的攀爬煙囪經歷之後，他開始懷疑聖誕老人是從那兒進屋的說法。

在許多次這樣的「挫折」經歷之後，孩子們漸漸開始適應成年人的思維方式。他們形成了壓抑輕信本能的天生習慣，學會了用自己眞實的生活經驗，來檢驗每一個原來認識中的事實。碰到一個事實，他會將原來獲知的經驗撇到一邊，實驗性地對這個事實進行驗證，並觀察實驗結果是否和他原來認知的結果一致。如果行動無法得到令他滿意的結果，他就會產生懷疑，抑或如果新事實和過去的經驗相悖，他也會產生懷疑。只有當所產生結果和他預想中的完全一致，百分之百地符合他先前的經驗時，他才會消除疑慮，從而產生信任。讀者可以從《沉思錄》一書中，得到更多對於信任基礎的啓示。

有位心理學家也曾說過，從一個粗獷、原始、充滿本能的「感覺爲主」，歷經重重磨練，進化成一股精練、強大的力量，這股力量我們稱之爲信心和信仰，也就是所謂信任基礎的建立。這也是廠商或一般的行銷人員想在消費者心中，建立對某物或某種商品的絕對信心與信任，是需要長花時間用心經營的原因。

除此之外，廣告也是建立消費信任基礎的方法之一。雖然，因爲「原始的輕信」，消費者傾向於相信他們的第一印象和第一次見到的廣告，但經過消費後的結果，可能與料想的完全相反，因而對廣告產生了懷疑。所以，以後凡是想購買廣告推介商品時，都會想起第一次購買廣告商品的不愉悅經歷，也就會對廣告文案不實的描述產生不信任感。所以，想要重建消費者對廣告的信心，廣告人員就必須保證廣告內容要名副其實，並且能使消費者閱讀廣告時，體會對廣告所產生滿意的感覺。

以上這種情況下所產生的信任基礎，很容易給人一種滿足感和欲望滿足後的平靜感。透過上文的這些敘述，行銷人員可以清楚地明白，消費者

腦中對某件商品的絕對信任，是多麼難能可貴又威力無窮，這就是個體信任成長發育的簡單歷程。

四、發揮信任的特性

信任有一個特性，而且是經過了懷疑的考驗後，仍然和消費者心中最初的信仰（最初簡單真實的感覺）保持一致的話，那這個信任就會一直存在消費者心中。消費者一般這樣評價一個自己信任的人：「就算我只有最後一分錢，我也願意借給他。」這種對某件物體的信任感，如果存在條件一直沒有任何變化，可以一直堅持下去，不過只要稍有變化，這種信任就會完全被摧毀。信任的這種自相矛盾的特性，使它既能長久穩定存在又脆弱易毀，例如從消費者對銀行業的信任上，可以看出信任的這一特性，幾代人對銀行的信任可以輕易地毀於旦夕之間。

研究信任對銷售影響的最理想對象，莫過於銀行業廣告了。作為現代人財富的管理者，銀行必須擁有公眾對它的高度信任。為了確保公眾的這種高度信任，銀行使用了很多可以被其他商業公司奉為圭臬的方法。每一家銀行都會牢牢地把握自己的董事會成員，有了他們的信任和支持，銀行的業務就可以輕易展開了。房地產市場火熱時，銀行會抑制自己對房地產業的投資。銀行大樓的建築風格一般堅硬牢固，很容易激發消費者的信任感，而為了讓消費者更信任地把資金存放在銀行金庫中，很多銀行會採用大型建築，並在窗戶前裝上堅固的欄杆，雖然輕質的建築結構已經足夠牢固，但加上欄杆之後，更容易讓消費者有非常安全的感覺。

銀行的廣告經常被充滿創意的廣告人指責太保守了，但是從心理學角度分析，銀行這樣做是有依據的，因為保守的銀行形象比較受公眾歡迎。銀行打廣告最主要的目的是希望得到公眾的信任，其次才是存款，公眾的信任是銀行的生存基礎。雖然，銀行知道信任是一項難以描摹的脆弱資產，但它們還是小心謹慎，保證自己的行為不會損害到消費者對銀行的信任感。

五、獲得消費者信任

隨著對信任的討論逐漸深入，讀者將看到消費者對一件商品產生信任感時，他的心理活動會產生怎樣的變化。因為「原始的輕信」天性的存在，使消費者傾向於相信所看到關於這種商品的第一則廣告。但是，如果突然想到了過去的一段經歷和廣告中的文字敘述截然不同，那麼這段經歷所引起心中的不信任感，克制了購買的衝動。因此，行銷人員必須及時消除消費者這種疑慮，為了達到這個目的，可以採用以下兩種心理學方法：

（一）重複

如果消費者聽到一種說法的次數足夠多，就會產生信任感。這也是以下這些標語經常出現在的原因，例如「去問擁有它的人」、「這就是原因」、「100%純淨」、「每天一個蘋果，醫生遠離我」、「極致的香菸」、「美國最美麗汽車」等。

（二）信任

引起和維持消費者心中的滿足感，即為信任。信任在銷售中會發揮重大作用，因為它代表著一種溫暖和愉悅的感覺，也是一種真實的情感。情感很多時候都支配著人類的行動。行銷人員可能遇到過以下的情況，也許有100萬個理由證明消費者應該購買他的商品，但如果不能在消費者心中建立起對這個產品的信任，那消費者還是不會選擇購買他行銷的商品。例如，有句古老的諺語：「如果一個人不能對某人或某物產生信任，那麼他也不可能真心接受他們。」說的正是這種情況。

對於如何消除消費者的疑慮，讓他們對商品產生信任，本節提出了兩個具體的心理學操作方法，那就是重複和保持消費者的滿足感，尤其當使用第二種方法時，需要注意商品必須能夠滿足消費的需要。

總而言之，信任在銷售活動中是不可或缺的，只要信任出現，一定會對購買行為產生積極的影響，而且信任感越強，消費者購買商品的行為發生得越順利。雖然如此，但信任穩定也是很脆弱的，因為就像消費者對某件商品或者某個人的信任非常堅定一樣，這種信任感很強烈且基礎牢固，但只要有一點點欺騙，信任就會瞬間崩潰。所以，行銷人員必須時刻注意自己是否遵守了承諾，是否滿足了消費者對他和商品的預期設想。從心理學的觀點上來看，在銷售中，信任是商家反覆灌輸給消費者的一系列消費習慣，也如同行銷人員對消費者灌輸的消費習慣一樣。

1. 請簡述信任與形象之間的關係。
2. 請簡述何謂信任的基礎。
3. 信任有哪些特性？
4. 請簡述如何獲得消費者的信任。
5. 運用心理學來消除消費者疑慮的操作方法有哪些？

03
發揮溝通的說服能力

消費心聲

　　人際溝通上並沒有一個絕對的說服秘訣，重要的是能有隨機應變、逢凶化吉的應對態度。以上定義是美國約翰‧伍爾夫（John Woolf）研究社所制定的，他們曾訓練了無數的行銷人員，教他們說服的藝術。據研究社指出，有時最高明的技術反而行不通，而最拙劣的方法則大行其道。

　　承接前節主題「建立良好形象與信任」，本節以「發揮溝通的說服能力」為主題，繼續討論。討論的內容，包括以下四個項目：溝通與說服、如何說服消費者、發揮溝通說服功能以及加強說服技巧訓練。

一、溝通與說服

　　說服能力，實際上反映的是人們溝通說話的藝術。長期以來，人們往往把說話的藝術主要看成是「說」，實際上，要想學會「說」，必須先學會「聽」。「說」與「聽」是一對矛盾的統一體，要想提高說服力，光是掌握其中一項技巧是不夠的，不會「聽」的人，肯定也不會「說」。因為，只有掌握了「聽」的藝術之後，才能準確地了解別人的思想和感情，並對症下藥；而只有掌握了「說」的藝術之後，才能清晰有效地表達自己的思想感情，實現有效的溝通和了解。以下我們就從「聽」和「說」兩個

方面，來討論談話和說服的藝術，它包括了學會順從對方、學會「移情」以及學會探詢等三個關鍵課題。

（一）順從對方

要想學會「聽」，最有效也是最難掌握的一種方法就是順從對方。其要領是，即使你不同意對方的觀點，也要從對方的話語中找出某些合理的成分，並予以贊成；即使別人的批評看起來多麼地不合情理，也要從中發現一些真理的成分。這樣你反而能夠轉敗為勝，而對方也會更樂意坦誠地傾聽你的意見。可見如果你想要獲得他人的尊重，你必須首先尊重他人。當然這必須以自尊為前提。

（二）學會「移情」

學會「聽」的第二個要素，是學會「移情」。所謂移情是指，努力把自己置於他人的處境中，來了解他人的思想，要包括思想移情和情感移情兩方面。

（三）學會探詢

學會「聽」的第三個要素，是要學會探詢。所謂探詢，是讓你透過一些得體而關切的問題，更多地了解對方的思想和情感。例如，可以請求對方告知有關其消極情緒的更多情況，因為絕大多數人都不敢當著你的面，自覺地提起那些問題，如果能以一種真誠、溫和又不卑不亢的語氣向對方表明自己的心意，那麼這將有助於對方坦誠地流露自己的思想感情。

我們必須承認，在心理諮詢師的眼光裡，「聽」比「說」更為重要，但兩者是缺一不可的。當你透過「聽」了解了對方的思想和情感後，要想說服對方，還要藉助於「說」，才能完成你的目標。要學會「說」，首先不應急於與對方爭論，也不應急於為自己辯白，而應先用一種中性的表述方式，使對方介入對你的理解。例如，在表達消極的感情時，可以說：

「我感到自己被誤解了」；在表達希望時，可以說：「我希望你能明白我的意思」等等。

其次，可以用撫慰的方法，達成彼此間的溝通，透過關懷與理解，把友好的訊息傳遞給對方。事實上，生氣和關心並不是相互對立的，假如在交流與溝通中能以禮相待，這表示了對對方的尊重與欣賞，那麼對方也能體諒到你的心意，這樣就更容易消除彼此的分歧，讓解決問題有了良好的開端。

一位行銷人員在消費者面前發表談話時，除了談話的內容之外，是否能言善辯，也是決定顧客對其評價的重要因素。無論是在個別推銷時想抓住人心，或在公開行銷場合想要說服聽眾，最重要的是除了內容之外，就是說話者的態度、表情、姿勢、品格、發聲的方式、錯誤的有無、強調何種重點以及抑揚頓挫等細節。所以，為了使你的行銷說辭更為有力，除充實的內容外，細節的部分更不容忽視。

二、如何說服消費者

在行銷工作中，我們通常要面臨的問題或困難不是別的，而是怎樣說服消費者，這是一種藝術，也是成功交際的根本。行銷工作中，我們往往感到苦惱，因為有時候就算是說和聽的雙方都出自於善意，但常因對話語的不同理解而產生不必要的誤會，行銷人員與顧客之間也往往因此不歡而散，芥蒂頓生。

而如何達到說服消費者，在此提供了正確傳達、消除偏見與戒心及用事實說話等方法，讓讀者參考。

（一）正確傳達

行銷人員跟顧客交談時最感困難的事，莫過於能否正確地把自己的意圖傳達給對方。要想正確地傳達意圖、表達思想，就要不斷地進行分析，正確排除溝通的障礙。

消費心理學

有人認為，只要用詞正確就能正確地傳情達意，傾吐自己的眞實情感，只要不錯用字典上詞語的定義就能避免誤解，這種想法是非常幼稚的。用詞一定要準確，但僅僅如此是遠遠不夠的，更應注意的是傾聽者的思維方式、立場觀念和文化背景等諸多問題。

一般而言，誰都免不了或多或少地受觀念的支配，凡事都不可能用絕對客觀、絕對公正的眼光來看待。當聽別人說話時，不可能完全接受聽來的東西，就像戴著有色眼鏡看風景，或深或淺地要加上自己的顏色。說話者雖然一心一意地，想正確傳達自己了解的事實眞相或意圖，但如果不考慮到傾聽者的立場、觀念，就容易在傳達和接受之間產生扭曲，以至於不能達到預期的目的。

另外，個人經驗的不同也是正確溝通的一個障礙。雖然，在說話時竭力想使自己的話語客觀些，但還是免不了要受自己過去經驗的影響，當別人說話時，更免不了透過自己的經驗來判斷和接受。因此，要說服對方，首先就得拿掉自己的有色眼鏡，以說服對象的立場、觀點和感受等作爲出發點，循循善誘，從而說服對方。

再者，說服對方的另一個有效方式，就是消除先入爲主的觀念。有些人在演講時，習慣用生澀的話題作爲開場白，以爲這樣的話題可以展現出自己學問的高深，但往往適得其反，聽衆連對方講的是什麼都搞不懂，面對這種情況時，聽衆唯一選擇就是逃之夭夭。談論的問題越難懂，就越不容易吸引聽衆的注意和興趣。只有共同關心的話題，或對方親身經歷的，或與切身利益有關聯的問題，才能消除演講者與聽衆之間的意識差別，縮短彼此距離，使聽衆對說話者產生親切感，從而積極、坦誠地參與講話的內容中。因此，身爲一位行銷人員，首先要學會如何地正確傳達，來達到行銷的目標。

（二）消除偏見與戒心

行銷人員要說服顧客，必先要消除他們傾聽的障礙，對傾聽者若不加

分析，溝通就會遇到重重阻力。捨得花時間了解顧客心理的行銷人員，與不願在這個問題上花時間的行銷人員相比，其中的區別是很明顯的。而如何消除顧客的戒備心，是行銷人員的最大難題。

人們一見到行銷人員走過來時，往往會有了「這傢伙又想從我這裡大撈一把」這樣的想法，雖不一定是出於惡意，但卻制約了行銷人員對成功的把握，這時問題的焦點就是如何消除顧客的這一念頭。

舉例來說，精明的女性都會製造一種有利於對方的觀念，例如她會對對方說：「其實，事情是有利的，雖然我們是要賺一些勞務費，可是你將得到更多的好處。」然後，她會將好處何在進行具體的羅列和闡述，藉此打消顧客當初「又想要賺我的錢」的排斥念頭；同時，對方就會輸入了這樣的新想法：「對方雖然賺了我一些錢，但我也因此得到了不少好處。」

打消對方的戒心或偏見，也可以適當地利用忠告這種方法，這在說話中有相當重要的作用，但技巧很難把握，運用不好會產生負面效果。忠告的目的主要在於，指出對方的缺點或考慮不周的地方，並期望糾正它，但這是非常困難的。由於雙方在剛見面時，傾聽者對說話者採取了警戒的態度，所以談話者應當一方面巧妙地疏導和鬆懈對方的戒心，另一方面要小心地輔以適當的忠告，闡明利害，這樣對方就比較容易接受了，切忌單刀直入地指責對方、批評對方，這簡直是火上加油，會使對方遷怒於你。所以，忠告時應該運用得當，真誠懇切而又平心靜氣地向對方陳述，使對方信任你、感激你，從而說服對方。

（三）用事實說話

人們常說「事實勝於雄辯」，也就是說事實最具有說服力。但是在我們說話時候，並不能夠隨心所欲地讓事實馬上呈現，因此只有舉出具體例證，才能用以證明事實。採用具體例證，以使傾聽者接受和同意，在描述時必須尊重事實真相，否則效果會適得其反。要想得到傾聽者的共鳴、共識，一定要利用傾聽者熟悉的事物或切身體驗，如果把事實比喻為一個主

體，那語言便是線或面，想用平面的語言展現立體的事實，就得用傾聽者本身的生活經歷，或非常熟悉的事例，這是最逼真的，也最容易引起對方的共鳴。

總而言之，行銷人員想要說服對方，需要具有敏銳的思維、精細的眼光、多角度的分析和誠懇親切的態度，只有在這些方面培養駕輕就熟的能力，才能夠順利打動消費者，進而說服消費者。

三、發揮溝通說服功能

行銷人員要記住，無論在工作中的談話、談判或辯論，最終目的不是為了獲取勝利戰果，而是為了達成說服對方的任務。在這個前提下，發揮說服他人的潛能，就顯得更為重要了。在行銷工作交流中，大家都會有防衛心理的反應，即在不熟悉的對象面前，因害怕受到侵害而採取安全保護措施。在溝通中，要以自己的誠意來消除對方的防衛心理，讓人一見到自己就心情愉快。

因此，行銷人員想要做到這一點，有以下二個原則，提供參考：

（一）適度稱讚對方

掌握說服的第一原則，就是要適度地稱讚對方。有位著名作家的名言是：「人性中最本質的願望，就是希望得到讚賞。」是的，被人讚美是令人愉快的，可以使人的心靈充滿陽光，使人感到被尊重、被理解和被欣賞。學會讚美並不難，只要能以寬容的眼光看待一切，都會發現他人身上的閃光點。

讚揚的內容可以是外在的，也可以是精神層面的，例如儀表穿著、言談舉止、高尚的品質、卓越的能力和業績等。但是，讚美只有出自於內心的真誠才會有效果，虛情假意的讚美只會令人生厭，那是阿諛奉承者的慣用伎倆。不過，有時雖有一顆誠摯的心，但讚美者如果不看對象、不了解對方的情緒、不講策略或者不擇時機地胡亂讚美，結果會是適得其反。

例如，有這樣一則笑話，有位歌唱比賽的頒獎官員，因為不知道高音、中音和低音的區別，以為中音就是中等，是二流的等級，因此對一位女中音選手說：「水準已經不錯了！但還要再加強，以爭取在下次比賽中跨入高音歌手的行列！」一位男低音馬上問道：「我也能同時跨入嗎？」官員說：「別急！得一步步來，你先從低音升到中音，再從中音升到高音吧！」結果，當然是引來哄堂大笑。

（二）關心與幫助對方

掌握說服的第二原則，要能夠時時關心與幫助對方，樂於助人的人是會令人喜歡的。他人有難，如果能及時伸出援助之手，不但能贏得他人的好感，自己也會得到心靈上的滿足。但必須明白，助人的目的不是為了回報，否則那不是真正的幫助人，而是一種等價交換的自私心理在作祟。在說服他人的過程中，我們只有讓對方感受到你的關心和幫助，而沒有附帶別的條件，才會心存感激地愉快接受。

因此，一位成功的行銷人員，必須根據說服功能的重要原則，適時適地稱讚消費者，對消費者時時抱以適切的關心與幫助，才能做好行銷工作，達到行銷的目標。

四、加強說服技巧訓練

行銷人員想要加強說服技巧訓練，可從適當向他人請益、善用相似因素以及表現真誠與自然等三方面進行訓練。

（一）適當向他人請益

為了加強說服技巧，可適當地向他人請教，並獲得謙虛的好感。每個人都有被人尊重的需要和自我實現的需要，也有幫助弱者的需要，當請求對方一件事時，而這件事又在對方的能力範圍內，對方一定會在這個過程中體驗到一種成就感，從而引起愉快情緒。

例如，小張近日在廠裡舉辦的各項體育比賽中連續失利，弄得心情極為沮喪，覺得自己什麼都做不好，從此對其他各種比賽都失去了興趣，主管看在眼裡並放在了心裡。半年後，廠裡舉辦國標舞大賽，前三名將被推選參加全國比賽。因此，主管也是主辦人而主動找小張，請他千萬要參加，就算是幫個忙，起初小張不答應，最後看到主辦人如此的誠心請求，就答應下來。沒想到，一場激烈競賽之後，小張最後在全國比賽中獲得了二等獎，失去的成就感又找回來了。因此，小張特別感激主辦人王科長，是他幫自己樹立了自信。在以後的工作中，小張於是成了王科長的一名得力助手。

（二）善用相似因素

加強說服的第二種技巧，是要善用彼此間的相似因素。社會心理學認為人際吸引中，相似性是個重要的因素，它包括年齡與性別、社會地位、經濟狀況、教育水準、職業、籍貫、興趣、價值觀、信念和態度等相似，其中以態度、信念和價值觀最主要。因為相似的人彼此容易溝通，較少因意見傳遞的困難而造成誤會和衝突，即使是初次見面，也有「相見恨晚」的親切感。

因此，在人際溝通中，要努力在雙方的經歷、志趣、追求和愛好等方面尋找共同點，誘發共同語言，為交際創造一個良好的氛圍，進而贏得對方的支持與合作。但這種「套近乎」也要講求策略，否則，不看對象、時機地隨便「套近乎」，很可能越「套」越遠。

（三）表現眞誠與自然

加強說服的第三種技巧，是要表現眞誠與自然。無論使用什麼方法使對方高興，都要是出自於眞誠的動機，虛偽、欺騙永遠讓人討厭。即使你不說一句話，善意的微笑、眞誠的體貼和大方的舉止，都如陽光一樣灑向他人，使人感到有如春天般的溫暖。

思考問題

1. 談話和說服的藝術，包括哪三個關鍵課題？

2. 說服消費者有哪些方法？

3. 請簡述行銷人員要如何說服消費者。

4. 說服有哪些重要原則？

5. 如何訓練說服技巧？

行銷加油站

花時間贏得信任與忠誠

如今對行銷效率和消費者服務的高度強調，似乎更甚於以往。商家給予消費者越來越多的工具來下訂單、查看訂單狀態等。

顧客關係管理（Customer relationship management, CRM）軟體，有助於將消費者分成不同優先等級組別，最優先消費者組作為優先進行聯繫對象，因此該軟體可進一步提高行銷聯繫的效率。CRM系統的主要好處是，能夠將「浪費」在價值不高的消費者身上的時間，減到最少。

然而，在追求效率的同時，各公司還需要注意聯繫消費者的時間長短，對消費者關係的重要性。讓我們看看風馬牛不相及的三組「消費者」，了解一下聯繫時間長短在他們的滿意度中，會有什麼重大的影響。

被判有罪的重罪犯

你認為重罪犯——被判有罪的重罪犯——會怎樣評價司法審判過程的公平程度？因為審判過程中的主要可變因素，諸如審判時間長度這樣的一些客觀衡量指標，有人也許認為他們會相當不滿意（畢竟，他們的辯護未能成功）。而實際上，按照美國心理學者們所發起的研究，在研究人員調查了上千個此類重罪犯後發現，審判時間長短正是預測他們評價審判公平與否的主要指標，他們認為較短的審判過程更加公平，越長的審判過程則越不公平。

令人吃驚的發現是，對重罪犯而言，與上述結果幾乎同等重要的是律師和他們在一起所花時間的長短。在審判過程時間相當的重罪犯中，與律

師有更多見面時間的重罪犯認為，其審判過程更為公平。學者指出，雖然結果也許完全相同，但是如果沒有機會說出當事者的擔憂，那麼當事者對所經歷事件的整體公平性的看法，將會完全不同。

風險資本家

風險資本家與上述所研究的重罪犯組別中的毒品走私犯和持械搶劫犯，是有很多的共同點，他們渴望從所投入時間和金錢中獲取高額回報。

在調查風險資本家的投資及他們與其公司管理團隊之間的關係時，研究人員本以為從理智的角度來看，他們的關注點是每項投資的資金回報。但令人吃驚的是，根據這位美國心理學者所說的，研究人員發現，企業家認為風險資本家會在多大程度上信任所投資企業的企業家，會在多大程度上對企業管理層的策略予以支持，其關鍵因素是企業家回饋的資訊數量和回饋的及時性。學者們也注意到，企業家是否樂意不斷地向投資者彙報最新資訊，與企業盈虧並無多大關係，但這卻可能會影響風險資本家的態度，讓他們做出並非最適宜的決策。

受傷的病人

在《決斷兩秒間》這本書中，作者馬爾科姆·格拉德威爾（Malcolm Gladwell）指出，在因醫生的疏忽而導致受傷的病人中，大多數人並不會投訴。透過對受傷病人的大量採訪，研究人員發現，投訴的病人經常感覺到他們的醫生，倉促地處理他們的病情、忽視他們或以其他方式惡劣地對待他們。

想想這些病人，因為醫療失誤而遭受可能是致命傷害的病人，如果他們感覺自己得到了公平的治療，而且醫生也盡了最大的努力，大多數人都不會投訴他們的醫生；反過來說，這種信任是基於醫生在病人身上所花時間的長短，以及期間和病人交流的品質。

高品質的接觸時間很重要

不同的資料顯示，所有消費者關係的維護，都需要有傾聽消費者的時間。對於大消費者來說，這也許意味著面對面的交流時間，而對小消費者來說，則意味著電話交流或網聊時間。

這些聯繫，不能只是單方面的行銷宣傳——消費者需要確保他們所關心的問題正在被聆聽。這很困難嗎？是的，經常很困難。這成本高嗎？也許不高。幾乎與每一位消費者的關係，都會在某一點被考驗——誤了交貨期、價格意外上漲或遇到咄咄逼人的競爭商家爭搶消費者。如果你希望你的公司像某些醫生那樣，即使病人因為其醫療失誤而受到傷害也為其辯護，你就必須在消費者關係受到考驗之前，花時間培養這種關係。

Chapter 7

掌握顧客促銷心理

01 　　　　確立促銷心理的基礎

02 　　　　發展促銷心理的策略

03 　　　　發展促銷心理新優勢

本章所設定是以「掌握顧客促銷心理」為目標，我們要討論以下三個重要的議題：確立促銷心理的基礎、發展促銷心理的策略以及發展促銷心理新優勢。

01

確立促銷心理的基礎

消費心聲

我們經常會從媒體看到，或從商場上接觸到行銷或促銷的概念，它是指個人或群體透過創造並與他人交換產品和價值，以滿足需求與欲望的一種社會和管理過程。這個過程以傳播導向開始，然後發展出直效行銷，以及當代新興的網路行銷，最後整合過去的行銷策略後，發展出了以消費心理取向的行銷理念。

在此，首先根據「確立促銷心理的基礎」為主題，分別來討論以下四個項目：何謂消費行銷、消費行銷發展、消費行銷方式以及有效行銷工具。

一、何謂消費行銷

「行銷」是市場行銷（marketing）的簡稱或者通稱，它是指個人或群體透過創造並與他人交換產品和價值，以滿足需求與欲望的一種社會和管理過程。這個過程以傳播導向開始，然後發展出直效行銷，以及當代新興的網路行銷，最後整合過去的行銷策略後，發展出了以消費心理取向的行銷理念，也就是所謂的「消費行銷」。因此，行銷人員任何行銷或促銷的規劃活動，都必須以認識行銷的概念為基礎。

我們經常會從媒體看到，或從商場上接觸到行銷或促銷的概念，它可

分爲專業與通俗等兩個層次的概念。

　　首先，專業層次的概念，以美國市場行銷協會（American Marketing Association，簡稱AMA）的解釋最具代表性。美國市場行銷協會是從1937年由美國市場行銷教師協會和美國市場行銷社所組建而成的，至2014年已有將近45,000名會員，會員遍及250個美國的大專學校。美國市場行銷協會對行銷所下的定義是，行銷是創造、溝通與傳送價值給顧客，以及經營顧客關係，以便讓組織與其利益關係人（stakeholder）受益的一種組織功能與程序。

　　另外，美國學者菲利普‧科特勒（Philip Kotler）從行銷的價值導向對行銷所下的定義是，市場行銷是個人和集體透過創造產品和價值，並與別人進行交換，以獲得其所需所欲之物的一種社會和管理過程，來實現各方的目的。

　　其次，通俗層次的概念，從一般市場行銷的觀點來看，行銷就是透過宣傳、推廣，進而促進產品或服務的銷售。

　　總而言之，從行銷的目的來說，行銷的意義是在一種利益的前提下，透過行銷人員與消費者相互交換和承諾，並建立、維持、鞏固與消費者及其他參與者的關係。

二、消費行銷發展

　　市場行銷的發展，從歷史經驗回顧，主要包括以下五個階段：

（一）生產導向行銷

　　生產導向行銷自19世紀末至20世紀初，亦稱生產觀念時期，是以企業爲中心的階段。一般認爲是重生產、輕市場時期，即只關注生產的發展，而不注重供求形勢的變化。

（二）產品導向行銷

產品導向行銷自20世紀初至30年代，亦稱產品觀念時期，是以產品為中心的時期。經過前期的培育與發展，市場上消費者開始更為喜歡高質量、多功能和具有某種特色的產品，企業也隨之致力於生產優質產品，並不斷精益求精。

（三）銷售導向行銷

銷售導向行銷自20世紀30年代至50年代，亦稱推銷觀念時期。由於處於全球性經濟危機時期，消費者購買欲望與購買能力降低，企業開始網羅推銷專家，積極進行了一些促銷、廣告和推銷活動，以說服消費者購買企業產品或服務。

（四）市場導向行銷

市場導向行銷自20世紀50年代至70年代，亦稱市場觀念導向時期。企業開始有計劃、有策略地制定行銷方案，希望能正確且快速地滿足目標市場的欲望與需求，以達到打壓競爭對手，實現企業效益的雙重目的。

（五）社會利益導向行銷

社會利益導向行銷自20世紀70年代至今，係以社會長遠利益為中心的階段。企業開始以消費者的滿意，以及消費者和社會公眾的長期福利，作為企業的最終目的和責任，提倡企業社會責任。理想的市場行銷，應該同時考慮消費者的需求與欲望、消費者和社會的長遠利益，以及企業的行銷效應。

三、消費行銷方式

從市場行銷實務的觀點來看，行銷的方式包括以下四大類別：

（一）以傳播導向的整合行銷

整合行銷是行銷傳播規劃的一個概念，它強調行銷傳播工具的附加價值，以及所扮演的策略性角色，並結合行銷傳播工具（如：一般廣告、直效行銷、人員銷售、公共關係等），提供清楚、一致性以及最大化的傳播效果。

（二）以資訊導向的資料庫行銷

資料庫行銷是以特定的方式，在網路上或是實體收集消費者的消費行為資訊及廠商的銷售資訊，並將這些資訊以固定格式累積在資料庫中，在適當的行銷時機，以資料庫進行統計分析的行銷行為。

（三）直效行銷

直效行銷（direct marketing，簡稱直銷）是在沒有中間行銷商的情況下，利用消費者直接通路來接觸及傳送貨品和服務給客戶。直效行銷其最大特色為，直接與消費者溝通，或不經過分銷商而進行的銷售活動，乃是利用一種或多種媒體。理論上可到達任何目標對象所在區域，包括地區上的以及定位上的區隔，且是一種可以衡量回應或交易結果之行銷模式。

（四）網路行銷

網路行銷或稱網絡行銷，是現代企業整體行銷戰略的一個組成部分，是為實現企業總體經營目標所進行的，以網際網路為基本手段，營造網上經營環境的各種活動。網路行銷的職能，包括網站推廣、網路品牌、資訊發布、線上市調、顧客關係、顧客服務、銷售管道和銷售等。

四、有效行銷工具

一般來說，廣告是最有效的行銷工具，也是消費者取得消費資訊的主要來源。大部分的消費者都會感受到被過多的行銷資訊壓得喘不過氣，特別是商業資訊，主要的傳遞方式就是廣告，例如海報、電視或電臺廣告、

傳單和廣告目錄等，令人防不勝防。可是，像這樣過量地投放廣告會不會損害了廣告本身呢？會不會產生負面效果呢？消費者可能覺得過度的資訊破壞了資訊本體，但只要能被任何消費者看見了，就足以讓他們改變自己的判斷。

（一）廣告對消費的影響

即廣告傳單對購買行為的影響。如今，要是我們把每年信箱裡所有的傳單、廣告目錄、商品海報加在一起，起碼有幾十公斤了。雖然，過多的資訊淹沒了資訊本身的這條定理，路人皆知，那麼我們不禁懷疑這過量廣告的有效性。實際上，這種廣告方式，雖然可能引起一些反感，卻仍然大行其道，原因很簡單，那就是事實證明它們的確有效。這難道不正是廣告的目標嗎？

以下案例，是對廣告有效性的說明。

Burton和他的同事們請兩家食品商店的消費者，填寫一份關於該店的問卷。

首先，詢問他們是否看過店內共有8頁彩色印刷，並印有促銷資訊和優惠券的推薦廣告目錄？然後，把消費者分成了兩組：那些曾經自我揭露在廣告之下和那些未自我揭露在廣告之下的消費。再問他們是否介意為調查人員提供發票，最後交給他們一個貼上郵票的信封，裡面裝有問卷，並請他們回家填完後寄回。問卷內容是對促銷的滿意度回饋，例如尋找促銷商品，打折優惠券的使用情況等，以及對於價格的感受，例如覺得值不值得費心、費時地尋找便宜的商品等。

結果顯示，廣告目錄對銷售有著促進作用，有三分之一聲稱看過廣告的消費者，購買了627件促銷手冊上的商品，共消費了588美元，而這個數量和三分之二沒有看過廣告目錄的消費者購買量持平。

從上述案例說明了，資料的行為學分析結果，對於價格的敏感是廣告

發揮作用的第一要素。另外，老年人和女性等消費者更傾向於依照廣告目錄購物。

（二）廣告的自我揭露效果

早在20世紀70年代，就有一位美國學者Robert B. Zajonc提出過所謂的「直接自我揭露效果」（direct effects of exposure），直到今天，這種效果依然值得研究。

Zajonc完成了一組實驗，簡單易行，更說明了直接自我揭露對改變意見的效果。根據該測驗，給一些受試者看一系列陌生的信件、字詞或臉部照片，每一件都反覆出現1、2、5、10或25次不等。當然，實驗者會改變列表裡專案出現的頻率，每一項都接受評估，那些沒有出現或只出現一次的，都要詳細記錄評估，然後按自我揭露的頻率計算平均接受程度。密集自我揭露更令人易於接受的是陌生的臉，我們看見的次數越多，就越容易接受。

密集自我揭露作用，也叫做Zajonc的直接自我揭露作用，它揭示了在人們評估事物的過程中，價值判斷並不僅僅和事物的內在性質相關。人們對它的熟悉程度，也有助於好感度的增加，例如多次重複、多重刺激（如：音樂、廣告、包裝……）等，都可以加強這種效果。由上所述，這樣就解釋了簡單多次呈現同樣資訊的行銷戰略意義了。

（三）廣告的記憶效應

大家都知道，動作片上映會帶來很大的市場反應，因此廣告播放的價格相對就高出很多。同時，人們想知道這種電影在某些場景中或是某些懸念裡停下來，是否會有什麼不良記憶殘留影響，所以有研究在一系列的實驗中，以數百人做實驗，也算是在這個廣告泥淖中投石問路了。

他們分別選取動作片和非動作片的電影片段，梯度評估和測量結果（如：血壓、心跳等）表明，兩部電影激起的興奮程度是完全相等的。全

程持續約15分鐘，在5分鐘的電影片段後插播廣告，影片結束後，觀衆被要求回憶，尤其是回想剛才廣告中商品的名字。結果激起的興奮程度差異不大，廣告的記憶效應似乎一樣的。

（四）資訊的回憶功能

廣告的記憶並不是和廣告的內在本體緊密相連的，而是和環境以及廣告之前播放的內容相關。從上文展示的案例證明了，電影的性質對其中插播的廣告資訊回憶效果有影響。

除了與廣告播放者的直接利益相關外，研究結果同樣提醒研究者們，注意廣告的環境和相關的事件，因爲同理可得，在某些條件下能加強記憶效果。

（五）信用卡與行銷

如今，信用卡已經融入了個人理財和商業活動中，但還很少有人就信用卡對個人購買行爲發生之前的效果作過研究，反而是更關注信用卡用戶的條件和信用卡所帶來的經濟後果。從行爲學的層面上說，首先是針對用戶的研究（如：誰在用信用卡、他們對信用的態度是怎樣等），然後才是信用卡導致的行爲研究。然而，儘管大多數的研究指出，信用卡方便了購物，但是它畢竟不是購物的直接原因，幾個設計精巧的實驗證明，只要簡單地亮出信用卡，就會製造出一種幻覺，誘導出特殊的評價和行爲。

美國行銷學者曾經研究提出，餐館的服務生會以是否使用信用卡，來作爲顧客慷慨程度的預測。例如，把顧客的簽單與印有一間著名銀行信用卡貼紙放在茶托裡，分別從服務人員在茶托上出示信用卡貼紙與不出示信用卡貼紙時，測試顧客願意支付餐館服務人員小費的百分比（以帳單爲基準）。當茶托上出現信用卡貼紙時，男女服務生會拿到最多達25%的小費，於是就像條件反射出的一樣，亮出信用卡就會讓人覺得此人經濟較優渥，出手闊綽，給服務生的小費也會更加優厚。

另外，為了要驗證出示信用卡時，是否會激起對價值的錯誤理解和消費能力的虛幻光環，美國行銷學者又作了一系列簡單的實驗，其結果直到今天還讓人驚歎不已。在實驗條件下，也用了一張印有信用卡圖像的貼紙並貼在桌子上，桌面上投射出商品照片的幻燈片。他請受試者觀看放在桌子上7張出自郵遞商品目錄的產品照片，並請受試者要說出他們願意為每件商品支付多少錢，然後說出主要的評價原則。當出現信用卡時，受試者會估出一個較高的價格，而在沒有信用卡出現的情況下，他們通常估計得比實際市價要低。在另一個商品以幻燈片的形式出現的實驗中，上述的結果再次得到證實，同時統計還證明了，當出現信用卡的圖像後，人們給先前看過的商品估價時，所用的時間顯得更短。

為了再證明使用信用卡所製造出來的特殊評價及行為，又在一組實驗裡，讓一個大學生在大廳裡工作，廳裡分別有信用卡貼紙與沒有信用卡貼紙的兩個場景。10分鐘以後，當他獨處一室時，另一個學生進來，自稱是某個著名慈善團體成員，告訴他該團體中的志願者準備舉辦募捐活動，並詢問他對於這募捐活動會捐獻多少錢。一般而言，當有信用卡在場時，學生估計會捐出4.01美元，而沒有信用卡在場時，平均只會捐出1.66美元。另外，對這個募款活動做了如下的記錄。

捐款平均額和等待答案的時間記錄表

項目	信用卡	沒有信用卡
募捐者（百分比）	86.7	33.3
募捐數額（美元）	0.36	0.11
答案等待（秒）	6.72	12.04

由上面的實驗記錄表可看出，當在出示信用卡後，會改變人們對物品價值和所擁有的可支配資金的感知，然而這些經驗只是落在判斷而非落在行為上。因此，需要檢驗在出示信用卡後的行為效果，如果這一點也完成

了，前文所得到的結論才能被證實。於是這位美國行銷學者又重新做了募捐意向的實驗，這一次是直接向人募捐，同時還測量回答所花的時間。因此，他得到的結論是：出示信用卡改變了行為，募捐者多了約2.5倍的捐獻，雖然實際的捐款與預計的有出入，但仍然可以看出，有信用卡的捐款是沒信用卡的3倍。

與「支付」聯繫在一起的信用卡，強化了行為和認知，導致消費者有意願進行消費，或進行更多消費的可能性，直接影響的就是決定消費的時間縮短。信用卡的在場，不啻為購買動機的觸發器、購買能力的感知，也是一種條件反射。事實上，信用卡支付行為是由積極的情感所強化的，而這種愉悅感有待繼續研究，但出示信用卡卻能加強愉悅感的獲得。

思考問題

1. 請簡述何謂行銷。
2. 從歷史經驗回顧市場行銷的發展，主要有哪些階段？
3. 從市場實務的觀點來看，行銷的方式有什麼類別？
4. 最有效的行銷工具是什麼？主要的傳遞方式又為何？
5. 過多的資訊如何影響消費者的判斷？請簡述之。

02

發展促銷心理的策略

消費心聲

有經驗的行銷人員，通常會累積自己的行銷策略與經驗，當然包括了失敗的策略在內，然而這些一般是不會與別人分享的。

承接前節「確立促銷心理的基礎」，本節以「發展促銷心理的策略」為主題，繼續討論。討論的內容，包括了以下四個項目：打開局面促銷策略、逆向操作促銷策略、誘導下的促銷方法以及讓對方承諾的促銷。

一、打開局面促銷策略

打開局面是行銷工作者首要學習的功課，特別是以消費心理取向的行銷。而打開局面促銷策略，首先要設計一個易於接受的預備性要求，其次是要注意要求的接受機率。

我們可以用印有關於道路安全（提醒謹慎駕駛的）或環保議題（提醒保持環境整潔）的貼紙及請願書，面對面的請他人貼於汽車上或簽名等兩個案例，加以說明。

例如，一位實驗人員登門拜訪，請求受訪者將貼紙貼於汽車上或於請願書上簽名的兩星期之後，另一位實驗人員再登門拜訪（他對上一次的活動一無所知）提出最終請求，引入另一組沒有被要求貼上貼紙或在請願書上簽名的人，作為控制組。實驗人員問每一個受試者，是否同意將一塊很

大的交通安全看板，放立在他們家的花園裡，並讓受試者看附近一幢樓的效果照片，以便受試者考慮一下放置這麼一大塊廣告牌，所帶來的美觀上的後果。如果預備性要求和最終要求之間有很強的關聯性的話，那麼大多數人們都會同樣容易答應最終的請求。

上述例子中，在控制組也就是說受試者沒有接受過頭一次請求的（而同意安置看板）機率是16.7%，像這項統計資料，就是低於「打開局面」條件下的結果。

其實，以求乞或借錢為業的人，更懂得如何與陌生人開始打交道，例如或許曾經有過在街上，被一個陌生人攔下詢問時間、問路或替請願書簽名的經歷，之後這個人就會又再請求您幫個更大的忙，那就是借點錢給對方，抑或買下一幅他精心繪製的素描或油畫等，有時雖接受了第二項請求，但事後卻會追問自己這麼做的動機何在？理由很簡單，您可能已成了行銷人員眼中「邁向目標第一步」技巧的犧牲品。

總而言之，在做出請求之前，先請求幫個較小的忙，有助於別人答應幫助，就如同「打開局面」的技巧，能讓我們理解「惹禍上身」這句話的意思。實際上，最初的請求可能誘發了某種行為，或讓對方為某種行為作好了準備，一旦這個準備工作完成了，對方就預備走得更遠、付出更多了。

二、逆向操作促銷策略

逆向操作促銷策略，也就是以退為進、倒序、反差的等同義詞操作的促銷策略。

（一）以退為進策略

在以退為進的技巧下，讓對方拒絕了一項過分的要求，有助於他接受緊接著所提出的一項代價較小的請求。即使我們能從這項技巧和所謂的討價還價上找到聯繫，但許多商業交易並非是在這個模式下達成的，尤其是

我們都知道，必須明白標價，或除去某些法定階段外不得折扣的時候，究竟應該怎樣運用這種以退爲進技巧來達到影響行爲的目的呢？一些聰明的行銷人員，幾乎憑本能就可做到這一點，而影響了消費者的行爲。

（二）倒序策略

倒序價目表對購買行爲的影響。例如，在1975年時，有位美國著名的撞球桌製造商的促銷負責人曾提出，型號呈現的順序會影響購買行爲的概念。當消費者走進此類店鋪時，一般總是先向他展示入門級的撞球桌，以便後續再介紹最高級、最貴的撞球桌。雖然，這項技巧算得上是經典，但這位促銷負責人卻認爲這不是最佳的介紹方式，他讓行銷人員試著把順序顛倒過來向消費者介紹，即先向消費者展示最貴的型號，結果他們所賣出的撞球桌平均單價近1,000美元；反之，如果他使用前一種方法（從便宜的到貴的），那消費者們一般就會「退回」到購買單價550美元的撞球桌。

由此可知，只需一件很小的事就能影響購買決定，那就是介紹的順序會強烈地影響了購買選擇。例如，若是行銷人員一開始就從一個驚人的價格開始介紹，那麼其他型號的價錢與此相比之下，就不會高過它了，而當消費者在參照價格上做些調整，就可能改變了附著在這件商品上的主觀價格。

（三）反差策略

美國的社會心理學家羅伯特・席爾迪尼（Robert B. Cialdini）在其著作《影響力：讓人乖乖聽話的說服術》（*Influence: The Psychology of Persuasion*）中，披露了一位曾經從事Hi-Fi器材和電視機銷售的讀者來信。這位讀者說，在他從事的工作領域中除了賣器材之外，還出售相當細緻的SAV售後服務合約（衍生擔保），並提及了他與同事們的一項銷售技巧，雖然做法截然不同，但效果卻很好。

例如，雖然他和大多數同事一樣會把最小的合約介紹得最詳細，但在針對如何使消費者接受合約內容的做法上，卻大不相同。他從期限最長，也就是最貴的合約開始介紹給消費者，而如果這個合約被拒絕了，他才建議保證期限較短的或價格較低的合約，結果是確有較高比例的消費者接受了期限長或價格高類型的合約，其成功率是10：7，而從最小合約賣起的同事們，反而只有10：4的成功率。

總而言之，事實證明反差技巧是一項非常厲害的銷售技巧。我們很容易注意到，可以改變消費者預付價格的參考點，或是對於高價的評估。例如，如果希望在某個特定時期銷售某一種商品時，可以在此產品的兩邊放上相對更高檔、價格更貴的產品，這樣就能引導潛在消費者低估目標產品的價格。

三、誘導下的促銷方法

行銷人員如能將誘導技巧運用得當，那就會使消費者改變原來的堅持，而接受另一個選擇。在日常生活中，你我都曾經受誘導的影響，甚至沒有任何的懷疑之心而心甘情願地接受行銷。例如，我們都曾遇到過，因為某個品牌的某個型號缺貨了，而購買了另一個品牌的產品。

要知道，行銷人員可以輕易地運用誘導技巧，讓我們買下計畫外的商品，即便這項技巧使用時並沒有瞞著我們，所以說是我們自己創造了身為受害人的條件。例如，有時候看商店櫥窗裡的鞋子，會注意到某一款的鞋子似乎享有一種特別折扣，而受到這款鞋子的誘惑，決定走進店裡看看，此時的我們正在淪為一種特別針對吸引消費者進店之技巧的犧牲品。以下是在鞋店完成的實驗，試圖實地測量誘導技巧在商業環境下的影響力。

鞋店把一款前幾個禮拜內賣得不錯的女鞋，放在鞋店櫥窗的正中央，鞋子陳列在一個頗有設計感的箱子裡，在原價格上畫上X符號，而在原價格下面另外標註-30%，再貼上新的標價，等待對這款鞋感興趣的人進來。

在控制組實驗裡，有塊布告欄提示著只剩下鞋號35、36、42的鞋子（這是目標消費者，很容易提出需要的鞋碼），除非走進店內，否則是看不見這塊布告欄。在這一組裡，消費者對這款鞋的興趣測量，是透過記錄消費者觀察櫥窗內鞋子的舉動、走向店內這款鞋的行為，以及最終在鞋店出口處的問卷等三方面所得出的。

在實驗條件下，除了櫥窗內這款鞋的折扣之外，沒有任何提示出現，消費者要等著售貨員過來服務，而在售貨員的服務後，消費者也表現出對這款鞋的興趣，此時售貨員就把鞋子拿在手裡，按預先的訓練介紹這款鞋子，例如「這款鞋子這季賣得不錯」、「是個很好的選擇」、「這雙鞋子很高雅」等。等到消費者開口，售貨員就逐一回答消費者的提問。如果消費者想要試穿，售貨員就先問需要的尺寸，然後說：「抱歉！只剩下一兩雙大兩、三個號碼或小兩、三個號碼的鞋子了，所以鞋子才會打了折扣。」停了幾秒以後，接著售貨員再問消費者是否喜歡同類型的鞋子？一旦得到確認後，售貨員就會告訴消費者前一天夜裡才剛收到同一款的新鞋，問客人是否願意看看。

到此時，觀察受測量後，有多少消費者謝絕了提議並離開。如果消費者同意試看鞋店新款鞋後，詢問鞋價時，售貨員對消費者說出一個和「誘餌鞋」打折前相近的價格，並對消費者確認說新款鞋是不打折的。另外，售貨員建議消費者試穿，如果得到的回答是積極的，那麼一切照常進行。

接著測量控制組和實驗組購買一雙鞋的機率，結果證實了誘導技巧的有效性。消費者因發現沒有適合的鞋碼而離開的機率，以及決定購買另一雙鞋的機率，從事實的證明來看，誘導的技巧是有驚人的效果。因為實驗組中，在鞋店裡每四位來店的消費者，就有一位購買鞋子離開，而在控制組中，十位消費者裡還沒有一位買了鞋離開。

就像玩撲克牌遊戲一樣，誘導技巧也經常被使用，儘管還沒決定是否要進入某家店找廣告傳單上的一件商品時，行銷人員就已經表示這件產品不再出售了，或者數額有限已經賣完了，此時就如巧合般地發現了類似的

產品，而這產品更誘人、選擇餘地更廣……，相對的，價格也就更貴了，如此的我們，又在無意識的情況下成了誘導的犧牲品，只是行銷人員所用的手法有所不同，但收到的效果卻是一樣的。

總而言之，儘管事先有了一個決定，可是在後來卻很難堅持，即使發現無法得到期望中的滿足，仍然做出購買的決定，這會讓不滿意的消費者重新找到滿足的源泉，即便最終這個滿足要花費更多的錢。以上等等，就是「誘導方法」技巧的神奇力量。

四、讓對方承諾的促銷

從上面種種技巧能引導我們完成特定的促銷行為，但除了這些技巧之外，還有一種消費者內在的壓力，讓消費者不願放棄或改變原先的決定，或是會讓消費者堅定不移地繼續來完成這個促銷行為。這種行動和延續上的壓力，社會心理學的理論家們稱之為「承諾」。

凱特·凱斯勒（Kate Kiesler）是「承諾理論」的宣導者，她認為「承諾」是指把個人和他的行為及決策結合起來的一種聯繫，這種聯繫是從個人方面做出一個解釋，而個人行為的一致性透過這個聯繫，也容易變成操控的利器。

其實，如果說個人前後連貫地完成某項行為稱得上合情合理，也就是說他所做的事都是朝同一個方向，那麼這種「行為上的雄辯術」會讓他更容易受到他人的影響，例如只要別人讓他做出決策或說服他採納一個行為即可。當個人是自由的並能對自己的行為負責時，儘管他做某件事沒有回報，還是會照做不誤，那是因為他由衷地認為，這個舉動和他所追求的東西是相符合的，是和他的個人品質相關聯的，是和他內心渴望實現的東西相聯繫的。

在這種「行為─個人」的聯繫下，某些人會天天打理好屋子，照顧好孩子，和睦善待親友同事。如果這種聯繫在社會凝聚力方面的效果是不可忽視的，那麼就不該遮遮掩掩，相對地，這樣的過程也必然有利於商業操

作。實際上，行為和個人或與決定要做出某種行為的關係非常密切，只要想辦法讓個人和做出某種行為間建立起這種聯繫，那麼個人就會照一開始的舉動繼續下去。掌握了承諾技巧的理論和實際操作原理，就能找到很多應用方式來改變消費者的行為。讓別人做出一項決定，說服別人採納一種行動，是啟動這種商業承諾的方法，正如我們在打開局面這項技巧裡所做的一樣。

另外，還有其他更多製造承諾的方法，例如在鞋店或服裝店提供消費者試穿時，更容易把東西賣出去；食品提供試吃，尤其是有試吃員在場時，更能激發出承諾。又如在商店裡提供試用的機會，也是製造承諾的一種因素，例如可以上網的通訊類科技產品專櫃、攝影機或照相機等。

總而言之，在對方行為的各個場景中，表面上最不引人注目的就是承諾了。列於消費行為影響最後階段的承諾，有多種應用方式，此外這個因素的威力相當可觀，以致催生了今天被稱為「承諾訊息」的研究。我們把它提到承諾傳播的高度，將研究透過讓對方完成某項行為、做出某個決定，同時還要在做決定時激發出自主自由的感覺。從上面的舉例，已經清楚看到了運用自願的語意聯想，能讓對方做出特殊的行為，而自由自願的感覺也是承諾的一個因素。

 思考問題

1. 打開局面促銷策略要注意什麼？
2. 請簡述什麼是逆向操作促銷策略。
3. 行銷人員如何能將誘導技巧運用得當？
4. 請問何人是承諾理論的宣導者？
5. 請問要如何啟動商業承諾的方法？

03
發展促銷心理新優勢

消費心聲

在企業面臨競爭越來越激烈的年代，行銷角色也受到前所未有的衝擊。未來，行銷之路該怎麼走？要如何因應變局才能搶得市場先機？如何取得市場優勢？因此，心理取向的促銷概念與策略逐漸受到重視。究竟行銷的角色會在21世紀的企業裡走到盡頭，還是柳暗花明又一村？我們正在探索這個問題。

本節「發展促銷心理新優勢」將承接前兩節的主題，繼續討論以下四項個目：行銷的經驗回顧、行銷新角色挑戰、面對通路的衝突以及未來行銷新技能。

一、行銷的經驗回顧

放眼20世紀90年代以來的行銷趨勢，究竟是預測了行銷之死，還是行銷不敗？看看以下這些趨勢，就可以說明了行銷趨勢。例如，知名品牌面臨眾多低價、小品牌對手包抄夾殺，灰頭土臉，風光不再；傳統的行銷部門在企業裁員、改造浪潮中，逐漸消失；資料收集與分析等行銷的專業技能，在資訊科技發達、管理高層直接經手第一線市場資料的時代，逐漸興起等等。上述這些趨勢，似乎預告了傳統行銷模式將失去繼續存在的價值，但事實上對大多數企業來說，答案卻是下個世紀的行銷會更好，行銷

的角色不但不會式微，未來特別是以心理取向的促銷分量，將更吃重。

根據一項由瑞士國際管理發展學院（International Institute for Management Development, Lausanne, IIMD）行銷研究團隊所主持、針對200多位歐洲企業總經理與行銷主管以一系列問題所進行的國際性問卷調查，進一步分析的結果顯示，傳統的行銷經過轉型，現在已有了新的面貌，九成以上的受訪企業指出，現在的行銷人員比以往更具有重要決策上的影響力。

首先，要求受訪者評估他們最關心哪些產業議題、哪些趨勢變化或發展會對本身產業產生長期性衝擊等外在變化。從排行結果可以看出，企業受到激烈競爭與價格壓力，在產品差異縮小後，衝擊越來越大，管理者不得不設法尋求更新的競爭優勢來源，如顧客服務上的創新等。

其次，要求受訪者評估議題，包括改善產品與服務的品質、開發新產品跟上顧客的腳步、增加或改進顧客服務、掌握競爭者動態、改善行銷與其他功能之間的中介、在組織內創造行銷的文化價格競爭、鎖定新的市場區隔、提高行銷經費的使用效率、區別品牌或企業形象、改善通路有效地廣告或促銷和處理環境議題等內在變化。

最後，要求受訪者評估歐洲統一在政府管制下的行銷問題，並要求受訪者展望未來，評估90年代的各種市場發展，對於企業能否順利邁向下一個世紀的影響程度。

分析的結果，最值得注意的是受訪者一致認為，競爭的合併導致競爭者越來越少，或者越來越大，這將是在90年代對企業未來最大的影響趨勢，其重要性遙遙領先其他選項。而在競爭激烈、產業合併、顧客需求多變的年代裡，行銷的定位在哪裡？值得所有行銷人員深思。

二、行銷新角色挑戰

根據上述問題，要求受訪者面對行銷新角色與新挑戰是必然的。而挑戰的議題，包括了競爭者越來越少、越來越大；顧客多變、需求也多變；

市場與競爭的全球化產品技術，不斷變化產品的差異性越來越少；通路型態不斷變化；顧客與市場的「深化」；歐洲市場統合新競爭者出現；政府管制增加；新的傳播媒體出現等等。各國受訪者不論是代表上游原料業，還是下游的消費產品或工業部門，不分高科技產業還是低科技服務業，都認為行銷的角色正隨著企業面臨競爭的挑戰而不斷地在演變，且越變越重要，也越來越能有效融入管理高層決策之中。

從上面的結論得知，行銷新角色與新挑戰的變化將帶來的意義，包括了下列三項：

（一）從幕僚到第一線

行銷，不再只是企業組織中的個別功能。傳統的行銷部門已被產品管理、顧客層管理等前線功能所取代，目的是要讓行銷的思考和做法，更密切地整合到管理者的日常決策中。

（二）從專業性到策略性

行銷的演變越來越有成效取向，它跳脫了傳統的專業角色，包括市場與競爭者評估、最終使用者溝通等，許多原來的行銷工作，如今已成為所謂整合行銷過程的一部分，所整合的功能甚至包括上游的產品開發與下游的通路管理在內。行銷範疇的擴大，在策略上的重要性，也大大提高不少。

（三）從孤立到普及

行銷的範疇越擴大，它的角色在組織中就越普及。行銷不再只是少數幾個人的工作，而是公司上下每個人的大事。企業開始對各個支援部門的管理者，灌輸市場與顧客意識，這是很正確的做法，因為企業想要掌握市場脈動，就必須設法讓組織上下對於市場變動與顧客需求，有充分的了解。簡單地說，轉型後的行銷，將逐漸成為企業因應管理挑戰的關鍵過程。

三、面對通路的衝突

行銷時代，通路衝突勢不可免，然而衝突一定是負數嗎？通路彼此間的競爭，是商業環境必要的摩擦，不調整就淘汰？還是經營管理的重大危機？這都是不可輕忽的。

從最典型的早期平價百貨，到最新的全球資訊網，製造商的通路越來越複雜，而且多種通路同時使用的機會也越多。當不同的通路都在爭奪相同的顧客時，就產生了通路衝突，而衝突最後都將成爲製造商的難題。

通路衝突有好幾種，有的衝突是無害的爭執，是商業競爭環境中必要的摩擦；有的衝突事實上反而有正面的效果，它可以迫使落伍或不合乎經濟的廠商有所改變，如不調整就會被淘汰等。然而，也有一些衝突，會因爲危及產品的經濟利益，而的確具有危險性。危險性衝突的發生，通常是由於現有通路的顧客群，也被另一個通路鎖定爲目標，導致原有通路商因爲利益受損，不是憤而轉向對製造商進行報復，就是乾脆不再銷售這家廠商的產品。以上兩種情況，不論是哪一種，最後蒙受損失的都是製造商本身。

面對通路的衝突，特別是不同通路爭奪相同客戶的衝突，在幾個美國廠商的實例中，我們可以看到這樣的通路衝突。例如，寵物食品製造商希爾（Hill）曾經利用它的超市通路，進行一項「店中店」的實驗，就是在超市裡開設寵物店，而得罪了其他寵物店與飼料行，因此許多店家聯合抵制他們所生產的賽恩斯牌寵物用的減重食品，結果造成了莫大的損失。又如，專門生產日系汽車替換引擎的管理廠商ATK，因爲試圖跳過經銷系統，想以較低的價格直接銷售給個別修車廠，結果反而失去了以往形同壟斷的市場優勢。

另外，桂格燕麥在1997年爲了要沖銷14億美元，將旗下飲料事業史耐波（Snapple）脫手出售，部分原因便是由於通路衝突。桂格原本計畫將效率較高、主要銷售開特力（Gatorade）品牌運動飲料的超市通路，與史

耐波的超商通路整合。一方面讓史耐波的經銷商負責小額配送兩種品牌產品給各超商客戶，另一方面則利用桂格在較大型賣場的既有優勢，讓開特力的倉儲運送系統負責大訂單的連鎖超市與其他主要客戶。但是，當桂格建議史耐波將較大客戶轉移給開特力系統，這樣的新策略時，卻引發了史耐波經銷商群相當大的反彈，因為他們一直將史耐波的生意視為獨家的區域性授權，無法接受雙重通路的策略，於是幾家經銷商一狀告到法庭，最後桂格只好讓步。然而，這場糾紛卻讓桂格的競爭對手有了坐大的機會。

許多製造商即使明白通路衝突的嚴重性，仍然無法辨別哪些才是真正具有威脅性的通路衝突。想要及早發現危險，關鍵就在於下面四個問題：

（一）這些通路是否都是鎖定相同的最後使用者？

有些通路問題看起來像衝突，但事實上卻是成長的機會，因為有些新的通路可能開發出以往所被忽略的市場。例如，可口可樂當年在日本市場引進自動販賣機時，零售商曾經大力反對，但後來可口可樂成功地證明，儘管服務相同的顧客群，自動販賣機實際上是在不同的場合，提供不同的產品價值。同樣地，包括美國的某家投資銀行（Charles Schwab）在內，因為許多的企業都已紛紛利用網路上的通路，來滿足顧客對於個人金融服務新管道的需求，由於這家投資銀行以較低的價格來為顧客服務，並配合豐富又方便取得的資訊，反而開發了不少自助型理財的新顧客。

（二）這些通路可不可能彼此互蒙其利？

有的新通路表面上像會搶走現有通路的生意，但實際上卻是有助於推廣產品使用及建立品牌支援度。舉例而言，耐吉（Nike）便是以建立新通路——耐吉城（Nike Town）旗艦店（進駐各種品牌運動衣鞋的超級大賣場），來提升本身品牌知名度與聲響，直接掌握品牌形象，雖然運動鞋零

售店在當初提出抗議，後來也認為新店提高了所有通路的銷售。

另外，傳統出版商與網路書店亞馬遜（Amazon）合作，在線上販售書籍以減少退書率的做法，迫使美國博得（Borders）、巴恩斯與諾柏（Barnes & Noble）等大型書店也紛紛跨足網路領域。上述這種通路策略，可能讓書市的餅越做越大，因為消費者喜歡以更方便的管道來買書，而且也會在網路上利用例如亞馬遜書店的Eyes瀏覽區等工具，來獲得有關新書的更多資訊。

在保險業方面，美國的前進汽車保險（Progressive Auto Insurance）公司在原有的代理商通路之外，成功地引進了電話直銷業務，同時又提供24小時全天候的代理商轉介服務。又如，化妝品業者雅芳（Avon）的通路策略，它與保險業也很類似，就是在新推出的網站上，不僅提供直接交易，也提供讓顧客與各地銷售代表聯絡的轉介服務。

（三）某種通路利潤的減少，是否是其他通路侵占的結果？

通路競爭力衰退，其原因可能是營運不良，而不是跟其他通路產生衝突所造成的，因為如果只有某個弱勢通路商抱怨，製造商就應該評估此通路商是否可能在這場衝突中遭受淘汰？如果是，那麼製造商估計將損失多少營收？然後再決定是要積極支援此通路商，還是另外發展移轉策略，利用同樣通路中的其他仲介商，來彌補所損失的利潤。

選擇通路很重要，選擇通路中的合作廠商同樣重要。為了避免受制於不適用的通路廠商，製造商應該監督通路商的運作情況，適時加強通路商的技能，或是偶爾更換合作對象。

（四）通路衰退，是否必然不利於製造商的獲利網？

通路營運惡化，有時是因為經濟因素或者是消費者喜好的轉變。一個最近的例子是，美國大型製藥公司與配銷商拒絕以降低獲利盈餘的方式，來支援獨立藥房的這條通路，而且藥廠為了與醫療保健業者和郵購式藥房

等日益重要的新通路建立關係，反而願意以較便宜的價格爭取新通路的大宗訂單。

如果通路衰退，是因為出現了消費者比較喜歡的新通路時，那製造商的策略性選擇，就必須移轉到這個新通路。但是，做法要有技巧，不能觸怒原有通路，因為原有通路可能仍有相當大的銷貨量。例如，美國的寵物食品專業製造商，一方面積極與寵物市集（PETs mart）和寵物國（Petco）這兩大新興連鎖通路商合作，另一方面又同時支援小型寵物店通路，因為小型寵物店通路即使逐漸衰退，仍然有六成的專業寵物食品要靠它們銷售。同樣的，固特異（Goodyear）當初進入大眾商品市場時，為了取悅獨立經銷商，還為經銷商推出特別的促銷計畫，來刺激輪胎替換市場的成長。

最後，我們要了解衝突來源與嚴重性。上面的四個問題，可以幫助製造商更加清楚，究竟哪些才是真正危險的通路衝突。衝突如果具有破壞性，而被危及的通路商負責的物流量又大，製造商便必須採取行動，化解衝突。在決策過程中，製造商應該衡量以下幾個因素：(1)維持現有通路的成本和獲利；(2)進入新通路的利益；以及(3)報復的可能性和牽涉成本。

發生通路衝突時，製造商的決策架構，需要釐清受威脅通路的重要性（以現有或潛在的銷貨量／獲利性衝突具有破壞性）。廠商可以利用情境規劃法或遊戲理論，來預測通路反應，預估較低的風險，但如果是在沒有衰退問題、銷貨量或者獲利率在10%～15%以上的通路，一旦發生通路衝突時，廠商就要多加留意了，如果製造商一旦認定了衝突具有潛在危險性，就要採取行動。

又例如，假設衝突是因為通路在最近不約而同都鎖定相同的客層所引起時，廠商或許可以針對每個通路的特性，分別推出不同產品或品牌，來降低通路所可能發生的衝突。舉例來說，美國的百工（Black & Decker）

便是透過三種不同通路，針對喜歡偶爾DIY的體驗族顧客，透過凱馬特（Kmart）連鎖平價百貨等通路來銷售百工的產品，並提供三種不同類型產品來解決這樣的通路衝突。

四、未來行銷新技能

從上述研究團隊一系列問題所進行的國際性問卷調查中，針對策略思考溝通能力、顧客敏感度、人力管理的技能、創業能力服務取向、創新談判能力、利用分析法來解決問題的能力、國際觀與知識對行銷以外其他功能的知識、一般性管理能力、電腦資訊處理的能力以及專門性的行銷技能等問卷的第四組問題，要求受訪企業主管們列出新一代行銷人才必須具備的管理技巧與能力。統計結果顯示，策略思考、溝通能力與顧客敏感度等，是未來行銷人才必備的三項最重要技巧與能力。另外，受訪的企業主管也在問卷中，補充了其他對行銷同樣重要的能力要求，它包括有管理能力、利潤取向以及對前線業務的深入了解等。

最後，值得一提的是「專才不如通才」。從受訪企業主管們列出的管理技巧與能力中，被列排在最前面的幾項能力，都屬普遍性的技巧與能力，反而是專門性的行銷技能被排在最後，被視為是最無關行銷績效的好壞。由此可知，受訪者顯然認為，未來的市場環境越來越複雜，越需要廣泛的核心能力，而非狹隘的專業技巧才能因應。

經過浴火重生，可預知下個世紀的行銷將會更好、更有分量，而未來成功的市場行銷管理必須能夠做到以下三件事：(1)持續推出新產品，不斷提供顧客與眾不同的價值；(2)創造超越顧客期待的服務表現；以及(3)採用競爭手段，締造產業創新標準，搶占對手的市場機會。以上這些才是新行銷的真正內容。

思考問題

1. 行銷角色的變化，帶來的意義有哪些？
2. 如何及早發現危險關鍵的問題，來辨別哪些是真正具有威脅性的通路衝突？
3. 採取行動化解衝突，在決策過程中，製造商應該衡量的因素有哪些？
4. 管理通路衝突的方法有哪些？
5. 什麼是未來行銷人才必備的三項最重要技能？

行銷加油站

求人幫小忙　獲得大成效

　　時不時地，都可能需要說服不認識的人去做一些事情，例如行銷人員想要達成一項交易、辦公室工作人員需要說服新來的電腦技術員先把電腦安裝好、募捐者希望潛在的捐助人能做出捐助的承諾等。

　　行為研究告訴我們，有時請人先幫一個忙，會極大地提高讓對方幫你第二個忙的成功機率。例如，一位研究人員向過往行人詢問比較複雜的路線時，並非所有實驗對象都願意幫忙。但有些實驗對象會先被要求幫一個非常小的忙，比如被詢問當下的時間，差不多所有被問及的行人都會查看一下手錶，然後告訴了研究人員。另外，回應了第一個要求的實驗對象，更有可能回應那個更費時的要求，而這種心理看起來是一種潛意識情感：既然已經幫了一個忙，再幫個大一點的忙，也算是幫人幫到底，有始有終。

　　從先請求幫一個小忙所傳達的資訊中，顯而易見，先行向目標客戶提出一個小小的請求，並不會使他們轉身而去。相反地，如果所提的是小到幾乎每個人都可以應允的請求，這就會讓他們更有可能對你最終的請求作出肯定的回答。

　　以下僅僅是獲得最初小小幫助的幾個途徑：

1. 要一杯咖啡或一杯水。

2. 讓客戶有機會把零錢放進小捐獻箱，不管多小都可以。

3. 請捐助者先同意一份微不足道的小額捐助，然後再提出真正募捐

的請求。

　　行銷人員可先設計一份請潛在客戶幫忙完成一次簡短的調查，這種小小的設局可幫助行銷的成功率。不管所採取的是哪種途徑，最初的進門策略，將會極大地增加之後的商機。

Chapter **8**

促進持續消費心理

01 　讓消費者持續滿意

02 　識別消費者的忠誠

03 　掌握忠誠的消費者

在本章所設定的目標是「促進持續消費心理」，而要討論三個重要議題：讓消費者持續滿意、識別消費者的忠誠以及掌握忠誠的消費者。

消費心理學

01

讓消費者持續滿意

消費心聲

「讓消費者期待更多，就會得到更多」，這是行銷人員學習讓消費者持續滿意的第一堂功課。心理研究為我們提供了對消費行為新的、深刻的認識，其中最重要的發現之一，就是行銷對消費者的實際產品體驗存在潛在的影響。

首先根據「讓消費者持續滿意」的主題，討論以下四個項目：讓消費者期待更多、讓產品的本身行銷、道歉就是有效行銷以及百萬美元泡菜個案。

一、讓消費者期待更多

「讓消費者期待更多，就會得到更多」，這是行銷人員學習讓消費者持續滿意的第一堂功課。這項功課包括了讓消費者滿意與讓消費者具體體驗的兩個主題。

（一）讓消費者滿意

對行銷的價值而言，一位負責廣告、行銷的高級主管，很少有人會貶低它的重要性，但以下三項論調，是不是經常能聽到呢？

1. 我們的產品靠它自己，就能行銷出去了！

2. 我們的產品消費者只要一試，就會很喜歡！

3. 廣告，主要是為了讓人們知道我們的產品。

　　不少的企業高階主管，以為行銷是一種測試消費者最初反應的活動，那就是讓消費者滿意，它的目的在於吸引人們至少購買一次某種產品的行為。消費者對產品滿意了，一旦購買了之後，那就得看產品本身了，消費者可能喜歡，也可能不喜歡，將來會不會買，就取決於消費者究竟是哪一種態度。

　　以上讓消費者滿意的這種說法對是對，但卻忽略了一個重要的事實，那就是消費者對產品的具體體驗，也會受其對產品的期望和看法的影響。

（二）讓消費者具體體驗

　　心理研究為我們提供了對消費行為新的、深刻的認識，其中最重要的發現之一，就是行銷對消費者的實際產品體驗存有潛在的影響。

　　上述的具體體驗，並不是消費者所報告的體驗會受到先入為主的影響，例如一個常見的現象是，消費者購買了昂貴的產品，然後為此找一個藉口說，是對這種產品超級滿意；但實際上並非如此，而要表達的是消費者的實際體驗，例如在消費者為產品找藉口解釋之前，或者甚至還沒有進行有意識的思考之前，所受到消費者對該產品的認知影響。

　　以上這一大膽論斷的基礎，我們以葡萄酒的行銷為例，對葡萄酒進行專門的研究。其實，運用葡萄酒這種產品是一種很好的研究對象，因為大多數人都不是葡萄酒專家，對葡萄酒的認識並不多，反而更容易受到暗示的影響。

　　我們以下列四項觀點，來說明什麼是消費者滿意的具體體驗。

1. 價格影響味道

　　有研究指出，當實驗對象認為是在喝45美元而不是5美元的酒時，儘管這兩個標價的酒，實際上是同一種酒，但心裡感受愉悅體驗的區域活躍

度增高。而實驗對象期待45美元的酒能帶來更好的這種體驗，他們得到了，因爲他們也認爲價格較貴的酒品，嘗起來的味道的確更好。

2. 換個品牌更有效

另一項研究也發現了，在法式自助餐廳裡，就餐者可獲一杯免費的葡萄酒。結果，喝到產自「加利福尼亞州諾亞酒莊」葡萄酒的消費者，比喝到產自「北達科他州諾亞酒莊」葡萄酒的消費者，進食更多且再次預訂該餐廳的可能性更大。其實，這與上一個實驗一樣，所有人喝的都是同一種酒。爲什麼加利福尼亞州諾亞酒莊會比北達科他州諾亞酒莊的優秀呢？這就是所謂的「品牌效應」。

3. 讓期望成爲現實

上述研究指出，消費者對產品的信念可以轉化爲現實，例如消費者相信某種產品更好時，它就會更好；相反地，如果消費者對某個產品有所質疑時，如上例中所提到的北達科他州的葡萄酒，那麼美好的體驗就會逐漸消失。這種情形，對眞正的北達科他州酒莊而言，無疑是令人沮喪的，就客觀而言，即使這些酒的品質是相當的，但該酒莊的消費者還是會覺得他們所喝的葡萄酒的味道，永遠趕不上加州酒或法國產的酒。

4. 行銷的新效用

認爲批評讓期望成爲現實觀點的人，往往會認爲行銷、廣告和品牌運作方面的努力，就是爲了操控消費者，以讓他們購買不需要的東西。還有一種更爲普遍的，也更爲溫和的觀點認爲，這些行銷活動目的在於告知消費者，有他們可能會喜歡的產品，或能以某種方式改善他們生活的產品。

行銷所能發揮的作用，我們可以列出一張清單，各個行銷人員可以具體地再往上添加，例如行銷能鼓勵重複購買、能樹立品牌意識等。上面所提的作用，是指那些清單上所沒有列舉到的，例如行銷可以讓消費者對產

品和服務有更高的預期，而更高的預期會提升消費者對產品或服務的實際體驗等，此一作用應被列於清單之上。對葡萄酒的研究發現，消費者所謂「貴的酒，很可能要比便宜的味道好」或者「加州葡萄酒世界聞名，我以前還真不知道北達科他州也產葡萄酒」這些信念，是影響著他們對產品的滿意程度，而這種已經超出了產品本身的實際特色對他們的影響。

　　由此不難斷定消費者對某一品牌的認知，也同樣會影響其產品體驗。例如，LEXUS轎車在消費者滿意度調查中歷來接近榜首，可以肯定的是，車的實際品質在其中發揮了作用，但諸多其他因素，例如品牌的聲譽、較高的定價、設施完備的經銷商等因素，合在一起才能構建出消費者對此產品的預期──品質超群。只要產品本身不是在大的方面讓消費者失望，那麼買LEXUS汽車與購入另一款同檔次的TOYOTA車相比，前者的實際滿意度很可能要高於後者。

二、讓產品的本身行銷

　　讓產品本身行銷，這是行銷人員學習讓消費者持續滿意的第二堂功課。單靠好的行銷，就能營造出美妙的消費者體驗，這種想法倒是不錯，但實際上顯然並非如此。例如，如果消費者花100美元所買的一瓶葡萄酒的味道像醋一樣，那麼他對品質卓越的葡萄酒體驗的期待，就會被口感極差的現實所破壞。

　　預期與現實之間，如果只有少量觀念不一致，還可以克服，但如果差距過大的話，那麼所有期望就都將煙消雲散。如果消費者意識到他們的預期錯了，那麼他們對該產品的感覺，甚至可能比其實際品質還要差。例如，買一瓶5美元的葡萄酒要是口感不佳，這種體驗可能第二天就忘了，但如果花了50美元買一瓶來自著名酒莊的酒，但其味道就像發霉的瓶塞時，那麼消費者很可能會頓生不滿，也會對該品牌產生長期的懷疑。

（一）符合消費者的期望

　　一般認為產品的各種性能，必須符合一般的期望，這樣才能利用行銷來提升消費者的實際體驗，以便獲得消費者的持續支持。此外，消費者會在多大程度上受到先入之見的影響，這取決於他們對產品有多少專業性的了解，知識、經驗越多，就越會用客觀的因素來判斷產品。例如，一位專業品酒師，是不可能被剛裝瓶的酒所愚弄的。

　　但即便是專業人士也會受影響，例如可以想想有些熱衷音響的人，他們體驗了「平衡石」這樣的奇特配件後，就反映說音響效果更好了，而「平衡石」只是一些小石塊，據說如果將它們在音響元件上放置得當，音質可以得到改善，但事實上，這都是受影響程度的問題而已。又例如，3美元一瓶的劣質葡萄酒，可能馬上就能被一位專業品酒師識破了，但要是好酒，如果鋪墊得當的話，那麼他們可能也會相信，好酒是可以比實際品質更好一些的。

（二）從葡萄酒到品牌期望

　　消費者對產品品牌的期望，受到外界影響超越了產品本身的實質表現。微軟公司飽受詬病的作業系統Vista，從推出之日起就一直頗受媒體負面報導之苦。早期用戶遭遇Vista的軟體缺陷，企業用戶的資訊技術（IT）高階主管們要求著，允許他們繼續使用Vista的前身Windows XP，蘋果公司則用「我是一台個人電腦；我是蘋果公司Mac作業系統」（I'm a PC; I'm a Mac）的廣告，對Vista極盡冷嘲熱諷。

　　即便在Vista的初期缺陷被解決之後，與微軟先前推出的Windows新版軟體相比，人們對Vista的評價依然較為負面。這無疑使微軟高層很苦惱，就好比北達科他州的酒莊，出的都是上等好酒，可是人們依然覺得，它不如來自加州品級較低的葡萄酒好喝一樣。因此，微軟公司借鑒《神經行銷戰術手冊》（*Neuro-Marketing: The Mainstream of Buyology*）採取了一次行動，他們在展開的一項研究中，請實驗對象試用微軟的一種新的作

業系統Mojave並進行評分。

如預期意料的，這款新的作業系統其實就是Vista，而測試結果，軟體用戶最終的表現，就與喝酒的人及其他所有人一樣，容易受到外界的影響，他們對Mojave的評分比先前對Vista評分的人較優者，高達94％。在試用了Mojave之後，人們對Mojave的評分爲8.5分（滿分爲10分），而在試用之前，人們對Vista的評分卻只有4.4分而已。

（三）設置可實現的預期

行銷人員應確保行銷的努力，不但能使消費者購買產品，而且還能在他們試用產品的時候，提升對使用產品的體驗。這就意味著，要對產品的品質、品位、性能或其他任何適用的指標，設置較高但可實現的期望。品牌的定位，應強調那些能正面引導消費者體驗的品質特徵；對產品的低價格或低價值要一筆帶過，而對上乘的口味、精湛的技藝等特點，要施以濃墨重彩。這方面要是成功了，消費者會更高興，銷售額當然也會更高。

三、道歉就是有效行銷

道歉是有效行銷，這是行銷人員學習讓消費者持續滿意的第三堂功課。有時，產品或服務問題會像病毒般擴散。例如，一支名爲《美聯航弄壞吉他》（*United Breaks Guitars*）的網上音樂短片，在網路上鬧得沸沸揚揚的例子，主要闡述加拿大的一位鄉村歌手乘坐美聯航的飛機時，被行李搬運人員將他的吉他摔壞的故事。後經與美聯航交涉，結果航空公司卻將他的索賠案推來推去，最後被明確告訴：「不賠」。因此，這位歌手寫了一首歌《美聯航弄壞吉它》，並拍成MV放在YouTube上作爲「報復」，沒想到在10天之內，這首歌的點閱率接近400萬次。

在這首歌登上YouTube幾天後，除了意外地使這位歌手爆紅外，也得到了美聯航迅速回應並滿足了他的要求。另外，美聯航發言人還對《洛杉磯時報》（*Los Angeles Times*）說：「這段歌曲視頻非常精彩，我們打算

消費心理學

用它來教育培訓員工，以為我們的顧客提供更優質的服務。」

（一）成為公關問題

　　產品或服務問題如未能及時、友好地處理及解決，那就可能成為一個公關問題，也將會對商家產生莫大的影響。例如，有一個「你的酒店非常糟糕」幻燈片的例子，該幻燈片針對的是某俱樂部旅店，所講述的是，一對已確認預訂房間的商務旅行者到店後，卻被酒店告知已無空房，並遭到這家酒店冷漠對待的事情，不僅把他們已預訂的房間給了別人，而且不為此問題承擔任何責任，最後導致成為這家旅店的公關問題，在疲憊不堪的旅行者堅持之下，才為他們在另外一家旅店找到一個房間。

　　在上述的這些事件，吉他視頻將美聯航的客服描繪成冷漠、毫不關心的形象；針對俱樂部旅店放映的幻燈片，以滑稽的方式嘲笑酒店的「夜班職員」等兩個案例中的商家，如果可以及時、友好地解決問題、了結事件，就不至於惡化成為公關問題。而這些類似接下來要談的「百萬美元泡菜」故事，都有著同一個主因，那就是由於最初對客戶服務發生失誤後，因處理不當而進一步惡化的事件。

（二）不當行為的代價

　　美國學者丹・艾瑞里（Dan Ariely）描述了一項實驗，這項實驗演示了簡單的道歉，如何改變了消費者的態度。

　　像艾瑞里的很多實驗一樣，這項實驗表面看似很簡單。實驗招募了一批受試者，承諾在他們完成一個簡短任務後，每人可獲得5美元。為考察他們對研究人員（或研究組織）的態度，這位研究人員在任務結束時，「不小心」向每位受試者多支付了幾美元，且支付方式使受試者能夠很容易私吞差額。對於一半的受試者，研究人員解釋了任務，然後在他們完成任務後支付了報酬。對於另外一半受試者，研究人員在解釋任務的中途接了一個無關的、不重要的手機電話，而且在他掛掉電話繼續介紹時，並未

向受試者解釋和道歉。在兩種情況下，他都付錢給受試者，建議他們數一下錢，然後離開。

　　雖然，虛假電話只占用了12秒，但研究人員粗魯的處理方式，極大地影響了受試者歸還比任務多付款項的意願。常規組有45%的受試者，指出了這個錯誤並歸還了額外的款項，而電話組僅有14%的受試者這樣做了。由上的實驗可知，研究人員僅因幾秒的粗魯，就造成了誠實消費者的比例下降了三分之二之多。

　　艾瑞里認為，粗魯的對待是復仇的動力，在這個案例中，報復意味著不退還多餘的錢。在現實世界中，態度上的變化可以從多方面體現出來，例如消費者也許抱怨、也許回報以粗魯、也許發表貶損的評價或負面的社會媒體評論，或者試圖在其他方面占該公司的便宜等，以補償他們受到的惡劣對待。而如果這家公司特別不走運，這些有怨氣的消費者，將有天賦和有動力創造一些影響範圍會遠超過其朋友圈的東西。

（三）道歉的效應

　　那麼，公司該怎麼做呢？艾瑞里進行了第二次實驗。這次實驗，他加入了第三個條件：研究人員接了手機電話，但是立即為此行為道了歉。資料顯示了一個令人吃驚的變化，那就是收到道歉的這組受試者，歸還多餘款項的比例，與「未受打擾組」的相同，道歉抵消了之前粗魯行為所帶來的影響。艾瑞里的簡單實驗證明了，客服專家早已了解的一個事實，即是真誠的道歉對平息消費者的憤怒大有幫助。

　　有時，公司和員工不願意道歉，反而等於是承認自己的不對，這是個錯誤態度，因為消費者如果遇到拒不道歉的冷漠對待，很可能會繼續抗爭，或發起訴訟，或製作瘋狂的傳播投訴於媒體，這將造成對公司、企業更大的影響。所以，別害怕道歉，因為道歉可能引起的效應，可能會比想像的還要大。

四、百萬美元泡菜個案

多年前，聽過一個關於消費者服務的主題演講，演講者所說的主要內容是「泡菜的故事」。故事大意是，這個演講者準備週日在家裡辦一個大型的野餐聚會，聚會前，他發現泡菜用完了，於是匆忙跑進最近的一家超市，買好泡菜回到家，打開罐子，卻發現最上面的泡菜看似被咬掉了一大口，他的妻子也持相同看法，因此他再一次匆忙跑到這家超市。卻發生了以下這些情形，也這就是整個「泡菜的故事」情況變糟糕的開始。

（一）服務態度惡劣

當他回到原來購買的超市向商家反映時，迎接他的是店員的粗魯和冷漠。店員以懷疑的眼光看著他，並叫來了兩位經理，一邊檢查那罐泡菜，一邊不時地瞟著這位消費者，同時協商著怎麼處理這件事。顯然，他們已經認定，如果說有誰真的咬過這泡菜，那肯定是現在想要換一罐泡菜的這個傢伙。

儘管商店最終讓他換了一瓶，但他們糟糕的態度，加上漫長的等待，使這位演講者發誓再也不在這家超市購物了，並發誓將這件事廣為宣傳，他告訴了野餐聚會上的客人，告訴了鄰居，告訴了聽他演講的聽眾。從這事件來說，根據演講者的計算，1.50美元一罐泡菜的麻煩，卻讓這家超市付出了他和他的家庭成員此後數年，本該會在該店採購數千美元的代價。他估計，即使只有一小部分人聽到這個泡菜故事後，決定試著到別處購物，也會使這家超市損失數百萬美元的銷售額。

（二）損失了數百萬

雖然沒人知道，這位演講者是否真的使這家超市損失了數百萬美元的銷售額，但毫無疑問的，聽眾們已經牢牢記住了這個故事，甚至連不認識這位演講者的人，多年後仍然記得這個故事。可肯定的猜測，雖然這位演講者當時還闡述了很多優秀公司，處理應對消費者投訴的有效做法，以及

很多能夠證明優質服務所能帶來良好效果的、令人印象深刻的統計資料，但至今人們唯一記得的事，似乎只有那個「泡菜的故事」了。

（三）不要製作負面故事

我們知道，故事之所以有助於行銷，部分是因為我們的心裡在聽故事時，會因產生的共鳴而活躍，部分是因為趣聞軼事比統計資料更為有力。故事也會有損於行銷，並會長期縈繞在聽者的心頭，「泡菜的故事」便是此類故事中一個極好的例子。這樣的故事，會在未來的幾年裡，影響人們對這家超市的看法。

儘管我們已記不起那個演講者的姓名、演講的地點、主題和任何其他細節，但這個故事卻長期縈繞在我們的記憶之中，這說明故事是多麼難以忘記。正因為惡劣服務或問題產品的故事令人記憶深刻，讓人們難以忘卻，所以行銷人員的最佳防守策略，就是在這種故事演化成「泡菜的故事」之前，迅速解決每一個問題。

思考問題

1. 行銷人員學習讓消費者持續滿意的功課有哪些？
2. 「讓消費者期待更多，就會得到更多」，包括了哪些功課？
3. 以葡萄酒為例的消費者滿意的具體體驗，說明了哪些觀點？
4. 請簡述如何做到「讓產品的本身行銷」。
5. 請簡述如果「道歉」不當所會引起的影響。

消費心聲

消費者的忠誠，它可以使一個企業或個人提升服務的質量。

承接前節主題，本節以「識別消費者的忠誠」爲主題，繼續討論。討論的內容，包括了以下五個項目：何謂消費者的忠誠、消費者滿意的不足、消費者推介的價值、內部與外部消費者以及高質量忠誠消費者。

一、何謂消費者的忠誠

消費者的忠誠，它可以使一個企業或個人提升服務的品質。爲了清楚理解何謂消費者的忠誠，我們可以先來識別一下什麼不是消費者的忠誠。以下四點，有時經常會被誤解是消費者的忠誠。

1. 單純的消費者滿意

滿意是一個必要的組成部分，但一個消費者可能今天滿意，將來卻未必忠誠於你。

2. 對一些試用或促銷活動有響應

忠誠是買不到的，你必須贏得它。

3. 市場占有率大

你可能因爲消費者忠誠於你以外的原因，例如也許是你的競爭對手很

弱，或者你現在的定價更有吸引力等，而在某一個產品或服務上擁有一個較大的市場占有率。

4. 單純的重複購買

有些人出於習慣、便利或價格原因而購買，但一旦有了其他選擇時，則趨之若鶩。

把以上這些假設的忠誠識別出來，是很重要的，它們會讓你產生一種虛假的安全感，而此時你的競爭對手，可能正在營造名副其實的消費者忠誠。

以超級漢堡個案為例。Steve和Debbie擁有一家獨立的快餐店，名叫超級漢堡（Burgers Supreme），六年多來，他們建立了一個忠實的消費者群體，其中許多人幾乎每天都到那裡用餐。這些消費者，不僅在超級漢堡購買午餐，還把朋友和同事經常帶去那裡用餐，有些常客甚至被取笑擁有這家餐廳的股份。雖然，超級漢堡菜單的選擇很多，但所有的食物都是現做現賣的，但消費者對這家餐廳的忠誠，遠遠超越了美味的食物和公道的價錢。

在超級漢堡店裡，幾乎每一個常客都曾有過這樣的驚喜——Steve、Debbie或者店裡某位僱員會說：「這頓我請了！」老闆、經理甚至僱員都有權給予忠誠的消費者免費的午餐，當然這種待遇不是消費者每次都能享受到的，但它的確反映了餐廳主人相信消費者的忠誠是需要認可的，也反映了他們願意授權讓員工不時地無償贈送一些東西。另外，櫃檯的員工，會以Debbie為榜樣，學習合宜的服務舉止，例如Debbie總是與員工站在服務消費者的第一線，並以身作則，不時地讚揚或者給予糾正建議。員工們以姓名稱呼消費者，微笑、熱情洋溢地解決問題的時候，她在一旁教導，而且為確保餐廳乾淨整潔——即使在午餐最繁忙的時段——來回奔波，忙個不停。

就算面臨著來自全國性連鎖企業，如溫蒂（Wendy's）、麥當勞以及

其他提供相似食物餐廳的巨大競爭，超級漢堡憑著友好、獨特、個性化的服務，可以說贏得了屬於自己的一席之地。因為，對於消費者服務而言，超級漢堡的服務不只是嘴上說說而已，更重要的是身體力行。

那麼，究竟什麼是消費者的忠誠？一個更加信得過的定義，近年來正逐漸形成，那就是大量的實證研究報告，消費者的忠誠最好是定義在以下三個重要特徵下的綜合定義。

1. 它由總體的滿意所推動。滿意度水準低或者不能保持穩定的企業，不能贏得消費者的忠誠。
2. 在消費者這一方面，忠誠意味著消費者心甘情願地與這家企業建立一種長久的關係，來進行持續的投資。
3. 它體現在態度與行為的結合上，包括了重複購買（或者在需要時，重複購買的意向）、願意推薦這家企業給其他人、抵制轉投競爭對手來展示對這家企業的忠心。

蓋洛普（Gallup）民意調查機構最新的研究，證實了以上的這些因素，還把這個概念向前推進了一步，把消費者參與（customer engagement）描述為一個關鍵的變量。《蓋洛普管理雜誌》（*Gallup Management Journal*）在2003年的一篇文章中，對看上去再明顯不過的忠誠與營利性之間的聯繫，提出了質疑。這些研究者，得出了有些類型的消費者的忠誠，可能不具營利性的結論，也就是說，由企業所給出的禮品、折扣或其他補償，所激發或者賄賂而來的重複購買行為，可能是不具營利性的；這些消費者，並不是真正地忠誠；他們只不過是尚未離去的消費者而已。

研究者們接下來指出，忠誠的行為指標經常具有誤導性，因為它們不能區分具有品牌忠誠的消費者與不具有這種忠誠的消費者，或許不忠於這個品牌的消費者才可能顯得忠誠。雖然，他們目前看似是品牌的忠誠消費者，那只是由於消費者的習慣或者是公司還在賄賂他們而已，他們一樣會

受到競爭對手為了引誘他們，所提供的激勵或折扣的吸引。

二、消費者滿意的不足

　　為什麼光有消費者滿意是不夠的？從近期的幾份蓋洛普案例研究中，所提供的證據指出，滿意度測量的結果，告訴我們有關消費者忠誠度的資訊是很少的。就一家領先的連鎖超市的案例而言，從消費者來到超市的頻率，以及到來時消費的金額，可以看成是情感紐帶重要性的證據。

　　低於「非常滿意」（在5分制評分上，其滿意度為1、2、3或者4分）的購物者，每月光顧這家超市約4.3次，一個月平均消費166美元。那些「非常滿意」，但是對這家超市沒有強烈情感紐帶的消費者，光顧這家超市的頻度更低，每月4.1次，而且消費更少，只有144美元。在這個案例中，非常高的滿意度，對商家而言不代表有增加的價值。

　　然而，當蓋洛普考察那些非常滿意，且與這家超市有著某種情感紐帶（高度參與）的消費者時，顯現出一種完全不同的消費者關係，例如這些消費者每月光顧這家超市5.4次，消費210美元。顯然地，並非所有非常滿意的消費者都是一樣的，那些「非常滿意」而且存在強烈情感紐帶的消費者，比「非常滿意」但不存在這種情感紐帶的光顧該超市者的頻度，高出32%之多。

　　上述的案例，有以下三個問題提醒我們：

1. 對於只測量消費者滿意度的企業，這份研究說明了什麼？
2. 想要營造消費者忠誠的組織，面臨的關鍵挑戰是什麼？
3. 你所在的公司如何應用這裡的訊息營造消費者忠誠？

　　從蓋洛普的這份報告所得出的結論是，如果不能夠與消費者建立一種情感紐帶，那麼滿意是毫無價值的。這份研究使用了一系列指標，來定義消費者參與，並總結出對其所購買產品和服務的企業，具有一種依戀感的消費者，是企業難以估價的資源。

另外，許多的案例研究也表明了，高度參與的消費者，對某個商家不僅滿意而且具有情感上的紐帶，因此光顧更頻繁，消費也更多，參與、歸屬等概念提供了不同的方式，表達了消費者對某個商家或品牌所懷有的忠誠。雖然，名稱不一，但早就營造了忠誠必須具備的條件所下的定義，基本上沒有什麼變化，因此消費者的忠誠是服務方面所作努力的最高目標，故與消費者建立一種情感紐帶，對構建忠誠關係是至關重要的。

三、消費者推介的價值

　　弗雷德里克‧賴克爾（Fred Reichheld）是消費者忠誠研究領域的領先者，一個引人注目的大師級人物，他講述了吸引和保持忠誠消費者的重要性。在他最近的一本著述中，賴克爾斷言有一個問題可以道出消費者的忠誠度，這個問題就是：「你會將這家公司推薦給朋友或同事的可能性有多大？」

　　使用以下10分制評分，企業可以計算出它們的消費者「淨推介值」（Net Promoter Score, NPS）。計算方法是從「推介型」（promoters，評分為9～10分）所占的百分比中，減去「貶低型」（detractors，評分為1～6分）的百分比，所得的數字成為一個基線（起點），往後可以重複測量，可以看出企業是否正在取得進展。

　　以下是賴克爾在接受一次訪談時，對NPS所做的解釋。

（一）何謂NPS

　　NPS是一種管理哲學，它基於企業成長的最佳方式，是讓更多的消費者變成推介者，更少的消費者變成貶低者的觀念。NPS也是使得這個哲學，實際可行的中心指標和相關的工具與商業流程。NPS也代表著消費者的淨推介值，正如資產淨值代表財務資產與負債之間的差額，消費者淨推介值把消費者資產與負債之間的差額數量化。只需提出一個問題，消費者就可以被歸入以下三個類型：

(1) 忠誠而熱情的是推介型。

(2) 滿意但缺乏熱情的是被動型。

(3) 不滿意但受困於一種不良關係暫未離去的是貶低型。

我們只需使用公式P − D = NPS，就可以算出NPS分值，其中P和D分別代表推介型和貶低型所占的百分比。對於企業的挑戰就在於，透過提升其消費者淨推介值來促進企業的成長。

（二）NPS與企業成長之間，是否有相關性。

在2003年基於超過15萬個消費者的一份研究中，發現了消費者淨推介值與一個企業相對於其競爭對手的成長之間，有著極強的相關性。從航空業到銀行業，到快遞服務，到個人電腦，擁有最佳NPS分值的公司，表現出超常的成長。在10年時間內實現了可持續增長的公司目標，擁有兩倍於其他公司的NPS分值。

四、內部與外部消費者

一般來說，行銷部門只注重外部消費者，而忽略了內部消費者，這是一項重大的損失，因爲他們是對本公司產品接觸最多的人，也可能是最有資格對產品挑剔的人，包括品質與服務等。再者，他們更是一群最忠實的消費者。

發展消費者服務技能，爲職業成功提供了最有意義的舞臺。無論你爲一家大企業工作，還是經營一個賣汽水的貨攤，消費者服務的原則都是一樣的，消費者對你的看法，攸關你的興衰。對於內部消費者——員工——的服務，與對於外部消費者的服務一樣重要。

我們討論的所有消費者服務原則，都可應用到員工關係上。在這個前提下，無論員工的頭銜、崗位、經驗或資歷如何，他們的首要任務，無一例外，都是公司吸引、滿足並保持忠誠的外部消費者的指標榜樣。

五、高質量忠誠消費者

理解消費者關係與企業成長之間的聯繫，可以從一個簡單的事實開始，例如在商業中，每一個決策最終都會涉及到經濟上的權衡取捨。每一個公司在不受限制的情況下，都希望與消費者有更好的關係；而每一個經營者，在沒有成本考慮的情況下，都願意達成營利目標、賺得可觀利潤，而不會故意虧損。

毫無疑問地，企業為減低以不當方式所得利潤的依賴，建立與消費者高質量的關係，它是需要投資的，而投資理所當然是有成本的，而且一般都是相當不菲。所以，想欺騙或剝削消費者，同時又想與他們建立高質量的關係，根本是行不通的。

然而，真正的問題不僅僅在於成本，還有收益以及兩者間的綜合效果，企業要理解由建立高質量的消費者關係所帶來的經濟價值。他們必須能夠回答，諸如以下此類問題，例如把我們的消費者淨推介值提升10個百分點，需要多少投入？這方面的改進，在我們的財務結果中，將如何表現出來？目前來看，很少有管理者能夠回答這些問題。

美國Costco是一家會員制折扣賣場，在卓越的消費者關係如何產生經濟收益方面，是一個生動的例子。這家企業的NPS分值，達到令人稱羨的81%，儘管在廣告或營銷方面的開銷，少到幾乎可以忽略，但其會員數已經增長到4萬3千個。一個普通賣場要保持4萬種單品，而Costco只有4千5百個——僅限於那些能夠提供非尋常價值的品項，但它的單店銷量幾乎是最接近的競爭對手Sam's Club會員商店的兩倍。

Costco的成功，使其有能力為員工提供很優渥的薪酬體系。新招聘的員工，起薪是每小時10美元（這在零售業算是高的），三年之後，可提升到年薪4萬美元，並享有行業內最好的福利體系。因此，流動率低、工齡長壓縮了招聘和培訓的成本，並提升了工作效率，還為Costco非常低的庫存損耗率（只有行業平均水準的13%）做出了貢獻。

這家企業透過非常優惠的退貨政策，消除不當利潤——除了電腦技術產品限期一年以外，其他的退貨沒有時間限制。在過去的十年（1994至2004），Costco的年收益增長率為17%，同時每年的股價收益超過20%。

從上述例子，有以下二個問題提醒我們：

1. Costco是怎樣意識到內部消費者的重要性？
2. 你認為Costco未來在消費者的忠誠方面，會面臨哪些挑戰？

每況愈下的航空旅行業，引起了行銷界的注意。曾幾何時，商務飛行被認為是優越、富有冒險性而且有趣的，如今幾乎沒有人這樣來描述它了。在「過去的日子裡」，乘客們穿上他們最漂亮的衣服，享受彬彬有禮、身著制服的空服人員的超優服務，所有的乘客都可免費享用飲料和配餐，還有其他有意思的服務，如給成人的撲克牌、枕頭和毛毯，給小孩的趣味活動書、彩筆和玩具飛行員徽章等。

目前，航空業的境況一點一點地在改變了，給乘客的這些好處消失了。隨著成本上升、競爭加劇以及安全要求的提高，空中旅行已大大不如以前那樣令人愜意。現在，飛機的經濟艙可與過去輪船的下等艙相比，頭等艙與經濟艙條件上的差異，在許多人看來更加強化了社會等級的差別。最近，一家航空公司提出了這樣一個想法，那就是開設一種不設座位的飛行艙位，乘客將像抓住吊環的地鐵乘客一樣乘坐飛機，卻被一位專欄作家斥責為：「航空公司把對乘客的集體差辱，上升到一種藝術形式。」

在機場隨便跟誰談一談服務的變化，都可以聽到滿腹的牢騷。這些變化大多怪不得航空公司，但他們卻承受著指責。「友好的天空」到底發生了什麼？

以上的舉例，有以下三個問題提醒我們：

1. 做為一位乘客，你看到了哪些變化？這些變化之中，哪些最令人惱火？哪些看起來是改進了服務？

2. 航空公司的領導者，可以採取什麼行動，來消除這麼多人對這個行業的負面印象？現在正在採取的一些措施中，哪些看起來最具成效？
3. 在你看來，服務質量下降對於這個行業，有著怎樣的長期影響？

1. 請簡述何謂消費者的忠誠。
2. 經常被誤解為是消費者的忠誠之情況為何？
3. 最好綜合定義消費者忠誠的重要特徵有哪些？
4. 請簡述消費者推介的價值。
5. 請對高質量的消費者簡述之。

03

掌握忠誠的消費者

消費心聲

忠誠和信任通常和人與人之間的關係聯繫在一起，但也同樣適用於品牌上。對品牌的忠誠一旦建立，將是令人驚異的一大利器，原因就在於它會減少行銷費用——保留一位忠誠的客戶比費力吸納新的買主要省錢得多。更為重要的是，一位真正忠誠的客戶會轉變為一名強大的品牌宣導者，從而進一步拓展你的行銷疆域。

　　本節以「掌握忠誠的消費者」為主題，將繼續討論以下五項個目：消費者滿意的來源、消費者不滿的誘因、提升讓消費受激勵、消費者滿意的經營以及贏得消費者的忠誠。

一、消費者滿意的來源

　　客觀生活條件，對需求的真正滿意是滿意最明顯的來源，而的確有一些因素能預測幸福，例如收入、健康、有趣又有地位的工作、婚姻及其他社會關係，以及滿意的休閒等。那麼，如果人們的生活條件突然改善了呢？比如說，中了樂透彩或刮彩券中了大獎，有些人可能會比以前幸福了一點，但通常他們的生活也受到了嚴重的干擾，因為他們可能放棄了工作，或搬到一個更富裕但卻不接納他們的住宅區裡，因而他們的客觀生活條件並沒有很大的改善。

如此看來，財富對幸福的影響是如此之小，這是很有趣的事情。由於傳統觀念認為，許多人都相信財富是幸福的一個重要來源，這導致了一個財富幸福理論，因而行銷人員會過分重視金錢魅力，而疏忽了消費者的心理感受，也就是滿意乃是基於現實和最近的生活體驗的評估樣本所做的一種判斷，因此滿意可隨著注意不同的樣本而改變。

例如，讓如果被試者在一個舒適的房間裡受測，那他們的自述滿意度會較高，相對會覺得對自己家的滿意度較低，因為家比不上施測的房間了。同樣的，如果與過去做比較，也會產生這種效果，例如當被試者回想了以前發生的三件特別不愉快的事件後，他們的自述滿意度為7.27，但在回想了非常愉快的事件後，滿意度卻只有6.85。

另外，如果與其他人相比之後，也會有同樣的效應。例如，一項劍橋的研究發現，在英國收入頂端三分之一的英國體力勞工，比同樣收入的非體力勞工的滿意度高，那是因為這些體力勞工將他們自己與其他體力勞工做比較，而後者大多數的收入都較低，但這個研究中的非體力勞工，則比其他非體力勞工的收入低。事實上，這正是幾個很重要的比較領域之中，工人對公平薪酬和其他工人的酬勞多少也很在意，而這種比較是薪酬滿意的一個主要來源，甚至有的工人寧願完全丟掉工作，也不願自己拿的薪水比其他群體的人少。

期望與成就之間的差距，能準確地預測滿意度。由美國學者所提出的「密西根模式」（Michigan Model）認為，目標與成就的差距，一部分是基於與過去生活的比較，另一部分則是基於與「一般人」的比較。這個模式能解釋為什麼滿意度會隨年齡而上升，也能解釋為什麼有時客觀條件改善了，而滿意度反而下降了。例如，過去25年中，美國人的滿意度下降的原因，也許正是因為所期望的上升速度，卻超越了經濟成就可以滿意的速度；同樣的過程也可以解釋，為什麼有教育的黑人，在這段時期內滿意度卻下降的原因。

人們幾乎可以習慣所有的事情，而滿意的一個理論則是，人們只對生

活中最近的變化所做出的反應。研究中一再發現，事故受傷而周邊性麻痺和四肢麻痺的病人，幾乎可以像正常人一樣幸福，這個發現就支持了以上的說法。正如有位學者所指出的，上述的這些病人的幸福感其實比控制組較低，而病人是接受面對面訪視，控制組則是接受電話訪視。研究也發現，在面對面的訪視中，那些被試者報告的滿意度較高，而且某些不幸者的滿意度特別低，例如殘障兒童的母親或寡婦等，而有一組人顯然沒有適應他們的生活情境，那就是憂鬱症病人。但是，也有一個很突出的適應例子，那就是天氣，儘管人們在陽光普照的日子裡比較快樂和滿意，但氣候對幸福並無普遍影響，原因可能是人們已習慣了當地的氣候。

是由於不同領域的滿意，發展出整體的滿意？還是一個更基本的滿意人格特質，引起了特定領域中的滿意呢？從證據顯示來看，以上這兩種因果關係都由於存在，特別是針對廣泛又重要的領域，例如工作等。基本上，上述的客觀生活條件、期望與成就、習慣等，都與消費者滿意的來源，有著密切的關聯。

二、消費者不滿的誘因

如果我們想到純粹的消費者滿意與消費者忠誠之間的關係是相當脆弱的，那麼對消費者不滿誘因的思考，就顯得尤其重要。即使是滿意的消費者，也可能與提供這項產品或服務的企業，保持中立的關係，他們可能對企業少有一種參與感或根本沒有參與感，一件最小的事情都可能招致他們的不滿，服務水準可能會充分地滿足他們的需要，但卻不能激發他們持久的忠誠。

正如有位美國的學者和他的同事多年前研究發現的，滿意的員工不一定是受到激勵的員工，同樣的，滿意的消費者不能假設為是受到激勵的重複購買者。差強人意的服務，不能保證與消費者建立長久的親密關係。

三、提升讓消費受激勵

　　事實上，滿意的消費者可能是出自於慣性而非受到激勵，他們的滿意可能只意味著不存在不滿意，而不是受到激勵而變成忠誠的消費者。在不滿意與受激勵之間，存在著一個「無差異區域」（zone of indifference），那麼挑戰就在於把消費者從滿意提升到受激勵，而做到這一點的最好方式，就是關注消費者感知和消費者期待。

　　即使善於服務的人員付出最大的努力，問題也會不可避免地一再出現，而出現問題時，不要把它看成是不得了的災難，而要把問題視為進一步鞏固消費者忠誠的機會，因為如果消費者沒有什麼特別的要求，那麼人人都能夠提供良好的服務，所以正因在消費者有特殊要求或特殊問題出現時，消費者服務的技能才會受到考驗。

　　對即將失去的消費者進行挽留，可能會提升保持忠誠的可能性，雖然聽起來有些奇怪，然而研究結果表明了，當一個遇到問題的消費者，如果那個問題被立即而有效地解決，那麼將會比那些從未遇到問題的消費者，更可能保持忠誠，即使在那些消費者的問題沒有百分之百地解決到令他滿意的情況下，其忠誠度也將上升。

　　僅僅只是重視消費者的問題並努力解決這件事本身，似乎就已經強化了消費者關係的一個關鍵變量，這也說明了打開與消費者溝通的管道是非常重要的。例如，常言道：「別人想知道你在意多少，而不在意你知道多少！」對消費者真誠的關懷，一定要成為一個組織提升消費者忠誠的各種努力的基礎，向消費者展示你真誠的關懷，則是建構忠誠的基礎。

四、消費者滿意的經營

　　隨著時代發展與市場的變遷，新經營策略層出不窮，目前「消費者滿意的經營」（customer satisfaction management）已成為最受注目的經營策略。所謂消費者滿意的經營，即企業最終目的是不斷提升消費者的滿意

度，站在消費者的立場，以消費者為優先。一旦能不斷提升消費者的滿意度，自然能不斷吸引消費者成為固定、長久支持本企業的消費者。

現在是一個實踐的年代，「消費者優先」不是一種經營的想法、手段，而是站在經營的觀點，真的實踐能滿意消費者的活動。換句話說，就是提高服務的品質，而要提高服務品質之前，必須先了解自身公司的服務品質。

消費者滿意的經營，是企業為了得到消費者對所提供的商品、服務以及企業形象的滿意。因此，定期、持續地舉行滿意度調查，並且根據調查結果，迅速改善不滿意的地方，以追求消費者更高滿意的經營活動。

以下進一步說明，有關消費者滿意經營的四個原則。

（一）確認消費者滿意的要素

究竟什麼要素，才能真正滿意消費者的需求？在過去，商品的價值，例如品質、機能和價格等，滿意消費者的比重相當大，只要物美價廉，消費者就得以滿意。但是在富裕的年代，單憑物美價廉是不足以滿意消費者，現在的消費者也重視商品的軟性訴求，例如設計或使用時的感覺等。此時，購買時的商店氣氛、店員接待消費者的態度等，都是使消費者滿意的要素之一，且比重日趨重要。因此，必須注重企業的銷售方法，想辦法使消費者在購物時感覺愉快。

（二）融合企業文化

對企業的進一步挑戰，不只要滿意消費者，也要考慮到非消費者的權利，如對社會、人類的貢獻及保育生態環境等。例如，日本的一些電器業者，新近開發的靜音洗衣機，就是考慮到周圍鄰居的安寧而設計。又例如，汽車不只是滿意駕駛者本身的舒適、便利，也必須研發出低廢氣排量的性能，兼顧民眾的健康。此外，為保育生態環境，更須研發出省能源、省資源和可再度利用的商品。

（三）企業以身作則

消費者滿意的經營的成功關鍵之一，就是最高領導階層必須相當熱情地來推動，確立以「消費者優先」爲企業的理想，進而創設消費者滿意的經營組織，塑造企業文化，讓企業全員共有消費者滿意的理念。並能客觀、持續實施消費者滿意度調查，分析調查結果，找出企業自身的問題點，掌握消費者的期待，進而擬定、實施商品和服務的改善計畫，最後審查改善實施的結果。

消費者滿意度的提升是永無止境的，因此在現階段滿意度之後，必須再尋找下一個消費者滿意目標，持續向前邁進。

（四）掌握服務的情感因素

卓越服務有賴於消費者的情感因素支持。英國行銷顧問大衛‧弗曼多（David Freemantle）強調，在提供卓越消費者服務並建立競爭優勢中，情感所扮演的重要角色，如果消費者與企業之間不存在情感紐帶，不滿誘因發生的可能性就大得多。在他的著作《消費者喜歡你什麼》（*What Customers Like about You*）中，提出「情感紐帶」（emotional connectivity）處於所有關係的中心，因而也處於卓越消費者服務的中心，當人們在交流中，對於所處的情景以及彼此之間產生真切的感受時，這種紐帶就會存在，當存在情感紐帶時，許多消費者不滿誘因就可以被克服。

弗曼多認爲，有以下七點可以加強這個情感紐帶的個人技能：

1. 當消費者來到時，創造一種溫暖的氛圍。
2. 對每個消費者，發出溫暖而積極的信號。
3. 對消費者的情感狀態，保持敏感。
4. 鼓勵消費者，表達他們的感受。
5. 真誠地傾聽。
6. 找到每個消費者的優點。

7. 摒棄對消費者的任何負面感受。

　　行銷業務就是服務，如果企業不把服務看成他們是運營哲學的一個不可分割的部分，那麼專門設立一個「服務部門」就會被看成是一件多餘的事情。任何部門存在的唯一目的，都是服務於其消費者，無論是內部消費者還是外部消費者。例如，美國諾思通（Nordstom）百貨公司執行官貝西‧桑德斯（Betsy Sanders）就曾說過：「只要你還在給你的服務增加一個額外的動力（例如時間、精力和資源等，以便把服務作爲某種特別項目而孤立開來），結果就會令人失望，服務只有在它是一個內部動力時，才開始有意義。當你把服務作爲企業的支柱、相信沒有消費者你就不能存在時，這種動力便會加強。」

　　總而言之，消費者滿意需要建立在服務的前提下，必須被視爲企業最本質的業務，而非一個次要的功能。一個企業對服務承諾的深度，消費者很快就能看得出，因爲在消費者的眼中，脫穎而出的組織是少之又少的。大多數企業沒有在消費者心中留下什麼印象，無論是好的還是壞的，以致消費者事後根本不會對它們多加思考，更不用說與他人分享這種思考了。消費者忠誠的要素——向別人推薦你的企業——就因爲這種平淡無奇的服務而丟失了。

五、贏得消費者的忠誠

　　如果行銷人員期望贏得消費者的忠誠，有以下兩項功課要學習：贏得消費者忠誠的策略與消費者忠誠的策略規劃。

（一）贏得消費者忠誠的策略
　　怎樣幫助消費者走出無差異區域，使之成爲你企業的「粉絲」呢？以下兩個步驟，是制定一個有效策略的重點。

　1. 減少或去除造成消費者不滿的價值誘因、系統誘因和人員誘因。

2. 超越消費者期待，創造正面口碑。

減少或去除不滿誘因的第一步，是認識到這些誘因的存在。但要如何知道我們會得罪了消費者呢？簡單的答案就是推己及人，站在消費者的角度來考慮問題，客觀地評估消費者受到的待遇，並拿它與你在其他公司受到的對待相比較。例如，美國洋基（New York Yankees，縮寫爲NYY）棒球隊著名捕手尤吉·貝拉（Yogi Berra）曾說的：「只要看，也能悟出些門道來。」同理，只要聽也能悟出些門道來。

（二）消費者忠誠的策略規劃

消費者忠誠的策略規劃，包括前瞻性地考慮必須要做的事情，以維護和提升績效，解決問題，發展員工技能。爲制定規劃，管理者需要在每一個領域設定每週、每月和每年要推進的目標。闡明了一個清晰的宗旨之後，管理者緊接著要徹底全面地考慮以下這些問題。

1. 必須採取哪些具體的行動，以達成我們的目標？企業如何讓員工去執行那些行動？
2. 這些活動將如何實施？需要用到哪些工具或技術？
3. 誰來做這項工作（哪些人、哪些部門或團隊）？這些活動將於何時開展？
4. 企業需要提供哪些資源？

這樣的計畫，需要大量聽取消費者和員工的意見，並且按照他們的意見採取行動。管理者們需要有一個開放的思想，要意識到自己沒有所有問題的答案，許多答案都要從他人那裡聽取而來。

不少企業在制定策略規劃的實踐上，是與優質服務的目標背道而馳的。管理者們可能沒有意識到他們的行爲，已經與目標漸行漸遠了，但是實際情況常是如此。大多數管理者不得不承認，在提供優質服務的領導過程中，「付諸實踐，兌現承諾」上的失誤。

思考問題

1. 掌握消費者的忠誠內容有哪些？

2. 請簡述「密西根模式」（Michigan Model）認為的目標與成就間的差距。

3. 請簡述如何提升消費受激勵。

4. 有關消費者滿意的經營原則有哪些？

5. 請簡述如何贏得消費者忠誠。

行銷加油站

讓目標消費者放鬆心情

在你上次買車時,如果行銷人員請你坐在一把柔軟、舒適的椅子上,那麼有兩種可能:

1. 行銷人員真的很在意,在緊張的價格談判中,你是否坐得舒適?
2. 行銷人員知道,與請你坐在硬質椅子上相比,坐在柔軟、舒適的椅子上,你會願意支付更高的價格。

第二種解釋聽起來有點瘋狂,但我們所有人一定都會說:「椅子硬不硬對我們願意花多少錢買一輛車沒有任何影響。如果說一定有什麼影響的話,硬質椅子會讓我們更急於敲定價格,而且可能會直接把錢放在桌子上當面交易。」

上述結果,恰恰相反。一項由美國麻省理工學院、哈佛大學和耶魯大學共同進行的研究指出,硬質物體會讓人在談判中,變得更加死板頑固。在一系列的實驗中,有一項實驗涉及汽車價格談判。在談判中,實驗對象報出想支付的價格,而這個價格沒有被接受,接著買方再次報價。實驗對象們還被要求評判他們的談判對手。

研究人員發現,坐在軟、硬椅子的實驗對象之間有著天壤之別。坐在硬椅子上的實驗對象認為,他們的談判對手缺乏情感。最值得注意的是,坐在軟椅子上的買方報出的價格,比坐在硬椅子上的買方高出將近40%。簡而言之,硬質椅子不僅能改變買方對談判對手的觀感,還會讓他們更加死板頑固、不肯讓步。

另一個實驗則要求實驗對象或者拿一塊硬木、或者拿一條柔軟的毛毯，然後讓他們給一個老闆和雇員之間的互動交流打分數。與拿著柔軟毛毯的實驗對象相比，手持硬木的實驗對象認為雇員更加死板。

研究發起人認為，這些實驗結果能演化為現實世界中的結果，他說：「我感覺在現實世界中，作決定時的環境壓力會讓人分心，這讓人們更加易於受到觸覺暗示的影響。」

在和潛在消費者打交道的時候，如果想被看起來比較靈活，同時也想讓消費者更加靈活，以達成交易，那麼可採取以下步驟：

1. 請他們坐在軟椅上。
2. 如果要遞給他們什麼東西，應避免硬的東西。
3. 請他們喝熱飲。

這些步驟的綜合使用效果，會讓消費者在情感上對你更加認同，進而提高交易的成功率。

Chapter **9**

排除消費抱怨心理

01 坦然面對消費者的抱怨

02 有效處理消費者的抱怨

03 獲得消費者持續的支持

在「排除消費抱怨心理」的前提下，本章要討論三個重要議題：坦然面對消費者的抱怨、有效處理消費者的抱怨以及獲得消費者持續支持。

01

坦然面對消費者的抱怨

　　今天的消費者到商店消費的是多層次的需要，而不僅僅是有形的商品本身。消費者不僅希望能買到稱心如意的商品，更希望能得到接待人員的關懷和尊重。然而，很多行銷人員並沒有認識到這一點，他們仍然只滿足於向消費者銷售某種品牌或具有某種功能。

　　因此，或者由於行銷人員服務態度簡單粗暴，或者由於商品品質不佳，或者由於售後服務未能及時兌現等等，致使消費者對商場產生層出不窮的抱怨，影響了企業的信譽。

　　在此，首先根據「坦然面對消費者的抱怨」的主題，分別來討論以下四個項目：消費者抱怨的正面意義、消費者有期望才有抱怨、認識消費者的不滿心理以及如何接受消費者的抱怨。

一、消費者抱怨的正面意義

　　行銷人員如果把消費者的抱怨視為敵意的態度，不是一種具有正面意義的態度，那就是一大失誤。別忘了，傳統民間商場的諺語：「嫌貨的人，才是真正買貨的人（台語）。」因此，行銷人員為了達到行銷的成功，就要好好地正視消費者的抱怨，並採取適當的處理。

　　根據一項市場調查的統計，一位不滿的消費者會把他的抱怨轉述給8

至10個人，而企業如果能當場為消費者解決的話，有95%的消費者還會再來店消費，但會流失掉5%的消費者；如果拖到事後再解決，如果處理得好，則會有70%的消費者再來店消費，但消費者的流失率增加到了30%。由此可見，重視消費者多方面的需求，有效地預防、及時地處理消費者的抱怨事件，對商場的經營事關重大，也是每一個行銷人員義不容辭的責任。

二、消費者有期望才有抱怨

對於行銷人員來說，傾聽消費者喋喋不休的抱怨，絕非是一件快樂的事情，甚至許多人一聽到消費者抱怨，便頭疼不已，採取充耳不聞、敷衍了事的態度。其實，消費者對商場的商品或服務有所抱怨，說明了消費者對商場還抱有某種期待和信賴。

讓我們看一個生活中經常遇到的例子。某日，林先生帶著他5歲的兒子去公園，在公園的小攤上看見一種電動玩具小汽車，孩子吵著要買，林先生只好花錢買了一輛。可是到了第二天，不知是小孩玩壞了，還是玩具車本身品質有問題，車子一動也不動了。無奈之中，林先生只好安慰傷心的兒子說：「沒辦法，這是在地攤上買的，過幾天再買一個好的給你。」

幾天後，林先生在公司附近的一家商店裡，看到了同一款式的電動小汽車，於是就買了一輛回去給孩子。雖然，這次的價格比小攤上的貴了些，但孩子卻玩得很高興，可到了第二天，車子又動也不動了。林先生在確認孩子的使用方法無誤之後，便感到十分的惱火，認為在正規的商店買的玩具，絕不應該出現這種情況，於是拿著小汽車到那家商店據理力爭，最後商店又換給他一輛新的小汽車。

看了以上這個例子，讀者是否能得到某種啟發呢？以幾乎同樣的價格，消費了同一款玩具小汽車，卻又在第二天同樣是出現故障情況下，林先生對不同的販售者表現出截然不同的態度。他對小攤主只能一笑置之，

自認倒楣，因為他本來對小攤主的產品品質就沒抱太高的期望，完全是以碰運氣的態度來消費的。然而，對於百貨商店、專業店或一流的大商場，則完全不同，因為這些商店的信譽高，因此林先生就會期待獲得與其相符的商品和服務水準，一旦商場的商品和服務與林先生期望的有出入時，就會產生抱怨，要與之理論，並期望得到補償。所以說，遭到消費者的抱怨，代表這家商店值得信賴，正因為消費者對這家商店的商品和服務有著很高的期待，他們才會有提出最強烈抱怨的行動。

三、認識消費者的不滿心理

以上面林先生的例子，來認識及分析消費者的不滿心理顯然是必要的。在上述的這個過程中，至少包括以下四個項目：抱怨是缺點的所在、對服務水準的抱怨、對商品不良的抱怨以及對服務不佳的抱怨。

（一）抱怨是缺點的所在

當然，我們並不是說消費者抱怨越多，商店形象就越好。消費者對某商場產生抱怨，除了表明消費者對這家商場寄予期望與信任之外，更說明了該商店在提供商品和服務方面，尚存在許多弱點，給消費者帶來了失望。消費者的抱怨越多，也說明該店服務的缺點越多，消費者所抱怨的地方，正是商店做得不夠的地方。所以，消費者的抱怨對企業來說，是非常寶貴的資訊，它可以提升主管和行銷人員們為消費者提供更好的服務。在這項問題上，或許不能完全責怪行銷人員，也有可能是公司管理政策的不當，值得深思。

由此，我們可以得出一個全新的觀點，即所謂消費者的抱怨，是消費者對於某商店的信賴與期待，同時也是該商店的弱點所在。正因如此，不但不必害怕消費者抱怨，反而必須更重視消費者的抱怨，努力改善服務的工作，使消費者對商店更加滿意。

（二）對服務水準的抱怨

消費者為什麼會抱怨呢？一些國際知名企業的行銷經驗中，說明了企業必須力求五個層次的服務水準能緊密配合，以免發生消費者抱怨。而這五個層次的服務水準，分別是：

1. 企業規劃中提供的消費服務水準。
2. 消費者期待企業提供的服務水準。
3. 企業實際能夠提供的服務水準。
4. 消費者感受到企業的服務水準。
5. 消費者最終獲得的服務水準。

在這五者之間，如果有一部分未能配合，消費者的抱怨就會自然發生。對於大型商場來說，導致消費者發生抱怨的因素，最常見的不外乎是，所提供的商品不良及所提供的服務不佳等。

（三）對商品不良的抱怨

消費者對商場所提供的商品不良有所抱怨，主要包括有：

1. 品質不良

例如，床單在經過洗滌後縮水、褪色、變皺；休閒裝遇到汗水變色；旅遊鞋穿上不久後，便斷膠、開線或者出現斷裂等。

2. 商品標示不清楚

例如，毛衣上未標明品質成分；按照商品標示的方法洗滌，卻出現褪色或變形；食品包裝上，未明顯標示生產日期；商品標示的規格，與實際規格有出入；使用說明不夠詳細，商品用了不久便壞了等。

對於由商品品質不良所造成的抱怨，以往商店習慣於推卸責任給生產廠商，在遭到消費者的抱怨後，常常是以廠家信譽不良或產品品質太差作

為託辭，甚至有的商店利用踢皮球的心態，慫恿消費者去找批發商或生產廠商算帳。在今天的市場形勢下，產品品質出現問題，除了生產廠商的責任外，商店作為販售者，也是解脫不了責任的。

（四）對服務不佳的抱怨

商場所提供的服務不佳，並不是單純的態度問題，而是消費者的一種整體印象，主要包括以下三點：

1. 行銷人員的服務方式欠妥

(1) 行銷人員的接待怠慢、搞錯了順序。

例如，當消費者鄰近貨架，要求行銷人員展示、遞拿商品時，卻遲遲得不到行銷人員的接待，甚至後來的消費者已得到接待，而先到的消費者卻仍沒有人招呼等。

(2) 缺乏語言技巧

例如，行銷人員不會打招呼也不懂得回話、說話沒有禮貌或過於隨便、說話口氣生硬不會說客套話等。

2. 行銷人員的服務態度欠佳

緊跟在消費者身後，嘮叨著鼓動消費者購買。行銷人員在銷售過程中，表現出過分的殷勤或不停地勸說消費者購買，都會讓消費者覺得對方急於向自己推銷，在心理上造成一定的壓力；或者當消費者不購買時，馬上板起面孔，甚至惡語相向；再或者對消費者挑選商品顯現不耐煩態度，甚至冷嘲熱諷等。

例如，某男士去商場為太太購買洗髮液，當他按照太太的要求，請行銷人員遞拿「XX」牌洗髮液時，突然發現「XX」牌洗髮液有三種顏色的包裝，他拿不準該買哪一種。於是，他問行銷人員：「這三種顏色是不是不一樣？能不能都拿給我看看？」行銷人員一臉的不耐煩，答道：「當然不一樣，一樣還用三種顏色幹嘛？」

3.行銷人員自身的不良行為

行銷人員對自身工作流露出厭倦、不滿情緒，或行銷人員對其他消費者的評價、議論等。例如，王小姐正在鞋架前搜尋自己的目標，忽然一位行銷人員向另一位行銷人員說：「你看見剛才那個高個子的女生了嗎？像是真有錢的樣子，花錢不手軟，在我這兒一口氣買了三雙鞋。」王小姐聽後，心中頓覺不快，心想，行銷人員這麼缺乏修養，毫無顧忌地議論消費者，服務態度肯定也好不了，自己千萬別在這裡買東西。

四、如何接受消費者的抱怨

常言道：「智者千慮，必有一失」。不論商店如何注意本身的服務態度，如何加強店內商品的品質管理，都難免會因為一時的疏忽，而遭受到消費者的抱怨。也就是說，對任何一流的大商場而言，都不可能百分之百地杜絕消費者的抱怨。那麼，一旦消費者的抱怨產生，最聰明的做法是什麼呢？讓我們看以下一個有趣的例子。

有一天，某工廠的廠長在巡視廠房時，兩位女工對他抱怨說：「我們工廠的伙食太差了，味道不好而且價錢又貴，廠長能不能幫忙改善？」「我馬上處理，請你們放心。」廠長以堅定的口氣回答道。可是，廠長由於工作太忙，第二天就出差到外地去了，忘記向餐廳建議改善伙食的事情。過了些日子，廠長出差回來，又遇到那兩位女工，廠長覺得很過意不去，不知道該對她們說什麼好。可是，那兩位女工卻先開口了：「太感謝您了，廠長，由於您的過問，餐廳的伙食比以前強多了，味道好多了，價錢也不那麼貴了。」廠長一聽，著實大吃一驚。

從上面這個例子，雖然聽起來似乎很好笑，但其中包含著很深刻的道理。它告訴我們，當消費者對商店產生抱怨時，最明智的做法就是誠懇地接受抱怨，然後再採取最適當的辦法處理這些抱怨。

當消費者抱怨產生時，商店千萬不要一味地向消費者解釋或辯白，這樣只會浪費消費者的時間和令他更加反感。如果上面這位廠長不是十分爽

快地接受女工的抱怨，並表示馬上處理，而是說出很多理由為餐廳辯解，即便他的理由很充分，態度很誠懇，也說服不了女工，反而會令女工怨氣更大。

因此，對待消費者的抱怨，首先要做的是「虛心接受」，本著「有則改之，無則加勉」的態度來看待抱怨，其次才是想辦法消除這些抱怨。接受消費者抱怨時，應遵循以下兩個原則：

（一）要耐心傾聽

面對消費者抱怨時，要耐心傾聽、不要與其爭辯。例如，美國紐約電話公司曾遇到一個蠻不講理的消費者，他拒付電話費，聲稱記錄是錯的，還暴跳如雷、破口大罵，甚至威脅要砸碎電話機，另外也寫信給媒體，並向公共服務委員會抱怨，為此與電話公司打了好幾場官司。電話公司曾派出好幾個人去處理此事，但都失敗了，最後公司派出一位最有耐心的職員。那位消費者在這位耐心的職員面前，仍是沒完沒了地大發脾氣。第一次，這位職員靜靜地聽了三個小時，對消費者所講的每一點都表示同情，後來他又去了三次，靜聽消費者的抱怨，而在第四次會談時，那位消費者的態度漸漸地變得友好起來了，結果那位消費者不僅付清了全部的電話帳單，也妥善而徹底地結束了對電話公司的投訴，還說服了這位職員加入他的「電話用戶保護協會」。

對大部分消費者來說，抱怨產生後，並不一定非要商店有何形式上的補償，只是要求能發洩一下心中的不滿情緒，並希望得到店方的同情和理解，以消除心中的怒氣，使心理上得到一種平衡，如果商店連「耐心地傾聽」這一點都做不到的話，對消費者來說，必然是火上澆油，使抱怨升級。

因此，在處理抱怨事件時，首先一定要讓消費者把他心裡的牢騷話全部說完，行銷人員要認真地傾聽，同時用「是」、「確實如此」等語言，以及點頭的方式表示同情，不要面露不耐煩或諷刺、挖苦消費者，更不能

用「不，我沒那個意思」或「根本就不是那麼回事」等話語，來打斷消費者。

當行銷人員自身無法解決消費者抱怨時，必須要請主管出面處理。如果行銷人員或主管能以中肯的態度，讓消費者把話講完，這對消費者將是一個很好的心理安慰，從而有利於抱怨的消除。消費者將內心的不滿發洩得越充分，與商店的衝突就越容易得到緩和。

（二）要從消費者的角度說話

從消費者的角度說話，是非常重要的課題。例如，某女士去商場買電池，回家將電池安裝在石英鐘上後，發現其中一個電力不足（也許根本沒電），致使石英鐘指針不動。於是，她立即回去找到那位賣給她電池的男行銷人員，要求換貨。男行銷人員經過檢測後，發現該電池確屬偽劣品。但這時，他不是坦率地承認自己的過錯（出售時沒檢查），而是埋怨那位女士當時沒提出要檢查。女士大為惱火，和男行銷人員吵了起來。

這時，又來了另外一位女行銷人員，看樣子她是以中間調解人的姿態在勸說女消費者，但說話口氣明顯袒護男行銷人員，她說：「不是已經給妳換了嗎？還吵什麼吵？」女消費者一聽更加憤慨，於是提出要退貨並要見商店負責人。結果，一樁很容易就能處理好的抱怨事件，由於兩位行銷人員的錯誤做法，而逐漸升級。

有句俗語，叫做「將心比心」，也就是說，為人處事要經常用自己的感受，去體諒別人的感受。當消費者投訴時，最希望自己的意見能得到對方的同情和尊重，並希望能夠被人理解。因此，抱怨發生後，行銷人員一定要站在消費者的立場上，經常想一想「如果我是消費者，我會怎麼樣？」對消費者的抱怨，要誠心誠意地表示理解和同情，更要坦承自己的過失，絕不能站在商店或其他行銷人員一邊，找一些託辭來為自己或店方開脫。

在上面的例子裡，如果那位男行銷人員能夠誠懇地說一句：「對不

起！是我的錯，我剛才忘記幫您試一試了。」然後，再換給這位女士一個新的電池，想必這位女士一定會諒解男行銷人員的。同樣，那位女行銷人員在調解的過程中，若能站在消費者的立場上，對女士說一句：「對不起！是我們的不對，不是您的錯。」也不至於讓事態朝更嚴重的方向發展。

總而言之，行銷人員要想讓消費者的抱怨順利解決，在接受抱怨時，就必須要從消費者的角度說話，在抱怨處理中，有時候一句體貼、溫暖的話語，往往能起到化干戈為玉帛的作用。

1. 請簡述什麼是消費者抱怨的正面意義。
2. 企業為避免消費者的抱怨發生，有哪些服務水準的層次須緊密配合？
3. 導致消費者發生抱怨的因素有哪些？
4. 商場所提供的商品不良及服務不佳，主要各包括哪些？
5. 接受消費者抱怨時，有什麼原則應遵循？

02

有效處理消費者的抱怨

📞 **消費心聲**

　　處理消費者抱怨是一門藝術，如果運用得好，不僅可以及時化解衝突，恢復受損的形象，而且還可以縮短與消費者的心理距離，使消費者在諒解、理解之中與商店交朋友，成為商家的忠實顧客。

　　承接前節主題，本節以「有效處理消費者的抱怨」為主題，繼續討論。而討論內容，則包括了以下四個項目：處理消費者抱怨的藝術、處理消費者抱怨的步驟、處理消費者抱怨的策略以及預防消費者抱怨的心理。

一、處理消費者抱怨的藝術

　　日本古都奈良處於青山環抱之中，其風景十分優美。每年春夏兩季，遊人如織，與此同時，大群燕子飛來，爭相在屋簷下築窩棲息。然而，令人不快的是，燕子的糞便經常黏在明淨的玻璃窗和潔淨的走廊上，儘管旅店的服務員不停地打掃，也還是污漬斑斑，令遊客深感不快。

　　這時，該旅店的老闆以燕子的名義給客人寫了一封信：

　　女士們、先生們：

　　我們是剛從南方趕到這兒過春天的小燕子，沒有徵得主人的同意，就在這裡安了家，還要生兒育女。我們的小寶貝年幼無知，很不懂事，我們的習慣也不好，常常弄髒你們的玻璃和走廊，致使你們不

愉快，我們很不好意思，請女士們、先生們多多原諒。

　　還有一事懇求你們，請你們千萬不要埋怨服務員，她們是經常打掃的，只是擦不勝擦，這全是我們的過錯，請你們稍等一會兒，她們馬上就來了。

你們的朋友　小燕子

　　客人們看了小燕子的信，全給逗樂了，怨氣也隨之煙消雲散。

　　這位老闆用了幽默的語言和擬人化的手法，巧妙地化解了此一問題，這種處理方法比直接找客人和服務員交談，效果要好得多。

　　由此可見，處理消費者抱怨是一門藝術，如果運用得好，不僅可以及時化解衝突，恢復受損的形象，而且還可以縮短與消費者的心理距離，使消費者在諒解、理解之中與商店交朋友。

二、處理消費者抱怨的步驟

　　從消費心理的觀點來看，處理消費者的抱怨有以下二個重要的步驟，那就是找出抱怨原因以及即時處理抱怨。

（一）找出抱怨原因

　　處理消費者的抱怨時，首先要正確地找出抱怨產生的原因。例如，行銷人員林小姐平日待客極為熱情，對每位消費者的要求都是有求必應，從不厭煩。有一天，一位上了年紀的老夫人對她的服務卻很不滿意。這位老夫人想買一副老花眼鏡，林小姐看這位老夫人衣著考究，心想她一定想選購比較高檔的眼鏡，於是便拿出幾副價錢貴的眼鏡給她看。可是，這時老夫人只想買一副便宜的試著戴戴看，而行銷人員卻專挑價格高的老花眼鏡給她看，便以為林小姐是故意要把貴的賣給她，所以臉上露出不高興的神情。但是，林小姐並沒有搞清老夫人為何不滿，以為是沒看中眼鏡的款式，便不厭其煩地向老夫人解釋其款式如何舒服，結果老夫人更加不滿，最後拂袖而去。

從上面的案例中可看出，林小姐的失敗在於她不了解消費者產生不滿的真正原因。如果她能清楚其原因，並主動拿幾副便宜的老花眼鏡給老婦人看，情況可能就大不一樣了。因此，要想妥善地處理消費者抱怨，首先要搞清楚消費者為什麼會抱怨，只有明確了解消費者抱怨的真正原因後，才能夠採取真正適當合宜的解決辦法。

　　當消費者有不滿產生時，行銷人員應仔細聽完他的話，然後找出不滿的原因，並要仔細記錄要點，作為彙報給經理時的資料。這些需要記錄的要點，包括有：

1. 發生了什麼事件？
2. 事件是何時發生的？
3. 當時的貨品是什麼？價格多少？
4. 當時的行銷人員是誰？
5. 當時的貨品價格多少？
6. 消費者真正不滿的原因何在？
7. 消費者希望以何種方式解決？
8. 消費者講不講理？
9. 這位消費者是老主顧，還是新面孔？

　　由於在很多情況下，行銷人員自身解決不了消費者的抱怨，必須請上級主管出面解決，因此，這些記錄項目便將成為上級主管解決抱怨的主要依據。所以，行銷人員必須準確無誤地查清以上問題，並清晰地記錄下來。但是，如果行銷人員在調查過程中，消費者要求高級主管或經理出面時，行銷人員要立刻停止調查，馬上報告上級主管。若上級主管恰巧不在時，一定要據實告訴消費者，並且當主管回來後馬上報告，以便採取補救措施。

（二）即時處理抱怨

減輕抱怨的初期訣竅，在消費者抱怨發生初期，如果行銷人員或經理能巧妙地加以平息，往往能得到事半功倍的效果。

面對抱怨初期的消費者，要妥善使用「非常抱歉」來平息情緒。例如，在一家餐廳裡，曾發生這樣一件事，那就是有一位消費者在用餐時，突然發現菜裡有一根菜枝，頓時勃然大怒，他氣沖沖地找餐廳經理投訴。餐廳經理耐心地聽完消費者一連串責問和抱怨後，關切地說：「真是對不起！這根菜枝有沒有斷截，有沒有卡在您的喉嚨上，菜枝卡在喉嚨上可是很難受的。」這樣的一句話，使得消費者的火氣消了一大半，但是他還不肯走，繼續給餐廳的工作提出批評建議，比如廚房工作人員應嚴格戴安全帽、不許留長頭髮的人進廚房等，對此，餐廳經理表示了謝意，並誠懇地向他表示道歉，同時通知廚房重新為消費者換上一份新炒的菜。

餐廳經理的誠懇態度，使這位消費者深受感動，在離開餐廳時，他抱歉地對餐廳經理說：「剛才我態度急了點，有些言語也太重了一些，請不要見怪！」餐廳經理則真誠地表示：「今後一定會按您的建議來改善服務工作，堅決杜絕此類事件再次發生！」

三、處理消費者抱怨的策略

不論哪種情況，造成的結果都讓消費者的情緒極為激動，乃至一般的道歉並不能馬上平息他的憤怒，溝通也無法正常進行，甚至還會影響其他消費者。在這種情況下，首先要做的是找出消費者生氣的原因，然後採取各種措施來緩和消費者的怒氣。一般可採取以下三種策略：撤換當事人、改變場所和改變時間。

（一）撤換當事人

當消費者對某行銷人員的服務與溝通感到強烈不滿時，便會產生一種排斥心理。如果該行銷人員繼續按照自己的想法向消費者解釋，那麼消費

者的不滿與憤怒，將會更加加劇。

在此情況下，最好的辦法是請該行銷人員暫時迴避，另請一位店方人員充當調解人。這位調解人最好是一位有經驗、有人緣的高級主管，如商品部經理、公關部經理或營業組組長等。由高級主管出面調解，消費者有受重視的感覺，心理上容易得到一種寬慰。此外，由於高級主管具有一定的權力和威望，他的話容易使消費者相信。再者，由於高級主管有權做出某種決定，因而消費者認為與之溝通能夠切實解決問題。所以，由高級主管出面調解，比由其他行銷人員出面調解效果更好。

在調解人面前，消費者為了爭取同情與支持，一般都會把自己表現得通情達理，而不是胡攪蠻纏，所以消費者的情緒容易得到控制，溝通也容易進行。

（二）改變場所

在售貨現場發生的消費者抱怨，經常出現消費者和行銷人員大聲爭吵的情況，兩人吵得面紅耳赤、互不相讓，即使增派調解人，也無法使消費者安靜下來。這時的消費者，有的是屬於天生大嗓門，加之情緒激動，有的則是想借由高分貝的聲音來壓倒對方，以證明自己有理，當然也有個別消費者是屬於胡攪蠻纏者。

當抱怨的消費者在店面大聲吵鬧時，會影響其他消費者的購物情緒，有的消費者只顧看熱鬧而沒了購買興趣，有的消費者則是避之唯恐不及，一走了之。而且，消費者在情緒激動時，也會說出許多不利商店形象的話，諸如你們商店怎麼盡賣些假冒偽劣品、你們這家商店怎麼這麼不講信譽等，甚至抱怨的消費者還可能對其他消費者說：「千萬別買這兒的雞肉，根本不新鮮！」諸如此類的話語，這對商店的影響是極大。在這種情況下，調解人首先要穩定自己的情緒，不能受消費者情緒的影響，而違背了自己作為中間調解人該有的立場。

其次，要請消費者到另外一種場合進行交談。要注意的是，讓消費者

獨自等待的時間一定要適當，如果時間太短，那消費者的情緒可能尚未完全緩和下來，容易再度發怒；而時間太長，消費者又會認為沒人理他，可能火氣更大。所以，一般讓消費者獨自等待的時間以5～10分鐘為宜。

（三）改變時間

如果更換調解人員，改變溝通場所，都不能平息顧客的怒氣時，最好的辦法就是取消當日的會談，改在第二天進行。例如，調解人可以對消費者說：「真是對不起，今天我們的負責人剛巧出去了，明天我們負責人會到您家中去拜訪您。」或者說「今天我們經理太忙，實在抽不出空，您先回去休息，明天我們經理會專程到家中拜訪您。」這時千萬別忘了仔細記下消費者的住址、電話，然後每天派人到消費者家中拜訪、道歉，直至消費者滿意為止。

到消費者家中拜訪，為了儘快得到消費者諒解，可以準備些小禮品以表誠意，這些小禮品並不一定十分貴重，但品質必須要有保障，絕不能將不新鮮的水果、假冒名牌的菸酒及劣質的工藝品送給消費者，這樣反而會讓消費者更加反感。

一般來說，經過一夜的休息，加之店方第二天如約前來拜訪，消費者的態度都會有所轉變，此時再向消費者誠懇地道歉並加以解釋，消費者就容易接受了。

四、預防消費者抱怨的心理

「防患於未然」，從預防開始，將消費者的抱怨消滅在未發生之前，這是商店對消費者抱怨所應採取的最主動積極的態度。企業若想有效地防止消費者產生抱怨，必須從以下幾個方面做起：

（一）銷售優良的產品

提供優良而且安全的商品給消費者，這是預防消費者產生抱怨的最基

本的條件，它包括有：

1. 在經過充分市場調查的基礎上，訂購優良而且能夠反映消費者需求的產品。隨著市場經濟的繁榮發展，消費者收入的不斷提高，消費者的求新、求異、求美心理增強，精神需求比例增大。例如，要求商品的藝術造型多樣化、款式新穎；要求縮短購物時間和家務勞動時間；要求產品具有多功能和使用方便等等。因此，商店要向消費者提供多類別、多品種、多等級的商品，以滿足其需求，同時要求商品要不斷更新，日新月異。

2. 確實掌握產品的材料以及保存方法，以便在產品銷售時，為消費者提供更多的有關知識。由於科學技術的發展，導致以新原料、新工藝為特徵的新產品大量問世，同時也帶來了不少新問題。例如，一件看上去非常美觀，新穎的襯衫，洗過一次之後便出現變形等，諸如此類問題，使消費者產生不少煩惱，且使商店也遭受不少抱怨。為防止這類由於缺乏新產品使用知識而出現的抱怨，商店購進新產品時，一定要與生產廠家或批發商充分溝通，得到品質保證之後，才可以安心地訂購。

（二）提供良好的服務

如果說，提供優良的產品，以防止消費者抱怨的目標，並非行銷人員本身能左右的話，那麼，提供良好的服務以預防消費者抱怨，則主要取決於行銷人員本身了。行銷人員自身素質的高低、服務技能和服務態度的好壞，是影響商店服務水準的最重要因素。

因此，提供優良的服務，首先要從行銷人員做起，它包括有：

1. 做好職前培訓

培訓內容包括服務態度、服務技能與崗位制度等三方面。其具體內容包括：

(1)銷售人員的責任：為消費者提供盡善盡美的服務。

(2)培養行銷人員的性格：能親切和藹地接待消費者。

(3)銷售技術：

    a. 迎接消費者。

    b. 對消費者的心理活動要敏感。

    c. 介紹商品的方法。

    d. 積極銷售的方法。

    e. 銷售商品包裝方法。

    f. 歡送消費者的方法。

2. 舉辦各種業務競賽活動，促進行銷人員整體業務水準的提高。

例如，在某家百貨商場曾舉辦過一場別開生面的青年職業高手業務技藝展示會，會中十幾位服務明星各顯神通，從快速安裝助動車、摩托車、巧妙搭配服飾、嫻熟彈奏電子琴，到高級音響的調音、電冰箱的簡易裝配、巧手捲布等，令光顧商場的消費者大開眼界，也令商場的其他行銷人員敬佩不已。類似透過這類表演、競賽活動，鼓勵服務水準高的行銷人員，鞭策業務技能差的行銷人員，從而促使整個商店服務水準的提高。

3. 採取強制性措施，督促行銷人員不斷改進自己的服務工作。

為了提高行銷人員的服務水準，改善行銷人員的服務態度，商場應制定一些有關的規章制度，例如某家電子公司規定，行銷人員如果頂撞了消費者就要受罰的規定。

除了制定規章制度以外，還可以透過一些有效的活動來監督行銷人員的服務態度，以提高其服務品質。例如，推出「模擬購物」的活動等，美國紐約大學與某社區合作，從2004年開始舉辦模擬購物活動，他們每月邀請各界人士，在介紹了相關法規和商場有關服務標準後，每人發給獎金，請他們以消費者身分到特定商場來看、聽、問、購物和退貨，將親身體驗

和意見反映給商場。透過這項活動，模擬購物員為商場發現了不少問題，也提出了許多建議和意見，而且透過此一活動，大大提升了行銷人員的工作熱情，並解決了許多長時間無法解決的問題，收到了較好的效果。

（三）注意店內的安全設施

如果消費者在商店發生意外而受傷的話，不管商店方面如何振振有詞，其責任也是無法推卸的，因為這是店方的安全措施做得不夠理想所造成的，所以一定要做好店內的安全及保衛工作。

首先，要經常檢查展示櫥窗的玻璃、天花板上的吊燈、壁飾等，是否有破裂、掉落的危險；地面、樓梯是否過於潮濕、光滑等等，以免消費者被砸傷或跌傷。

其次，大型商場一定要預先設立當發生地震、火災時用的緊急出口、太平梯和逃生路線，防火設備要經常檢查，如果緊急出口或太平梯的通道上堆滿貨物的話，萬一發生事故時，就可能發生悲劇，因此一定要禁止在這些地方堆放物品。

此外，保證消費者的財產安全，也是防止抱怨產生的一項重要內容。例如，有位女士在某商場服裝櫃檯前選試衣服時，忽然聽到行銷人員說：「您的包被人偷了！」女士轉身欲追，卻又被行銷人員攔下，要其先脫下正在試穿的衣服，耽擱之中，小偷已跑得甚遠。女士大喊捉賊，但商場保安人員卻無動於衷，眼睜睜地看著小偷逃之夭夭。為此，該女士投書新聞媒體，要求商場給予一定的賠償。

該女士的遭遇見諸報端之後，社會上反應強烈。儘管對「消費者在商場內購物時財物被盜，是否該由商場賠償」此一問題，目前尚無定論，但這家商場置消費者利益於不顧，當小偷作案後，保安人員和行銷人員不是幫助消費者，而是只顧保全商店自身利益的做法，引起了公眾的不滿，除了這位女士外，還會有許多人因而不再光顧這家商場。

思考問題

1. 處理消費者抱怨的步驟有哪些？
2. 找出消費者生氣的原因後，可採取哪些策略來緩和消費者的怒氣？
3. 企業若想有效地防止消費者產生抱怨，必須從哪些方面做起？
4. 預防消費者產生抱怨的最基本的條件，包括哪些？
5. 行銷人員要如何做，才能提供優良的服務？

03
獲得消費者持續的支持

消費心聲

消費者的不滿是企業永續經營的最大障礙，反之，獲得消費者持續的支持，則是企業成功的關鍵。

我們在本章第一節討論過「坦然面對消費者的抱怨」，第二節討論過「有效處理消費者的抱怨」，本節將根據前面的背景，以美國早期（20世紀50年代）建築業巨人「里維村」的個案，繼續探討如何「獲得消費者持續的支持」。而討論的內容，包括以下四個項目：里維村創建的個案、在奮鬥中尋求支持、在消費者支持上站穩以及以定價獲得持續支持。

一、里維村創建的個案

回顧20世紀，全球有多少大小企業倒閉？有多少大小企業被併購？倖存的企業剩下多少？有多少新興企業的崛起了又倒下？我們在這裡要找出其中具有代表性的企業，來探索該企業為何能獲得消費大眾的持續支持，以及取得持續成長的過程。由於筆者的地緣關係（居住大紐約地區30年），於是選擇了在長島發跡的「里維村」建築業巨人為個案，內容分為里維村的創建、如何在奮鬥中尋求支持、如何在消費者支持上站穩，以及如何以定價獲得消費者的持續支持等四個階段，來探討獲得消費者持續支持的原因。

幾個世紀以來，營造商在紐約地區都是一幢一幢、慢吞吞地建造房

子，而現在突然間出現了一個營造商，一下子就蓋起了整個村莊，大家叫它「里維村」（Revie village）。里維村的創建打破了傳統經營思維，同時也勇敢嘗試了新的挑戰。

亞伯拉罕‧里維（Abraham Revie）和兩個兒子，在美國的營造界名氣相當大，他們的專門技術是建造小型的、單戶家庭住的房子，著眼點在於盡力使價格低廉。他們創造了新的方法，同時也凝聚了在經濟上中下階層的社區意識。自世界上有營造商以來，他們比任何營造商都更有實效。他們家的名聲以及里維村這個相關的名字，在美國和大部分的西方世界已經是家喻戶曉了。

有些建築師、社會學家，還有其他的人，抱怨里維這家人造出美學上和社會上的廉價怪物房子，漫畫似的郊區，軍營似的房子，住著思想一致社區的人們。但是，不管這些評語是否有根據，有三個事實是無人可以爭辯的：首先是，如果不是里維這家人，那些現在住在他們所建房子裡的人，連比現在一半好的居住環境都得不到；其次，里維村父子獲得了購屋消費者的一致持續支持；最後的事實是，在他們精明的經營之下，為他們開發了大筆財富。

二、在奮鬥中尋求支持

里維企業王國是在奮鬥中尋求消費大眾的支持，這是他們邁向成功的第二階段。里維企業是1929年在紐約長島創立的。亞伯拉罕‧里維本來是從當律師開始他的事業的，後來他開始注意到紐約市發展得太快，而住到長島去的人越來越多，有些靠在長島建造房屋的人，變得越來越有錢。主要的原因是，每個小城都由中心點向外發展，等中心地區住滿了人之後，外圍地區又會客滿，而營造商把利潤放回口袋，又移到另二個外圍地區。

於是，亞伯拉罕‧里維決心建造一座房子，那時他的大兒子剛好由紐約大學畢業，主修企業管理和經濟學，於是父子兩人共同進入營造業。亞伯拉罕的另一個兒子，被他的營造事業深深地吸引，後來也加入了家族

的行業。他們建立了一座房子，很快地賣掉，賺了一大筆利潤，因而增進了他們的信用價值，比較容易地從銀行借錢，買了好幾塊外圍地區的地皮。里維父子公司就發展起來了。

他們家的事業開始時並不是發展得很快，在經濟大恐慌那段時間更不是一帆風順。在那個階段，里維父子公司毫無特殊之處，不過是散布在全美國的幾千個小營造商之一罷了。正像《財星雜誌》（*Fortune*）後來所評論的「營造事業，在那段時間裡是美國資本主義之恥」。在美國當時各主要企業裡，營造業是唯一還不懂得利用大量生產或巨型企業組織，以便節省人力和物力的行業。當時，美國所有的營造商都是小型的，每一次只建造一、兩幢房子。

早在1935年，亞伯拉罕就跟他的兩個兒子談論這個恥辱，但也沒有清楚地找出解決的方法。爸爸亞伯拉罕是三個人中最具有社會思想的人，他喜歡說廉價的房子是資本主義欠人民的一筆道德債。大兒子是個有魄力、積極的商人，也是個敢下賭注的人，他相信以大量的生產方式來造房子是行得通的，定價比一般方式建造的類似房子要便宜三分之一，仍然能賺得滿意的利潤，而且更能夠獲得消費者大眾的支持。

但是，小兒子是建築師，卻擔心大量生產可能會造成低級品的疑慮，最後他決定以卓越的設計應用在房子上，可以很便宜地的大量生產，因為建築師和庭園整理人員的費用，可以由許多家的房子來分攤，而不必只由一家獨資。但在30年代中期，幾乎每一個營造公司的信用價值都不好，因此和銀行貸款不易，所以有關於廉價房子的談論，也僅只是隨便談論而已。

1930年，里維父子公司建造了許多房子，然而仍是以傳統的方式，一幢一幢地造的。那些都是坐落在理想的環境裡的好房子，其土地價值至今仍在上漲，例如有些里維父子早期營造的房子，新的時候一幢1萬美元，今天卻漲到50～60萬美元。但是，這種價格的上漲，並不是里維一家致富的源泉。

第二次世界大戰初期，里維突然有了一個機會可以嘗試他們的夢想。美國政府需要在維吉尼亞的諾佛為那些軍事人員建造1,600幢房子。這些房子必須便宜，而且必須很快地完工，於是政府開始公開招標。當時，全美國幾乎沒有人願意和里維這家人做同樣瘋狂的夢。多數營造商在投這個標的時候，還是根據以往他們每次只造一、兩幢房子的費用和時間來考慮，但里維父子則相反，決心大顯身手，做出個樣子。

幾年來，亞伯拉罕一直跟他的兩個兒子琢磨大量生產房子的問題，而他們已經大致地知道利用這個方法可以省下多少錢，但這個方法還沒有真正地試驗過，更不用說在1,600幢房子的規模上進行嘗試，而且沒有任何前人的經驗可以參照。根據大家的看法，這家人的夢想純粹是扯淡，但里維父子可不在乎這些，他們根據大量生產的想法投了標，價錢自然比一般標價要低好多。

政府的主管人員起初還以為他們一定是估錯了。「不」，亞伯拉罕回答一名政府官員的電話說：「沒有錯，這是我們投標的數字。」那名官員沉吟了許久才整理好他的思緒，終於靜靜地說：「老天爺，你要破產的。」然後掛斷了電話。里維一家人並沒有破產，相反地，他們發現事實變得比夢想更理想。他們低價購進大批木材和其他材料。他們利用機器一次性地切割木材，取代木匠的手工方式。由於工程浩大，電工和水管工也樂於以低報酬受僱。最後，他們不只從這個工程賺了不少錢，而且完工日期也比他們自己或任何其他人所料想的還要早幾個月。

三、在消費者支持上站穩

許多企業站了起來，可惜不久又倒下，最大的原因在於未能受到消費者的支持。里維父子打破傳統企業的產品市場取向思維，而採取消費市場取向。大戰之後，在其他營造商人驚訝的注視之下，第一批大量生產的房屋群「里維村」在長島出現了。

里維先買下好幾千畝種馬鈴薯的土地。然後，把那個在諾佛玩過的戲

法，應用在這個大十倍的規模上，從1947年到1951年的五年之間，他們大規模地建造了17,450幢房子，又在別的地方小規模地蓋了2,000幢房屋。這五年中所造的將近20,000萬幢房子，總價值在1億7千萬美元左右。

里維村的房子1947年一幢以8,900美元到10,900美元的價格出售（2014年轉手的價格是5、60萬美元）。這個非整數的定價首次被應用在房屋銷售上，價格又低得這麼可笑，以致里維父子公司根本就不必去推銷，購買者排著隊爭相簽約，結果是紐約州的里維城住進75,000人，他們的手法使得營造企業界迷惑不已。幾個世紀以來，營造商都是一幢一幢、慢吞吞地建房子，但現在，突然間出現了一個營造商，一下子就蓋整整一個村。

有許多評論者不喜歡里維的所作所為，有些人不喜歡里維村的外觀。一個卓越的建築師不滿地說：「它是巨大的郊區貧民區，年代一久，情形就會很糟」。但事實上並非如此，那些房子建成之後，多數價格漲了四倍，可見里維村仍然是人們想住的地方。自然還有一些批評者不樂意里維父子公司賺進的滾滾巨額鈔票，有些國會議員尤其不高興，因為里維村的房子多半賣掉了，錢被里維一家人賺去了，而他們採用的卻是老百姓向銀行借錢而由政府擔保的貸款方式。

憑心而論，這個結果並不是里維使用了什麼不良勾當。戰後，全國房舍大缺，美國聯邦房舍行政處、退伍軍人行政處以及其他的機構，千方百計地幫助營造商營造，幫助購買者購買。政府答應承擔營造商的一些風險，提供一些他們所需的資本，而且以好幾種有利的方式，來幫助人們付錢。里維跟其他營造商一樣，只不過是利用了政府提供的方便罷了。後來，當初批准提供這種方便的國會議員，又因里維和其他人從中受惠而不滿。

在亞伯拉罕·里維去世後，他的兩個兒子把公司發展到了新的高峰，他們在很多其他地方也建造了不少的里維村。1968年，里維父子這個公司一年的銷售額是1億5千萬美元，大約是第一座里維村的總額，現在的里維父子公司是個巨大的、賺錢的組織。里維父子成功地在消費大眾的支持下，實現了發財夢想，也為當時的行銷工作立下一項新的里程碑。

四、以定價獲得持續支持

　　許多人都會羨慕企業的成就，而行銷人員所要關心的是，如何能夠掌握成功的關鍵。里維父子除了大膽打破傳統企業的產品市場取向思維，而採取消費市場取向之外，並大膽地採用了超市小額單價的定價策略，應用在高價的房屋行銷上，這是里維企業獲得消費者持續支持的關鍵。

　　當行銷商做目錄的時候，一般都會把產品的價格訂得僅比後面的整數小一點。例如，在美國便宜的商品，可能會定價為9.97美元，而不是10美元；貴一點的商品，可能定價為499美元或499.99美元，而不是500美元。

　　以上這一策略，乃基於以下的幾種推斷：

1. 一般消費者都會覺得「9美元加零頭」這樣的報價，可能會比「10美元」整數這樣的報價，更具誘人之處，儘管只有幾分錢的差別，但有些消費者會感覺9.97美元這一價格，更實實在在地替他們省了些錢。

2. 當里維村首次把這種定價策略，應用到高單價房屋商品定價上，這個嘗試跌破了許多房屋行銷業者的眼鏡。另外，像美國西爾斯（Sears）這樣的行銷巨頭，雖然他們財力雄厚，能夠對大量的定價方案進行測試，但也傾向於堅持「僅低於後面的整數」此一策略。

　　事實證明這一策略的觀點是正確的，但理由卻是錯誤的，原因是從新的研究中指出了，消費者之所以更接受499美元這一價格，而非500美元，更多是因為前者使用了精確的奇數，而不是因為其價格更低的原因。

　　美國佛羅里達大學行銷學教授研究團隊，曾經透過給幾組消費者不同的起拍價，來測試人們在拍賣場合裡，是如何對定價做出反應的。例如，把定價分別訂為4988美元、5000美元、5012美元等三組，儘管這些價格從本質上來說可能是相同的，但當研究人員讓消費者對拍賣品的批發價格進行估算時，起拍價為5,000美元的那一組，估算的數值要小得多。這一組不僅偏離錨定價格更遠，而且他們估算的批發價還是一個整數。

研究者將這一現象，歸結於我們在初始價基礎上創立的一個內心量尺。例如，如果我們覺得價格為20美元的一個烤麵包機定價偏高，那麼我們們會估計它可能值19美元或18美元；同樣的商品，如果標價19.95美元，我們的量尺就會更精確，就會想到19.75或19.5美元這樣的價格。

為了求證里維企業定價策略的優勢，另一項研究考察了房產價格，研究發現，那些開價為奇數，例如494,500美元的房產與開價為偶數的房產，例如500,000美元，互相做一比較，會發現成交價更接近了賣方的開價。令人不解的是，定價為偶數的房產隨著房齡增加，在市場上貶值得更快。根據這些理論，似乎我們將499美元的產品定價為502.5美元也無可厚非，關鍵是要避免500美元這一令人厭惡的偶數，因為這意味著缺乏精確度，會讓顧客猜想是否400美元這一價格更為合理。

我們依舊認為，消費者在做購買決定時，可能會傾向於略低的價格，而非略高的價格，但研究人員並未直接對這一點進行探討。另外，一個可以進行更多研究的領域，是將精確的定價與最簡單的定價相對比，例如人們可能會在飯店菜單上，看到微小的「99」或「199」沒有貨幣符號，也沒有小數位，會讓消費大眾感覺很新奇。以上這一定價策略，可以給行銷人員提供參考。

 思 考 問 題

1. 請簡述里維村的創建是打破了怎樣的傳統經營思維和如何嘗試新的挑戰。
2. 請簡述里維企業王國如何努力奮鬥尋求消費大眾的支持。
3. 從里維村的個案中，對企業有何啟示？
4. 請簡述如何在消費者支持點上站穩。
5. 請簡述如何以定價獲得持續支持。

行銷加油站

回饋客戶、改變想法

在一家公司發生錯誤時，你才會發現這家公司真正經營得如何，彌補的速度和本質，表明了這家公司的本性。例如，當商家送錯物品後，他們是僅僅提出退還貨品所產生的運費嗎？還是他們是否什麼都沒問，而在次日就將正確的物品送達？抑或是他們解決問題的速度如何？

事實證明，公司回應網上負面評價的方式，也會產生不同的結果。美國某家公司的一項調查指出，在對商家給予負面評價且最終得到回饋的顧客中，有80%最終成為該商家忠實的客戶，而且消費得更多。

另外，在得到回饋的顧客中，幾乎有70%撤銷了負面內容，或刪除負面評價，或重發一個正面評價。從考慮到口耳相傳的力量來說，尤其是負面的口碑，這樣的比率是非常令人吃驚的成績。

雖然從五名不滿意的顧客中，挽回了一名顧客是一個值得讚美的目標。的確，當在網上購物進行評價時，一般都會訪問這家公司的論壇，看一看他們對問題做出回應的速度和效率是如何，而若無人回覆的投訴，這將是一個巨大的危險信號。

快速吸引問題顧客

監測顧客發帖的地方，如Twitter、facebook、博客、評論網站或服務論壇等，然後快速、建設性地讓他們參與進來。別試圖爭論誰對誰錯，如果顧客不開心，只會造成憤怒和怨恨。反之，如能給予一個簡單且真誠的道歉，並講明解決問題的方式，盡量不給客戶造成任何痛苦，如此一來，

不僅有機會留住這名顧客，而且可能會影響到很多其他顧客，甚至會有更好的情況，例如透過一個令人滿意的回覆，也許可以影響到這名顧客，使其刪除或修改最初的投訴。

Chapter 10

滿足消費購買心理

01　消費者的購買心理

02　確認消費者的需要

03　獲得消費者的歡心

在「滿足消費購買心理」的前提下，本章要討論三個重要議題：消費者的購買心理、確認消費者的需要以及獲得消費者的歡心。

消費心理學

01

消費者的購買心理

消費心聲

誰掌握了套科學的銷售方法，誰就等於掌握了接待過程中的主動權，誰就會輕而易舉地將一個個潛在消費者變為現實消費者，相反地，如果忽略它，永遠也不可能成為卓有成效的行銷人員。

在此，首先根據「消費者的購買心理」的主題，分別來討論以下五個項目：消費者的需要層次、消費者的購買心理、消費者的心理變化、獲得消費者的信任以及滿足消費購買心理。

一、消費者的需要層次

需要，在心理學上是指個人內部生理與心理之間的不平衡狀態，它提供了有機體活動的動力，是動機產生的基礎之一。需要，可分為生理需要和社會需要、物質需要和精神需要等兩個面向。個人是一個統一的、有組織的個人，個人的絕大多數欲望和衝動是相互關聯的，驅使人類的是若干始終不變的、遺傳的、本能的需要，而這些需要不僅僅是生理的，還有心理的，他們是人類天性中固有的東西，文化不能扼殺它們，只能抑制它們。人類的需要是以層次的形式出現的，由低級的需要開始，逐級向上發展到高級層次的需要，當一組需要得到滿足時，這組需要就不再成為激勵因素了。

基本需要的特性定義為，缺少它會引起疾病，有了它不會得病，恢復它可以治癒疾病；在某種非常複雜的、自由選擇的情況下，喪失它的人更願意去尋求它，而不是尋求其他的滿足；在一個健康的人身上，它一般是不產生作用的，而是處於一種潛伏的狀態等。

在社會中有許多人，他們的各項基本需要只可能滿足其中的一部分。在人們需要層次的滿足中，應有一個比較確切的描述，即從較低的層次逐級向上，滿足程度的百分比逐級減少。需要各層次，絕不是一種剛性的結構，所謂層次，並沒有截然的界限，層次與層次之間是相互疊合、互相交叉的，隨著某一項需要的強度逐漸降低，則另一項需要就將逐漸上升。此外，可能有些人的需要始終維持在較低的層次上，而沒有向上一層次發展的機會。

各項需要的先後順序，不一定適合於每一個人，即使兩個行業相同的人，也並不見得有同樣的需要，正所謂世界上沒有兩片同樣葉子的道理一樣。層次理論最大的作用在於，它指出了每個人都有需要。身為主管人員，為了激勵下屬，必須要了解其下屬要滿足的是什麼需要，不論主管人員採取的是何種途徑，其措施總是以他對下屬的需要與滿足做為設想的基礎。

需求層次理論是解釋人格的重要理論，也是解釋動機的重要理論，它提出了個人成長的內在動力是動機。而動機是由多種不同層次與性質的需求所組成的，而各種需求之間有高低層次與順序之分，每個層次的需求與滿足的程度，將決定個人的人格發展境界。需求層次理論將人的需求劃分為五個或六個層次，由低到高，並分別提出激勵措施，其理論的一個基本假設就是「人是一種追求完全需求的動物」。

二、消費者的購買心理

我們以如下的案例，來說明消費者購買的心理。例如，張太太去某商場替即將出國的丈夫買外套，在商場三樓的服裝專櫃上，一個個行銷小姐

殷勤有加，每當張太太的目光剛在某件衣服上稍作停留時，馬上就有一個急切的聲音在問：「您想要這件衣服嗎？給多高身材的人買？」甚至當她走得很遠，還聽到身後有人在高喊：「想要不想要，想要給您便宜點！」張太太一開始還頗有禮貌地向行銷人員笑笑，搖搖頭表示歉意。但到後來，當她一次又一次被人打斷思路，根本無法仔細觀看挑選時，她開始惱怒起來，她覺得這些行銷人員就像蚊子，又可怕又討厭。於是，她忙不迭地逃離了三樓。

像張太太在商場所碰到的這些行銷人員，在其他商場也大有人在。這些行銷人員失敗的原因，主要是由於不懂得消費者在商店裡的消費過程，實際上是一系列心理活動過程，絕非一個連續動作「看貨─掏錢─拿貨」這麼簡單。因此，行銷人員必須要掌握一套科學的銷售方法，這套方法包括了了解消費者的消費心理過程，學會在消費者心理過程的不同階段，提供相應的指導和服務。

誰掌握了這一套科學的銷售方法，誰就等於掌握了接待過程中的主動權，誰就會輕而易舉地將一個個潛在消費者變為現實消費者。相反地，誰掌握不了這一套科學銷售技術，誰的接待工作就只能停留在訂貨員的水準上，永遠也不可能成為卓越有成效的行銷人員。

三、消費者的心理變化

消費者在購買商品時，心理的變化大致可以分為五個階段：消費者的注意、消費者的興趣、消費者的聯想、消費者的欲望以及消費者的選擇等。以下就這五個階段，如下詳細說明之。

（一）消費者的注意

消費者如果想要購買一件商品時，一定會先「注視」這件商品。當他經過商店門口時，被店內櫥窗中陳列的商品所吸引，然後進入店裡面，請行銷人員拿出這件中意的商品，再反覆觀看。或者這位消費者起初在商店

內隨意地瀏覽，突然看見了一件感興趣的商品，就會駐足觀看，或叫行銷人員遞給他看。

（二）消費者的興趣

有些消費者注視了商品以後，便會對它產生興趣。此時，他們所注意到的部分，包括商品的色彩、光澤、式樣、使用方法和價格等。當消費者對一件商品產生興趣之後，不僅會以主觀的情感去判斷這件商品，而且還會加上客觀的條件，去做合理的評價。

（三）消費者的聯想

聯想消費者如果對一件商品產生了濃厚的興趣後，就不會再停留在「注視」的階段，而可能會產生觸摸此件商品的欲望，繼而會從各個不同的角度去觀察它，然後再聯想起自己使用這種商品時的樣子。例如，看到一件漂亮的羊毛衫時，便會想：「下次我穿上這件衣服上班時，大家一定會對我大加讚賞，嗯，太棒了！我非買下它不可。」又例如，當經過裝潢店時，看到鮮豔的窗簾布，消費者便會想：「這種窗簾布如果掛在我房間裡，一定會使整個房子增色不少。」就像這樣，消費者把感興趣的商品和自己的日常實際生活聯繫在一起。

這個「聯想」階段十分重要，因為它直接關係消費者是否要購買這件商品。因此，在消費者選購商品時，店員應適度地提高消費者的聯想力，這也是成功行銷的祕訣之一。方法就是，將商品試給消費者看、讓消費者試用等，這些方法都是提高消費者聯想力的一種有效方法。

（四）消費者的欲望

當消費者對某種商品產生了聯想之後，就開始需要這件商品了，這就是欲望的產生階段。但是，當產生擁有這件商品的欲望時，又會同時產生一種懷疑，如這件東西對我合不合適？是不是還有比這個更好的東西呢？等等。像這種疑問和願望，會對消費者的購買心理產生微妙的影響，而使

得他雖有很強烈的購買欲望，但卻不會立即決定消費此種商品，而是將心境轉入下一個「比較檢討」的階段裡。

（五）消費者的選擇

當消費者產生了消費某種商品的欲望之後，就開始在心裡有了作比較、權衡，例如「這個檯燈放在那張桌上好看嗎？顏色協調嗎？有沒有比這個更合適的呢？」等等。於是，消費者就會用手觸摸，用眼睛仔細看，甚至在腦中浮現與曾經看過的此類商品來做個比較，而比較的內容有尺寸、顏色、質料、款式和價格等。

在這個「比較檢討」的階段裡，也許消費者會猶豫不決、拿不定主意，此時就是行銷人員為消費者做諮詢服務的最佳時機了。行銷人員應適時地提供一些意見給消費者，讓他做參考。消費者做了各種比較選擇工作之後，就會覺得：「嗯，這東西的確不錯！」於是，便對這種商品產生了信心，而有了進一步的決定選擇。

四、獲得消費者的信任

要獲得消費者信任，行銷人員必須執行下列三項任務：相信行銷人員、相信商店或製造商以及相信商品。

（一）相信行銷人員

行銷人員如果能對消費者提出有價值的建設性意見，消費者便會信賴他。例如，行銷人員對消費者說：「這種家庭型全自動洗衣機非常方便，洗衣過程全部自動化，您不必在旁邊守著它，髒衣服進去，乾淨衣服出來，能節省您大量時間，對上班族來說，是最合適不過的了。」並且說話時，要盡量誠懇，語調清晰，這樣才能打動消費者，消費者也就會因而信賴行銷人員了。

（二）相信商店或製造商

一般來說，年輕的消費者多迷信品牌，尤其是對一些名牌產品比較崇拜，而年老的消費者則注重商店的信譽，對一些傳統的大商場或老字號大小商店比較信賴。但是，要想永遠吸引消費者，不論是商店還是製造廠家，都必須時時做好產品的品質管制工作，確保產品品質，只有這樣，消費者才能對其商品永遠有信心。

（三）相信商品

消費者如果用慣某種商品，並覺得它不錯的話，就會一直用下去，這就是對商品有信心的表示。這種相信商品的人，大多是自認為擅長於挑選商品的消費者。所謂「行動」，就是消費者在心中決定要消費此種商品，並且鄭重地對行銷人員說「我要買這個，請你幫我把它包起來」，同時當場付清價款。這種對相信商品的消費行動，對行銷人員來說，就叫做「成交」，也就是雙方交易完畢的一種表示。

總而言之，成交的關鍵，在於能不能巧妙地抓住消費者的消費時機。假如能夠把握住這個時機，便能很快地把商品銷售出去，但如果失去了這個好機會，就可能使原本有希望成交的商品，仍滯留於店內。所以，行銷人員在此階段，除了要努力獲得消費者的信任外，更應注意把握好消費者的消費時機。

五、滿足消費購買心理

讓消費者滿足的關鍵，是要能夠掌握滿意的來源。客觀生活條件，對需求的真正滿足是滿意最明顯的來源，而確有一些因素能預測幸福，例如收入、健康、有趣又有地位的工作，婚姻及其他社會關係，以及滿意的休閒等。

一般來說，滿意度會受到天氣、在意的事件以及其他高興來源的影

響。這導致了一個幸福的滿意成分的理論，即滿意乃是基於現時和最近生活體驗之評估樣本所做的一種判斷，因此，滿意可隨著注意不同樣本而改變。

一項英國劍橋的研究發現，位於國人收入頂端三分之一的英國體力勞工，比同樣收入的非體力勞工滿意度高，因為這些體力勞工將他們自己與其他體力勞工相比，而後者大多數的收入都較低，但這個研究中的非體力勞工，則比其他非體力勞工收入低。事實上，這正是幾個很重要的比較領域：工人對公平薪酬和其他工人的酬勞多少也很在意，這種比較是薪酬滿意的一個主要來源，甚至有的工人寧願完全丟掉工作，也不願自己拿的薪水比其他群體少。

渴望與成就間的差距，能很好地預測滿意度，例如「密西根模式」認為目標：成就的差距部分是基於與過去生活的比較，部分是基於與「一般人」的比較。這個模式說明了能很好地解釋為什麼滿意度隨年齡而上升，它也能解釋為什麼有時客觀條件改善了，而滿意度反而下降了。過去二十五年中，美國人的滿意度下降，也許正是因為，他們期望的上升超越了經濟成就可以滿足的速度。

對我們來說，擁有希望和渴望，並隨著成功而向上修正是正常的。但是，太高的渴望對幸福可能是個威脅，而幸福治療有時就要人們將渴望降低。人們可以習慣幾乎所有的事情，而滿意的一個理論則是，人們只對生活中最近的變化做出反應。研究一再發現，因事故受傷而周邊麻痺和四肢麻痺的病人，幾乎是可以像正常人一樣幸福的，這個發現就支持了以上所指出的，這些病人的幸福感其實比控制組低，而病人是接受面對面訪視，控制組則接受電話訪視。研究發現，在面對面訪視中，被試者報告的滿意度較高，而某些不幸者的滿意度特別低，例如殘障兒童的母親或寡婦等。

有一組人顯然沒有適應他們的生活情境，那就是憂鬱症病人。但是，也有一個很突出的適應的例子，那就是天氣。儘管人們在陽光普照的日子

比較快樂和滿足，但氣候對幸福並無普遍的影響，可能是人們已習慣了當地的氣候。

是不同領域的滿意發展出整體的滿意呢？還是一個更基本的滿意人格特質引起了特定領域中的滿意呢？證據顯示兩種因果關係都存在，特別是針對廣泛又重要的領域，比如工作。研究發現，外向人格在社會活動上或許有一個自上而下的效應，而在婚姻滿意上，則有一個自下而上的效應。

所謂「滿足」，包括兩種：一種是購物後所產生的滿足感，包括滿足於買到了稱心如意的商品和滿足於店員對他的親切服務。這種購物後的滿足感，就是消費心理過程的最後一個階段。除此之外，還有一種是商品使用過程中的滿足感。這種滿足感往往需要一定的時間才能體驗到，尤其是耐用消費品，要經過較長時間才能確定是否滿意。

所以，嚴格來講，商品使用過程中的滿足，不包括消費者消費心理過程之中，但它卻影響消費者下次是否再到此店購物。假如一個消費者到某家商店消費物品之後，能得到以上兩種滿足，那麼，當他再缺少什麼商品時，他一定會首先想到這家商店。

以上就是消費者消費心理過程，它包含了消費者在購買商品時所有的心理變化過程。由於消費者及其所選購的商品不同，因此消費心理過程也會有所差別。例如，消費日用小商品時，消費心理就會簡單一些，其中會跳過若干個階段；而消費高檔商品時，消費心理就會複雜，某個消費者心理階段甚至會一再重複。但是，即使是這些特殊的心理變化過程，也不會脫離或超越上述內容，因此只要行銷人員了解並掌握它，就等於完全掌握了消費者的購買心理。

思考問題

1. 需要可分為哪些面向？
2. 個人成長的內在動力是什麼？
3. 消費者在購買商品時，心理的變化大致可以分為哪些？
4. 行銷人員想要獲得消費者信任，必須執行什麼任務？
5. 所謂「滿足」，包括了哪些？

02

確認消費者的需要

消費心聲

　　行銷人員在向消費者介紹推薦的商品之後，接著就要儘快了解、揣摩消費者的需要，明確消費者究竟喜歡什麼樣的商品，這樣才能向消費者推薦最合適的商品，幫助消費者做出最明智的選擇。

　　承接前節主題，本節以「確認消費者的需要」為主題，繼續討論。而討論內容，則包括了以下五個項目：消費者需要的基礎、觀察消費者的需要、傾聽消費者的說話、了解消費者的願望以及積極向消費者推薦。

一、消費者需要的基礎

　　消費者的需要，是根據消費者的消費動機。不同的消費者，由於消費動機不一樣，而會產生不同的消費行為，也就是會消費不同的商品。例如，同樣是買桌子，但王、陳、林三位先生所想要消費的動機就不一樣了，王先生希望買一張式樣美觀又不太貴的桌子，放在起居室裡；陳先生是為孩子選書桌，所以不求漂亮但要尺寸合適，並且耐用；林先生則希望買一張豪華、典雅的桌子，放在會客室裡，接待客人用。

　　由此，我們可以看出三位先生消費的動機不同，選擇的標準也就不同，王先生要求買好看的，陳先生要求買實用的，林先生要求買有派頭可以襯托身分的。所以，如果行銷人員不能把握這三位先生的需求心理，就

可能向陳先生推薦漂亮的桌子，向林先生推薦實用的桌子，而向王先生推薦豪華氣派的桌子，而使大家都沒有了消費欲望。

因此，行銷人員在向消費者介紹推薦的商品之後，接著就要儘快了解、揣摩消費者的需要，明確消費者究竟喜歡什麼樣的商品，這樣才能向消費者推薦最合適的商品，幫助消費者做出最明智的選擇。

二、觀察消費者的需要

經過觀察消費者的動作和表情等方法，來揣摩、探測消費者的需要。

（一）觀察消費者的動作

可以從消費者是匆匆忙忙、快步走進商店尋找一件商品，還是漫不經心地閒逛來觀察，也可以是從三番兩次拿起一件商品打量，還是多次折回觀看等，來注意觀察消費者的這些舉止，也就可以揣摩出他們的心理了。

當採用觀察法時，切忌以衣貌取人，因為每個人的價值觀念不一樣，衣著簡樸的人也可能花大錢購買高級組合音響，而衣著考究的人也可能願意購買折價的家具。因此，我們不能單憑主觀的感覺去判斷消費者，更要尊重消費者的願望。

（二）觀察消費者的表情

當消費者在接過行銷人員遞過去的商品時，他們是否顯示出興趣，面帶微笑，還是表現出失望和沮喪；或者是，當行銷人員向他介紹商品時，他是認真傾聽，還是心不在焉。如果是表現出興趣、面帶微笑以及認真傾聽等表情時，也就說明了消費者對商品的基本滿意；相反的，而若表現出失望、沮喪以及心不在焉等表情時，則說明這個商品不對消費者的胃口。

三、傾聽消費者的說話

高效率的行銷人員應善於傾聽消費者的意見，因為聽聽消費者對這種

商品有什麼看法，對你了解消費者的心理很有幫助，同時消費者對那些能認真聽取自己意見的行銷人員也會非常尊重，這對建立與消費者之間融洽的人際關係十分有益，所以行銷人員應花點時間去聽消費者說些什麼。然而，傾聽消費者意見是一件很有學問的事，行銷人員想要成爲一個好的傾聽者，一般應注意以下幾個問題：

（一）做好「聽」的各種準備

首先要做好心理準備，要有耐心傾聽消費者的講話，其次要做好業務上的準備，對自己銷售的商品要瞭如指掌，更要預先考慮到消費者可能提出的問題，該如何回答，以免無所適從。

（二）給消費者說話的機會

消費者爲什麼要買這種商品而不是那種商品，應該由消費者來告訴你。花點時間聽聽消費者所講的話，會讓你了解許多東西。缺乏經驗的行銷人員，總想滔滔不絕地向消費者介紹商品，結果證明這是非常不明智的。

（三）給消費者有思考的時間

有時消費者講著講著突然停頓下來，這並不是他要講的話都講完了，而是想再考慮一下，此時最好不要插話，讓消費者考慮好以後再把話繼續講完。不過，你也不要毫無表情地站在一旁，而是要用關切地眼神注視著消費者，鼓勵他把話講完。

（四）注意力要集中

行銷人員要全神貫注地去傾聽，而不能心不在焉，更不能流露出不耐煩的表情，一旦讓消費者發覺你並未專心在聽他講話，便可能立即失去了他對你的信任。

（五）不要打斷消費者的話

行銷人員要有耐性，要讓消費者把話講完，然後再發表意見。不管消費者說的話你愛不愛聽，都不要打斷他們的話，因為打斷別人的話是不禮貌的行為。

（六）對消費者的話要有反應

為了讓消費者知道你是在認真地聽他講話，僅是注意力集中是不夠的。為了鼓勵消費者把話講完，你除了用目光注視消費者外，還應不時地點一下頭，如果你再能經常插入這樣的話：我明白您的意思、您是說……、這種想法不錯，或者簡單地說一聲是的、不錯、哦等，那就更好了。

（七）注意平時的鍛練

聽別人講話也是一門藝術，可在平時與朋友、家庭成員和服務對象交談時，隨時都可以鍛練你的聽力，掌握聽話技巧，慢慢地就可以學到許多有用的東西，提升傾聽的水準。

（八）商品介紹

最後，還須指出的是行銷人員在「揣摩消費者需要」此一步驟中，特別要注意的是，要與商品介紹結合。例如，一方面介紹幾種商品給消費者看，另一方面也要注意觀察消費者的表情、傾聽消費者的意見、詢問消費者的要求，然後再介紹消費者感興趣的商品。商品介紹和揣摩消費者需要等兩個服務步驟交替進行，就如同車上的兩個輪子一樣，共同推動行銷的工作。

四、了解消費者的願望

如果透過觀察法，並未能準確地掌握消費者的要求，那麼不妨試一下推薦商品法。可以透過向消費者推薦一至兩件商品，來觀看消費者的反

應，便可以了解消費者的願望了。例如，有一位消費者正在觀看一款石英鐘，這時行銷人員就應當走過去與他打招呼，如果消費者只是簡單地應酬了一句，那你就可以採用以下的方法，來探測這位消費者的需要。

行銷人員：「您對這款石英鐘很感興趣，對嗎？」

消費者：「我自己也說不清，家裡的鬧鐘不準了，害我今天上班又遲到了！」

行銷人員：「這是很常見的事，我相信我能介紹一款讓您滿意的石英鐘，請您看看這款石英鐘。」

行銷人員一句試探性的話，就把消費者的需要「引」了出來，至此行銷人員便清楚了消費者的消費動機，然後再透過推薦幾款的石英鐘，便能對消費者喜愛什麼樣式、什麼價格和哪個品牌等，都能了解得清清楚楚。

假如，行銷人員換一種方式，不是以介紹消費者所看的石英鐘為話題，而是採用一般性的問話，例如：

行銷人員：「您要石英鐘嗎？」

消費者：「不，我先看看再說。」

行銷人員：「假如您需要的話，我隨時可以幫忙。」

這種問話方式，雖然比「您要買什麼東西呢？」要好得多，但是行銷人員卻沒有得到任何關於消費者消費需要的線索。所以，行銷人員透過觀察消費者的舉動，再加上適當的詢問和推薦，就會很快地掌握住消費者的需要了。

五、積極向消費者推薦

行銷人員可以提出幾個經過精心選擇的問題來詢問消費者，以求了解與確認他們的真實想法。不過，這種詢問需要講究藝術和技巧，它必須有助於行銷人員達到能從消費者那裡得到有用的資訊、能密切與消費者感情

上的聯繫、能準確地掌握消費者的消費動機等目的。

（一）從消費者那裡得到有用的資訊

　　缺乏經驗的行銷人員常犯的一個錯誤，就是過多地詢問消費者一些不太重要的問題，使消費者感到你這個行銷人員非常懶惰，不願意積極為消費者當參謀，對業務十分不熟悉，因此他不會十分信賴你。以下讓我們來看看一個例子：

　　有位消費者走進商店想要買襯衫。

　　消費者：「我要買一件襯衫？」

　　行銷人員：「您要西服襯衫？還是休閒襯衫？」

　　消費者：「西服襯衫。」

　　行銷人員：「多大尺寸的？」

　　消費者：「16號半的。」

　　行銷人員：「長袖還是短袖？」

　　消費者：「長袖的。」

　　行銷人員：「什麼顏色的？」

　　消費者：「白色的。」

　　行銷人員：「您準備買什麼牌子的？」

　　消費者：「不知道。」

　　行銷人員的重要職責，是幫助消費者挑選商品，是指導消費者消費，怎麼能採用這種被動的問答式服務呢？

（二）能密切與消費者感情上的聯繫

　　而另一位經驗豐富、對業務熟練的行銷人員，又是怎樣詢問消費者的呢？

　　消費者：「我要買一件襯衫。」

行銷人員：「襯衫放在那邊。」

行銷人員邊說邊領著消費者走到襯衫貨架前說：「您喜歡西服襯衫？還是休閒襯衫？」

消費者：「西服襯衫。」

行銷人員：「您合身的襯衫這裡有許多種，長、短袖都有。」

消費者：「我想要一件長袖的，尺寸是16號半的。」

行銷人員幫助消費者從貨架上選擇了幾種襯衫，遞到消費者面前。行銷人員看見消費者好幾次都考量著白襯衫，然後問道：「您是不是想買一件白色西服襯衣呀？」

消費者：「是的，我一直都穿淡藍色的，這次想換一個顏色。」

行銷人員：「我發現越來越多的消費者都買白襯衫，看來人們的眼光都差不多。」

請看這位行銷人員是怎樣幫助消費者的，他先問消費者一、兩個問題，然後就拿出幾件襯衫給消費者看，行銷人員對襯衫只做一些推薦性的介紹，並沒有要消費者句句都回答。雖然，「您合身的衣服這裡有許多種，長、短袖都有」這句話雖不是直接發問，但意思是在問消費者要長袖還是短袖，以及具體的尺寸號碼，消費者聽了這句話，自然而然地便會主動提出自己的想法。

上述的這位行銷人員，在銷售過程中不斷地觀察消費者的表情，並以有選擇地的問題來詢問消費者，準確地判斷消費者的心理，自始至終和消費者保持一種思想感情交流，像這種公關技巧無疑就是每個行銷人員都應達到的上乘功夫。

有句古話：「世上事有難易乎？為之，則難者亦易矣，不為，則易者亦難矣！」也就是說，有些事情難以做到，那是因為我們在還沒有動手前，就喪失了信心，從而放棄了去做的機會，而不去做，任何事情都是難做的，所以不要在事情還沒開始時，就自己先打敗了自己！

消費心理學

（三）能準確地掌握消費者的消費動機

另外，以下的案例，也可說明如何準確地把握消費者的消費動機。2001年5月20日，美國一位名叫喬治・赫伯特（George Herbert）的行銷人員，成功地把一把斧頭推銷給了小布希總統，布魯金斯學會（Brookings Institution）得知這一消息後，便把刻有「最偉大推銷員」的一隻金靴子贈予了他。這是在1975年訪學會的一名學員，成功地把一台微型錄音機賣給尼克森總統以來，又一學員登上了如此高的門檻。

布魯金斯學會創建於1927年，以培養世界上最傑出的推銷員著稱於世，它有一個傳統，就是在每期學員畢業時，設計一道最能體現推銷員能力的實習題，讓學員去完成。柯林頓當政期間，他們出了這麼一個題目：「請把一條三角褲推銷給現任總統」。八年間，有無數個學員為此絞盡腦汁，可是最後都無功而返。

柯林頓卸任美國總統後，布魯金斯學會把題目換成：「請把一把斧頭推銷給小布希總統」。鑑於前多年的失敗與教訓，許多學員知難而退，個別學員甚至認為，這道畢業實習題會和柯林頓當政期間一樣毫無結果，因為現在的總統什麼都不缺少，再說即使缺少，也用不著他們親自消費；再退一步說，即使他們親自消費，也不一定正趕上你去推銷的時候。

然而，喬治・赫伯特卻做到了，並且沒有花多少工夫。一位記者在採訪他的時候，他是這樣說的：「我認為，把一把斧頭推銷給小布希總統是完全可能的，因為布希總統在德克薩斯州有一個農場，那裡長著許多樹。於是我給他寫了一封信，說：『有一次，我有幸參觀您的農場，發現那裡長著許多老菊樹，有些已經死掉，本質已變得鬆軟。我想您一定需要一把小斧頭，但是從您現在的體質來看，這種小斧頭顯然太輕了，因此您仍然需要一把不甚鋒利的老斧頭。現在我這兒正好有一把這樣的斧頭，它是我祖父留給我的，很適合砍伐枯樹。假若您有興趣的話，請按這封信所留的信箱，給予回覆。』最後他就給我匯來了15美元。」

喬治・赫伯特成功後，布魯金斯學會在表彰他的時候說：「金靴子獎

已經空置了26年，在26年間，布魯金斯學會培養了數以萬計的行銷人員，造就了數以百計的百萬富翁，這隻金靴子之所以沒有授予他們，是因為我們一直想尋找這麼一個人，這個人從不因有人說某一目標不能實現而放棄，從不因某件事情難以辦到而失去自信。」

喬治·赫伯特的故事在世界各大網站公布之後，一些讀者紛紛搜尋布魯金斯學會，發現在該學會的網頁上貼著這麼一句格言：「不是因為有些事情難以做到，我們才失去自信，而是因為我們失去了自信，有些事情才顯得難以做到。」

 思考問題

1. 請簡述什麼是消費者需要的基礎。
2. 如何揣摩及探測消費者的需要？並簡述之。
3. 行銷人員想要成為一個好的傾聽者，一般應注意什麼？並簡述之。
4. 除了觀察法，還可運用什麼方法準確地掌握消費者的要求？
5. 詢問消費者，以求了解與確認他們的真實想法，其詢問的目的有哪些？

03

獲得消費者的歡心

📞 消費心聲

　　獲得消費者的歡心，是行銷工作最大的無形成就。討論完技術、經濟、社會和組織的這些變化後，我們還必須承認消費者滿意過程的許多方面，是保持不變的，特別是心理和行為因素，幾乎一成不變。人和家庭的需要，在很大程度上也會保持不變，而基本的關懷感、關注以及能力，將繼續在構建消費者滿意和忠誠上，發揮關鍵的作用。

　　本節「獲得消費者的歡心」將承接前兩節的主題，繼續討論以下五項個目：對公平價值的需求、滿足消費者的欲望、應用關係行銷策略、獲得消費者的占有率以及給予消費者滿意服務。

一、對公平價值的需求

　　理性的消費者會重視對公平價值的需求。事實上，對有些消費者來說，太多技術的出現，重新點燃了對過時的人性化接觸的渴望，這就是為什麼美國蓋普（GAP）專賣店，要把產品擺放在很容易弄亂的大桌子上的原因之一。例如，重新摺疊、擺放衣物，不僅讓店員有事可做，而且店員還可以近距離地與消費者進行交互溝通。

　　就連在技術型的企業中，人性化接觸也會與消費者產生共鳴。例如，

當那些在網路上購買電腦的人發現，電腦的安裝比他們想像要複雜時，就會感到沮喪，這就為規模較小的當地電腦零售商，創造了一個提供個性化安裝的機會，雖然價錢要高一點；另外，那些對個人電話做來電記錄的網路零售商，也是意在建立消費者忠誠。人性化接觸，永遠不會被最複雜、先進的技術所取代。

消費者對於公平價值的需求，也是始終如一的。消費者希望交易公平，希望物有所值。那些獲益於抬高價格、令人困惑的價格結構、隱性收費和不合理罰款的企業，是不會長久生存下去的。這種被《忠誠法則》（*Loyalty Rules！*）和《終極問題》（*The Ultimate Question*）兩書作者弗瑞德·賴克赫爾德（Frederick Reichheld）稱之為「不良利潤」（bad profits），它的實例就包括了那些以犧牲長期消費者關係為代價，來贏取短期收入的企業。

「不良利潤」的實例，具體來說有以下這些情況。

1. 抬高運費（例如：網購商品的運費等）。
2. 對變更服務予以重罰（例如：手機使用合約等）。
3. 對某些季節性商品或熱銷品，實行漲價（例如：節假期間機票價格大漲、高價的飾品等）。
4. 用複雜的定價計畫，欺騙消費者花不該花的錢（例如：定價過高的服務合約或保固期延長計畫等）。
5. 將不適合的產品，賣給信賴你的消費者。
6. 定價缺乏透明度，造成了一種消費者買得划算的假象。
7. 新消費者享受的特惠商品價格，不適用於現有的忠誠消費者。

當企業更多強調短期收入的最大化，而不是建立可持續的消費者關係時，就不難發現不良利潤的實例。不良利潤對消費者關係有腐蝕性的作用，而良性利潤能營造並保持那些關係。簡而言之，不良利潤就是那些以犧牲消費者關係為代價而賺得的利潤。如果超出了消費者應該承受的範

圍，讓消費者感到被剝削或被不公平對待，那麼此時無論是什麼樣的關係，都會受到損害；相反的，交易公平、公正時，消費者關係就會得到鞏固。在未來，消費者會越來越需要好的服務關係。

二、滿足消費者的欲望

滿足個體消費者的需要和欲望，我們可能聽說過，某人將某個超級銷售員描述成一個能將任何東西賣給任何人的人，最經典的例子就是將加入飲料用的小方冰塊，賣給了搭建冰雪屋的愛斯基摩人。古老的傳統與智慧告訴我們，動態的銷售技巧是成功的關鍵。如果銷售人員能對產品做很好的展示，並且與消費者保持近距離而令其心有好感，那麼消費者就會購買。

如今，新的法則正在出現，儘管展示和保持與消費者的近距離，對銷售過程依然很重要，但還有比這兩者更重要的東西，那就是滿足個體消費者需要和欲望的能力。當今的消費者，正面臨著多樣化的購物選擇，例如在現今全球經濟的形勢下，消費者如果想要購買相同的一樣東西，會有許許多多的方式及方法去購買，而為什麼讓消費者選定了某個特定商家的產品系統呢？

在多大程度上，購物的決定是基於質量、價格、便利或是消費者服務呢？又如，你是怎麼決定在哪裡購買衣服、日用品、汽車、電器以及其他生活消費品呢？對於作為消費者的你來說，什麼是最重要的呢？以上這些問題的答案，都沒有什麼特別之處，原因只在於消費者會選擇那些能夠從中獲得最物超所值的商品、最有效及最親切的服務、最令人愉快和最個性化的購物體驗處。企業要去理解其消費者的價值感知以及自身的系統和人員，就必須建立並保持與消費者之間的關係。

三、應用關係行銷策略

企業會說，他們擁有品質最好的產品，當然其價格不菲。事實上，消

費者們習慣購買那些價格合理而品質優良的產品，這就是已知的事實。對於消費者來說，要讓他們自己來區分某商家與競爭對手之間有什麼不同，這可不是件容易的事。但是，他們通常對卓越服務沒有期待，在他們的想像中，服務還會是老樣子，連勉強合格都達不到，因爲長久以來，他們所接受到的服務並沒有太大的變化，甚至可能還遭遇過不少惡劣、糟糕的服務，就其中的問題可以列出一長串清單。所以，透過服務就能建立一種強大的競爭優勢，而這種優勢將以積極的方式著實地超越了消費者的期待。

例如，回憶一下孩提時的情景。還記得街角的一個雜貨店或糖果店的老闆嗎？他知道你是誰或者你的父母是何人嗎？通常，雜貨店的老闆會這樣跟你打招呼：「嗨！小傑，見到你眞高興。遊樂園假期之旅還好吧？」或者糖果店的老闆會這樣對你說：「你好，妮妮，上次你來店裡想買紅甘草糖，要我幫你拿還是想嘗嘗別的？」這就是關係行銷——與消費者擁有一對一的關係。每一個企業，不管是世界500強企業，或者只是當地的一家托兒所，只要稍加培訓，就都可應用關係行銷了，但事實上，關係行銷只會受限於企業人員的創造力。

四、獲得消費者的占有率

獲得消費者占有率，而非市場占有率。發展中的企業，漸漸明白重視消費者占有率（customer share）而非市場占有率這其中的道理。從以下互相比較兩家花卉公司的做法，就可明白其中的道理。

甲公司的所有者，爲了獲得理想的市場占有率，一直努力地工作，他們用的是大規模行銷的方法，預估計其市場占有率約爲20%；換句話說，市場上鮮花銷售額的每1美元裡，甲公司可得20美分。而乙公司的所有者，卻努力致力於建立與每一位頂級消費者（即那些購買鮮花最頻繁的人）的關係，預估其消費者占有率爲20%；也就是說，在每10個購買鮮花的人中，有兩個是每一次都從乙公司購買鮮花。從長遠的觀點來看，哪一個公司的發展會更好呢？因爲乙公司所注重的是頻繁購花的消費者，即行

業的頂級消費者，也就是企業要爭取的最佳消費者，而乙公司了解他們的消費者，並且取悅他們、鞏固與他們的關係，以獲得來自這些人的更多的回頭生意，所以乙公司在行銷中的效率要比甲公司高得多，是最終的勝利者。

從上述得知，如果企業真的能夠贏得頂級消費者，那麼它生存的機會，就要比僅僅占有一定市場占有率的企業要大得多。

管理者們需要考慮消費者未來生意的現值（present value），以下舉例說明這個概念。在卡爾・謝休厄爾（Carl Sewell）和保羅・布朗（Paul B. Brown）合著的《終生的消費者》（*Customers for Life*，2009）一書中，卡爾解釋了考慮未來生意之現值的重要性。卡爾擁有一家美國最大的豪華汽車經銷店，他估計每一位消費者有潛力為他帶來33萬2千美元的銷售額，他是怎樣得出這一數據的？例如，他假設汽車的平均售價約為2萬5千美元，再假設消費者一生中平均購買12輛車，那麼總銷售額為30萬美元，加上服務和配件，卡爾經銷店的每位消費者所能夠帶來的銷售額為33萬2千美元。

卡爾預估的這些數字，並非不能實現的。例如，在近期對美國跨國零售企業沃爾瑪（Wal-Mart Stores, Inc.）首席執行官戴維・格拉斯（David Glass）所進行的電視採訪中，這位掌門人稱沃爾瑪預計僅僅只有一個流失消費者的終生消費額，就約為21萬5千美元。另外，美國技術援助研究項目機構（TARP）的主席馬克・格瑞勒（Mark Grainer），也做出了相同類似的預測，他估計一位忠實的超市消費者，每年會帶來3,800美元的營業額，而如果算上一生，那麼一位忠實消費者能夠帶來的總營業額，很容易超過15萬美元。此外，一位經常乘坐飛機穿梭於世界各地的商務人士，每年花在坐飛機上的錢，很容易超過5萬美元，這位消費者能為某家航空公司所帶來的終生收入，超過了100萬美元。

以上這些，這就是我們所指的未來生意的現值。有了這些長遠的、關係到實際利益的考慮，還有哪個企業不會優先考慮消費者占有率呢？現有

消費者重複消費的可能性，比以往的消費要大得多，如果只是不停地爭搶新消費者，那只是不斷地耗盡你的行銷預算和精力而已，只有不斷地增加消費者占有率，才是建立與消費者的關係、提升消費者的滿意和忠誠的唯一方法。

五、給予消費者滿意服務

從以下赫茲汽車租賃公司所給予頂級消費者特別服務案例，就能了解到任何行銷策略若能多給消費者滿意的服務，就能獲得消費者歡心，提升行銷的成功率。

當赫茲汽車租賃公司了解到，消費者不滿要排長隊才能拿到租借車輛時，就知道自己的問題在哪了。不少商務人士的行程安排得很緊，需要馬上用車，而赫茲明白除非馬上採取行動，否則將失去不少最有價值、租車最頻繁的消費者。於是，赫茲為那些急需租車的人，提供了一項特別服務——金卡會員制，金卡會員可以提前打電話預訂車輛。當金卡會員下飛機時，一輛接送車會在路邊等候，將他送到所租的車那裡。接送車司機會稱呼金卡會員的姓名，與之打招呼，並解釋這一路程只需兩分鐘。兩分鐘後，金卡會員已被送到所租的車那裡，只見那輛車已發動，後車廂行李箱蓋敞開著，在車子前排放著當天的《華爾街日報》。金卡會員上了車，將車開到門口，只需出示駕駛證和金卡會員卡，用不著排隊，用不著你爭我搶。

這種方法取得了成功，其他汽車租賃公司也紛紛效仿。頻繁出行的商務旅客，通常能享受到航空公司提供的尊貴服務（例如：頭等艙與貴賓通道、專用安檢通道及常客計畫等），旅店的常客亦可獲得升級和特殊待遇。你的企業能做些什麼來為那些頂級消費者提供特別服務呢？未來的「金卡會員」消費者會有更多的期待。

另外，多虧了電腦的資料庫，現在連小商店也能夠收集資訊並用它來留住消費者。舉個例子，禮品店的店主，可向某些消費者寄張卡片，卡片

上可以這樣寫：

　　您好，林先生：

　　去年3月29日，您給妻子寄了禮物，以表生日祝賀。這裡，我們有一些其他的禮品提供您今年給妻子送禮時的考慮。請致電或登入本店網站訂購。我們敢肯定您深愛的她，會在特別的日子裡，會收到一份漂亮、驚喜的禮物。感謝您的訂購。期待您的回覆。

　　當林先生打電話來時，只需告訴那家店要寄什麼禮物就行了。而林先生妻子的地址、電話以及送貨時間等，都已經保存在電腦資料庫裡了。同樣地，消費者的信用卡號也有存檔，很容易調出來確認和使用。

　　我們可以想想，如何運用這些方法來超越消費者的期待，也可以參考某家禮品目錄公司使用資料庫的做法。以下這家公司，就實施了一項新的服務計畫，其內容包括：

1. 可提前15個月對你送給朋友和親戚的禮品訂單，予以保存和處理。
2. 在指定日期發貨，消費者絕不會再錯過任何重要的日子。
3. 在禮品寄送時，才通過消費者的信用卡收費。在5個工作日內，將在該帳戶上收取的每份禮品的費用發票，寄給消費者。
4. 在禮品寄出前，給消費者發一張提示卡，說明收件人是誰，以及禮品為何物（這樣當收件人說「謝謝你」時，消費者就知道他在說什麼。）
5. 給所有消費者寄一份最新的目錄，目錄將上一年所有收件人的名字，預先印在訂貨單上。消費者可在清單下，添加任何新名字。
6. 提供24小時熱線電話及網站接單服務，以滿足消費者任何資訊變更的需求。

　　透過資料庫的使用，完成以上所有這些任務所需的資料，可以很容易地被儲存下來，也相信實施這項服務計畫後，該公司員工的工作要比之前

輕鬆許多。這項服務計畫帶來的另外一個好處是，管理者差不多可以很準確地掌握在不遠的將來的銷售收入情況，因而有助於公司制定財務計畫。

為了在這項服務計畫中增加與消費者的溝通，該公司在消費者訂貨單上添加了兩個簡短的問題：一個是問消費者希望看到未來的目錄服務，包括哪些內容等；另一個是問消費者希望在禮品目錄中，看到哪些額外產品。瞧瞧，消費者的喜好和期待一下子就給揭示出來了，這種活動在未來會越來越常見。

未來看著令人興奮，但是大多數企業都需要進行不斷的變革，以保持競爭力。這些變革很大程度上是由技術所推動的，但是對變化的消費者人口統計（customer demographics）予以關注和做出相應的調整，這一點也是非常重要的。不過，有些企業沒有什麼技術創新，他們還是沿用過去的那一套做法，這麼做可能迎合那些對高科技產品不太要求的人，也不失為一個可選戰略。或許在某些商務情境下，不需要什麼技術，但是對大多數組織而言，具備技術能力是一個必然的選擇。

企業需要認真思考其價值主張（value proposition），他們到底想給消費者提供什麼？或許，按照傳統的方法做生意，完全像過去幾十年那樣經營夫妻店或餐館也是可能的。但即使是頑固的傳統主義者也會大聲疾呼變革，以適應新的消費者需要。就連在百年禮品老店，消費者們也期待著能刷卡消費，甚至希望能上網看看該店的存貨情況。他們會對個性化做出積極的響應，而個性化就需要某些形式的資料庫，除非另有高招，否則將面臨巨大的壓力，必須進行改良革新以適應當前的消費者需要。

有些消費者關心技術對隱私的影響，以及對私生活可能帶來的侵擾。例如，幾年前有一個不成功的促銷活動，就是有間公司免費發放電腦，但條件是該公司可對電腦的使用做不受限制的資料收集。在某種意義上，那些拿了免費電腦的人是以一台電腦的價格出售他們的隱私，這些人可能會對一些技術持抵制態度，但是他們還是能夠接受當地的鄰里服務商店提供友好、非正式的個性化服務。無論企業使用哪種戰略，都很可能出現這種

情況，那就是消費者服務的未來，將取決於日益增加的個性化，取決於對技術的適應，以及對變化的消費者人口的關注。

思考問題

1. 行銷工作最大的無形成就是什麼？

2. 具體「不良利潤」的實例，有哪些情況？請簡述之。

3. 請說明如何運用關係行銷（行銷）。

4. 企業重視的占有率是什麼？並說明之。

5. 給予消費者滿意的服務，能為企業帶來什麼利益？請說明之。

行銷加油站

你是最棒的！

　　媽媽可能告訴過你：「恭維的話，會讓你一無所成。」媽媽說錯了，因為有研究指出，即使人們察覺到別人恭維的話並不是發自內心的，但這些恭維的話會將說話者的正面印象，長久地留在聽話者的心中。

　　香港科技大學的學者發現，即使是口不對心的恭維話，儘管消費者努力調整自己不被恭維者的動機影響，但多少也會對消費者產生影響力。根據研究指出，即使當我們意識到自己受到了恭維，而且也在調整自己不受恭維者的影響，但恭維的話還是給我們留下了潛在的、強烈的、持久的正面印象。研究人員也發現，這種潛意識的正面印象，能夠影響實驗對象的行為，即使他們已經意識到那些恭維話是口不對心的。

　　這真是可怕，因為即使我們已意識到了，我們會輕易地被恭維話所操縱，但就算我們努力抵抗也沒有效果。對行銷人員來說，有沒有什麼方式可以來應用這一知識呢？那就是，使用合乎道德的恭維，而非以操縱方式使用恭維，其關鍵是要誠懇。尤其是在直接的行銷環境中，行銷人員可以稱讚客戶的某些行為或特點，而且要毫不虛偽地稱讚。

　　大規模的恭維，雖然在一對一交談之外的其他行銷環境中，仍然可以保持誠懇的態度，只針對目標客戶進行宣傳。例如，作為一名白金級套裝的擁有者，您已表明自己是認可精緻風格與至高品質的消費者等這些量身訂作的方法，比大範圍寄發郵件對收件者做些尋常恭維之辭，要來得更為誠懇且可能更有效。

　　儘管研究顯示，即使恭維之辭被打了折扣，被認為是口不對心的，但

恭維之辭可能還是會發揮作用，而且基於事實的恭維，也會讓這種認知上的不協調減少，並會在客戶心裡留下對公司和品牌的更好印象。

第三篇　進階篇

🖤 第十一章　發展潛在行銷心理

🖤 第十二章　掌握成功心理建設

🖤 第十三章　邁向更專業行銷者

Chapter 11

發展潛在行銷心理

01 認識消費無意識的心理

02 引發消費需求潛在誘因

03 掌握行銷潛在的影響力

在「發展潛在行銷心理」的前提下，本章要討論三個重要議題：認識消費無意識的心理、引發消費需求潛在誘因以及掌握行銷潛在的影響力。

消費心理學

01
認識消費無意識的心理

消費心聲

> 一般來說，大部分逛商場的群眾是來湊熱鬧的，他們並沒有特定的消費目標，甚至不知道要做什麼，他們是處在一種消費無意識心理的狀態下。因此，行銷人員需要對此有適度的認識，以便引導他們成為實際上的消費者。

在此，首先根據「認識消費無意識的心理」的主題，分別來討論以下三個項目：無意識心理的可塑性、超越消費無意識心理以及發展品牌的意識效應。

一、無意識心理的可塑性

根據觀察消費者的動機與心理狀況，大部分逛商場的群眾，是來湊熱鬧或來消遣時間的，並沒有特定的消費目標，甚至不知道要做什麼，事實上他們是處在一種消費無意識心理的狀態下，預留了很大的消費空間。因此，行銷人員需要了解這種情況，以便採取適當的行銷策略，讓他們成為實際上的消費者。

（一）無意識的心理狀態

為了確認無意識的心理狀態，有位行銷學者受聘為一部新的電視劇調查，為何未能取得令人滿意的收視率。電視臺覺得這部電視劇本身的優秀

品質，足以吸引一批觀眾，但無法理解為何這部電視劇並沒有表現得如預期的好。從意識層面上來看，一些人堅定地認為他們喜歡電視劇，喜歡看新節目，對這個電視劇的題材感興趣的觀眾，似乎比較樂於接受這部電視劇，而這位學者於是跟這些人進行了交談。

從交談後所收集的資訊中，這位學者了解到該電視劇播出時，這些人都在看電視，甚至使用一個包括該電視劇的電子節目表選擇節目，通常他們所選擇的，並不是特別感興趣的節目，也不是他們以前看過的節目，所以這些人堅持認為，如果他們能夠看到那部新電視劇的播出，那麼可能就會選擇觀看。因此，他們認為這部電視劇沒有播出，而且也不相信該電視劇是在晚上播出的，儘管事實上這個戲劇節目就是在晚上播出的。

以上證明，這些觀眾瀏覽了電視節目表，但根本沒有注意到新播出的電視劇。運用這種本能反應性的心理過程時，無意識心理就會快速地處理已有的電視節目名稱，並與以前的情感、故事和經歷的豐富組合「鏈結」在一起。而新的電視節目名稱在這種情境中，基本上是抽象的，因為那些節目名稱和觀眾過去的經驗無法做連結，所作的反應就是忽略其存在。在面對這麼多的電視頻道，人們學會了快速瀏覽節目表。從本質上來講，出於效率的考慮，無意識心理會接管節目選擇這個實際活動，而觀看一個主題有趣的新電視劇，那種明顯的意識願望，便無關緊要了。

（二）意識與無意識心理差異

另外，我們也需要識別意識與無意識心理的差異。例如，當一個電器零售商請這位學者，為他們調查其洗衣機的標籤設計時，他發現了更多的證據指出，在消費者認為自己想要購買什麼與他們實際購買行為之間，存在著差距。學者在人們購買此類電器之前，會先詢問購買者是如何作出購買決定的，他提出了一套合理的標準，通常是與價格和一兩項具體的產品屬性有關（如：旋轉速度和負載容量等）。

每個人都希望購買過程簡單，畢竟他們多年來都曾擁有並使用過洗衣

機，而且他們對這款產品感到滿意。然而，據他在一家商店裡對購物者的觀察，顯然理性的購買決定（即使是購買此類大件產品），實際上是不可能的。

例如，這位學者又做了以下的實驗，那就是同時有40個白色包裝箱，裡面裝著洗衣機或洗衣烘乾兩用機，從幾英尺之外看，洗衣烘乾兩用機與洗衣機實際上沒什麼特別明顯的區別，所以這些箱子的外觀看起來都是一樣的。另外，每件產品都有一個資訊標籤，標有產品的20個功能數值和更詳細的產品資訊，例如長寬高等尺寸、附件和保固期延長選擇等。任何消費者都至少要對800個數據進行比較，即使他們的選擇只與兩個變數有關（即旋轉速度和價格），這也意味著要權衡800個數據。

按理說，消費者對此的反應，必然是拿起紙筆把情況記錄下來，並設計一個試算表來進行對比，或是至少從某位有能力進行這種對比的人那裡，尋求獨立的建議。然而，消費者對一台洗衣機的真正需求，以及先前認為這種購買過程本應很簡單的看法，肯定會面臨不可預知的複雜情況和個人實際購買行為的不確定性挑戰。

一般來說，這種認知失調並不能被證實為一種理性認知，即認為購買洗衣機比曾經預想的要困難得多；它是以一種感覺上的尷尬出現的，好像無意識心理不考慮一般性的「錯誤」資訊一樣。這樣一來，會發生什麼情況？消費者不是無意識、全面地篩選出所選擇的意見，然後鎖定某種熟悉的產品，就是讓其他人（如：銷售人員等）幫他作出決策，抑或為自己不購買確實需要的產品編造一個理由，然後直接離開。因此，他們用來解釋自己行為的理由，也完全站不住腳。

這位學者曾訪問的一位女性購買者，是這樣解釋自己的選擇：「我決定購買這個牌子的洗衣機，是因為我媽媽有一台，而且使用了很多年，儘管我知道現在生產的不如以前的好。」他觀察到她用幾分鐘時間去對比，或者說至少嘗試去對比幾個製造商所生產的價格接近的洗衣機，爾後猜測她已經變得不知所措了。學者告訴這位女性購買者說，她的購買選擇就如

同他所預料的，已陷入困惑之中了，女性購買者回答說想多看一些產品，廣泛了解之後再作明確選擇。很顯然的，這位女性購買者已經被可供選擇的產品數量，壓垮了她的購買決定。

隨後，當學者再把兩個洗衣機標籤放在女性購買者面前，並詢問她認為哪種洗衣機更能滿足她的需求時，她的決定會從最初選擇購買感性取向的熱賣品牌，轉變成理性取向的其他品牌。因此，這又進一步印證了該學者的理論假設。

以上的例子，更說明了意識心理與無意識心理之間的另一個衝突。例如，當詢問人們時，絕大多數人都會說出他們想作出的選擇，就像是當人們選擇零售商購買產品時會說，「我要去某地買東西，因為他們那裡的貨最全」一樣，這些通常都是一種有意識的思考。

（三）意識與無意識的心理反應特徵

心理學者艾揚格（Sheena Iyengar）曾經進行過一項實驗，說明了現實中更多的選擇為什麼不一定會帶來好處的原因。他藉助了超市裡兩張品嘗桌來評估人們的反應，其中一張桌上放了24種不同的果醬，另一張桌上只放了6種。實驗時，更多的人選擇在有更多果醬的桌前停下來（60%：40%），而會從6種果醬中選擇購買的人的比例則大大增高，只有3%的人會從有更多選擇的果醬中選擇購買。換言之，不足2%的人會從擺出的24種果醬中購買，而如果只給他們6種果醬來選擇的話，則會有12%的人從中購買。以上這個簡單而精妙的實驗充分證明了，人們認為自己想要什麼，就會說他們想要什麼，因為這似乎切合實際而且合情合理，這可能會與調查提問時，他們無意識心理的實際情況不一致。

而在那一刻，是無意識心理在決定接下來會怎樣。例如，谷歌（Google）公司就曾犯過這樣的錯誤，當時他們詢問消費者在使用谷歌搜索引擎時，希望在每個頁面上看到多少個搜索結果。人們以一種合理的方式，也就是在無意識心理的決定下，回答了這個理性的問題，例如若你正

在使用搜尋引擎時，當然希望搜尋的結果能越多越好，結果當谷歌提供了三倍的搜尋量時，它的訪問量反而下降了。

一種意識反應的特徵，在很大程度上表明了調查對象有意識的價值觀，以及他們想要如何理解自己，但卻極少揭示出是什麼真正驅動了他們過去的行為，也不能說明將來他們要做什麼。舉例來說，每年都有很多人下決心不再過度飲食，對自己喜愛的牛仔褲的緊度，或是醫生對其健康的忠告，表現出善意的意識反應，然而其中只有很少的一部分人會養成新的且持久的飲食和鍛鍊習慣。

這並非因為他們的意識意向不真實，而是因為其根據特定的身體或情緒刺激去推動飲食的無意識干涉進來，引發了與意識意向不相關的消費行為。最後，可能被我們描述成習慣、情緒或刺激的無意識驅動，常常會比意識意向對行為產生更大的影響。

最後，市場調查有意識假定的消費者所選擇商品的原因，說明了從根本上是想把自身看做有意識的生物，而這些原因，也是使得可口可樂在「新可樂事件」上，成為一般研究中寶貴教訓的主要原因。在這個事件上，真讓人難以相信人們購買一種飲料，是出於很多其他的原因，而不是因為喜歡它的口味，而且完全可以合理地假設，發現消費者更喜歡的口味，哪怕只是一種比較接近的口味，也是個值得稱讚的努力方向。但是，在意識心理與無意識心理之間無法逾越的鴻溝，使得這種努力很大程度上成為徒勞無功。讓人們有意識地關注兩種飲料的差別，會引發一種偏好，例如即使是兩種相同的產品也會引發偏好的不同，可是參與實際購買決策之隱蔽的無意識心理誘因，卻會使得那種有意識的評估變得無關緊要了。

所有這些都提出了一個問題，那就是消費者到底有多少行為是受到無意識所驅動的？這就是這個故事變得迷人而又稍稍令人不安之處，以及那些不依靠人們自我解釋能力的消費者，洞察案例變得格外令人信服的原因所在，也是在這一刻，出現了能被用來與消費者無意識心理相連接的要素。傳統行銷理論專注於滿足消費者的需求，但市場調查只能識別消費者

Chapter 11
發展潛在行銷心理

明確意識到的那些需求。

二、超越消費無意識心理

　　大部分逛商場的群衆是來湊熱鬧的，面對衆多的商品，他們並不確知這些商品是什麼，他們只是在一種意識心理的層面。要證明我們的意識心理如何獨立於無意識心理，其實十分容易。例如，給你一張百元紙鈔，請問你有多少把握確認這是一張百元眞鈔，而不是一張玩具假鈔？相信這個你有十足的信心來分辨出這張百元紙鈔。又如，當商店找給你一張紙幣時，粗略地一瞥、一摸，就足以知道自己手裡拿著的是不是眞鈔了，相信你肯定從沒出過錯。

　　另外，假若讓你向一個從沒見過這紙幣的人描述紙幣的樣子，以便這個人能製作出相同的紙幣時，相信你肯定會描述得不清楚。例如，紙幣上的正反面的圖樣有什麼不同？正面的圖樣是如何擺置？而背面又是放了何種圖？等等，雖然你的無意識心理擁有答案，但你的意識心理顯然卻是在關注其他事情。

　　同樣地，我們也可以對日常生活中的各種物品，提出類似以上的問題。例如，很多人無法說出自己手錶上的數字是怎麼表示的，儘管他們每天都會多次看手錶，而且他們看手錶的時候，能從中獲取有意識的時間資訊。又例如，有一位先生在他家附近的主要商業區被攔住，接受了一次有關啤酒的調查。他按要求坐在一台電腦前，回答他買過哪種或哪些品牌的啤酒時，儘管在超市走道上，他確實知道會選哪種啤酒，但當那些能被其無意識心理捕獲的明確視覺圖案（包括定型的品牌名稱）不復存在時，他甚至連「海尼根」（Heineken）這個品牌的啤酒，都無法單獨有意識地想起來。結果他告訴調查者，並給出了他所能想到的啤酒名稱作爲替代，儘管事實上那些啤酒都不是他要買的，直到下一次看到「海尼根」包裝時，才記起在那次調查中他應該說什麼了。

　　我們的無意識心理中，有大量提供我們作出決策的資料，但我們無法

直接、有意識地接近決策過程。而當一個公司期望消費者在調查中作出準確回答時，這就是個問題，因爲讓一些人品嘗樣品，看起來是一件合情合理的事，但詢問他們對所涉及參照一組完全不同的心理關聯問題時，它與溫度、渴望、先前對該產品的體驗以及身處其中的情境等因素有關，而如果在這種情境中考察口味測試結果，那麼他們得出的任何測試結果似乎都遠不會讓人信服。

三、發展品牌的意識效應

對行銷工作來說，無意識心理的不確定性並非難題的議題，而是要嘗試超越它，導向商品的品牌效應發展，而有效的發展商品品牌效應，是一個品牌所能取得的最大成功。一個品牌所能取得的最大成功，是在無意識思考中被選擇出來的意識效應。這與消費者的期望很類似，即在意識心理參與思考某個問題之前，無意識心理就已經找到了答案。

例如，在20世紀80年代早期，可口可樂的主要競爭對手——百事可樂，大舉搶占了可口可樂的市場，其中有次百事可樂公司進行了數千場對口味的盲測，並宣布測試結果是更多人喜歡百事可樂公司的產品。儘管可口可樂公司質疑這個結果，但它自己進行的調查也得出了相同的結論，例如參加品嘗兩種產品的人之中，有57%的人偏愛百事可樂等。

可口可樂公司隨即展開了廣泛深入的調查，進而研製出一種口感更甜的新可樂配方，結果這個配方起了作用，可口可樂高出百事可樂約七個百分點，扭轉了口味盲測的結果。當時，考慮到兩家可樂公司在爭奪市占率，可口可樂公司投資400萬美元研究開發新配方的舉動，看來肯定是值得的。

但是，可口可樂公司所啓用的新配方卻只獲得了短暫的成功，因爲在當時引發了公眾大規模的抵制，抱怨、投訴，使得公司應接不暇，不出三個月，新配方可樂就被撤出了賣場，而由原配方的可樂重新上了市場貨架。

許多著述討論過，該市場調查為什麼產生了誤導作用，其中絕大多數觀點頗有教益。例如，小口喝飲料與喝一整罐飲料之間有天壤之別，因為最初的甜味刺激可以發揮決定性作用，這與吃盒子裡的第一塊巧克力時，所產生天堂般的感覺差不多，但連續吃多塊以上的巧克力時，你就會感到噁心。又例如，像可口可樂這種把產品從包裝中拿出來，也就拿走了品牌，其中這暗示著可樂行銷只是一種提醒人們的方法：你那種褐色碳酸飲料仍然存在，而且在任何能看到那個鮮明紅白商標的地方都可以買到。

據我們所知，所有這些分析和解釋中，沒有一個從「新可樂」慘敗案中得出這樣的最終結論，那就是並不只是可口可樂公司對新配方進行的廣泛市場調查有錯，而是此類調查完全不正確，因為調查過程存在著技術缺陷，但這並不意味著理論上的補救措施就能「製造」出一個更準確的答案。例如，給人們一罐名牌飲料來喝，與給一箱同樣的飲料讓人們在家裡一個月喝完，可能會產生不同的答案，但這未必是現實應該證實的那種答案。

然而，像那種「你當然可以透過提問來獲得人們的想法，只要你用正確的方式、問人們正確的問題就可以」的迷信仍然存在，因為市場調查行業仍然滿不在乎，公司仍然相信用提問換得的消費者的回答可以給自身提供保證，政客們仍然認為輿論可以透過民意調查或是專案小組獲得。到目前為止，產品開發層面仍然沒有出現可驗證的備選方法，因為問題的癥結，遠不及挑戰一個嚴重依賴市場調查所提供保證的商界和市場調查行業，因為消費者行為只是無意識心理的副產品，而市場調查本身卻是有意識的過程。

「新可樂事件」凸顯出公司對無意識心理作用的認知是極其有限的，數十年來幾乎沒有發生什麼變化。絕大多數組織根本不理解消費者行為，也不理解他們的行銷如何，以及為何有效或無效。

無意識心理是消費者行為的真正驅動力。理解消費者，很大程度上就是理解無意識心理如何產生影響；做到這一點的第一步是要認識到，在無

意識狀態下，我們通常如何反應。只要我們還有那種認爲我們自身從根本上講是有意識的人的錯覺，我們就會去迎合那種信念，即認爲我們可以問人們想什麼並相信我們聽到的回答。畢竟，我們喜歡告訴自己，我們知道自己爲什麼做我們想做的事，因此其他人一定也能做相同的事，不是嗎？

　　企業經常要花費很多錢來調查消費者對它們的看法，然而具有諷刺意味的是，一個品牌所能取得的最大成功，是在「無」意識思考中被選擇出來的，這與消費者的期望很類似，即在意識心理參與思考某個問題之前，無意識心理就已經找到了答案。

 思考問題

1. 請簡述意識與無意識間的區別。
2. 意識與無意識各有如何的心理反應特徵？
3. 有哪些無意識驅動會比意識意向對行爲產生更大的影響？
4. 從可口可樂的「新可樂事件」中，我們得到了什麼啓示？
5. 對於市場調查會有什麼樣的迷信依然存在著？

02

引發消費需求潛在誘因

消費心聲

> 　　需求，係指個人和社會的客觀需求在人腦中的反映，是個人的心理活動與行為的基本動力。沒有對象的需求是不存在的，需求也總是伴隨滿足需求對象的不斷擴大而增加。它通常以一種缺乏感體驗著，以意向、願望的形式表現出來，最終導致為推動消費者進行活動的動機。

　　承接前節，本節以「引發消費需求潛在誘因」主題繼續討論。而討論的內容，包括以下三項目：需求心理的基本意義、認識需求心理的發展以及滿足消費需求的心理。

一、需求心理的基本意義

　　人類就是因為有需求，才會進行消費活動。所謂「需要」（needs）是普通心理學的用語，在消費心理學傾向使用「需求」（demand）。在本節中所使用需求一詞與需要通用，它是指一般的不足感覺，類似得不到以及想滿足這種不足感覺的想法。消費心理學分析利用消費者的需求，然後產生消費動機，最後完成消費行動。

　　消費者的需求多種且多樣，非常複雜，從總的方面來看，它可分為機體需求（生理性需求）和社會性需求兩種。生理需求是維持個人生存和種

族延續所需求的事物的反映，而社會性需求則是維持社會發展所需求的事物的反映，例如生產勞動的需求、文化生活的需求和受教育的需求等。消費者的需求和動物的需求有連續性，但兩者之間有質的區別，消費者的社會性需求是動物所沒有的，即或與動物所共有的生理需求，也會打上了社會的烙印。

需求（需要）層次論（hierarchy of needs theory），是由美國心理學家馬斯洛（A. H. Maslow）所提出的一種關於需求的理論。他在1943年提出了「需求滿足論」，認為需求的滿足是人的全部發展的一個最簡單的原則。

馬斯洛把人類的需求分成五個層次，並認為生理的需求是其他各種需求的基礎，只有當人們的一些基本需求得到滿足後，才會有動力促使高一級需求的產生和發展，而自我實現的需求，是人類需求發展的頂峰。這五個層次的需求，分別如下：

1. 自我實現的需求

    如：知識、理想、抱負等。

2. 尊重的需求

    如：力量、權力、名譽等。

3. 歸屬和愛的需求

    如：社交、歸屬、親友之愛等。

4. 安全的需求

    如：迴避危險、避免恐懼等。

5. 生理的需求

    如：飢餓、口渴、空氣、性等。

就需求層次的演進來說，馬斯洛還認為，各級需求層次的產生和個人發育有密切相關。例如，嬰兒期主要是生理的需求占優勢；而後產生安全的需求、歸屬的需求；到了少年、青年初期，尊重的需求日益強烈；青年中、晚期以後，自我實現的需求開始占優勢。但是，個人需求結構的演進，不像間斷的階梯，低一級的需求不一定完全得到滿足後，才會產生高一層次的需求，因為需求的演進是波浪式的。一般而言，較低一級需求的高峰過去之後，較高一級的需求才能起優勢作用。這種理論對行銷工作來說，在每一需求層次上，都預留了很大的行銷機會與空間。

二、認識需求心理的發展

在談到低級需求滿足後，高級需求產生時，馬斯洛指出，他所說的滿足是相對意義上的滿足，例如不同經濟能力的人，會選擇去不同等級的餐館宴客。他看到對於大多數正常人來說，其全部基本需求都部分地得到了滿足，同時又都在某種程度上並沒有得到滿足。

因此，隨著基本需求層次的上升，滿足的百分比是逐漸減少的，並且新的需求在優勢需求滿足後出現，並不是一種突然的、跳躍的現象，而是一種緩慢的、逐漸從無到有的過程。例如，某人當前的第一需求A僅滿足了10%，那麼需求B可能還無蹤影。然而，當需求A得到了25%的滿足時，需求B可能會顯露出5%；當需求A滿足了75%時，需求B也許顯露出50%等。

由上述分析可見，消費動機的發展並不是封閉式的，而是相互交替的，這是一系列的過程，它包括了以下十一項的交互作用。

1. 高級需求是一種在物種上或進化上發展較遲的產物。食物的需求是一切生物共同需求，愛的需求是高級類人猿和人類所共有的。而自我實現的需求則是人類獨有的，越是高級的需求，就越為人類所希望特有。

2. 高級需求是較遲的個人發育的產物。任何個人一出生就顯示出生理需求，一開始也許還以一種初期的方式顯示出安全需求，只有在幾個月後，嬰兒才初次表現出有與人親切的跡象，以及有選擇的喜愛感，再過一段時間後，嬰兒逐漸表現出獨立、自主、成就、尊重以及表揚的要求。而自我實現的需求，即使天才人物也要等到三、四歲才會有所表現。

3. 越是高級的需求，對於維持純粹的生存也越不迫切，其滿足也就越能更長久地推遲，而且這種需求也就越容易永遠消失。與低級需求相比，高級需求不太善於支配、組織，以及求助於自主性反應和機體的其他能力。例如，剝奪高級需求，不像剝奪低級需求那樣引起強烈的抵禦反應和應急反應。與食物、安全相比，尊重可能是一種非必要的奢侈。

4. 在較高需求層次上生活的個人，其身體狀態就越佳、越長壽、越沒有疾病、胃口越好以及睡得也越安穩。有關身心症的研究已屢次證實，焦慮、恐懼、冷漠等易產生不良的身體和心理疾病。較高層次需求的滿足，不僅可以維護個人的生存，而且還可以促進他們的成長。

5. 從主觀上講，高級需求不像低級需求那樣迫切。它們很難被察覺，甚至容易被搞錯，容易因暗示、模仿或錯誤的信念和習慣而與其他需求相混淆。因此，一個人如果能知道自己真正的高級需求，知道自己真正想要什麼，那無疑是一個重要的心理成就。

6. 高級需求的滿足能引起更合意的主觀效果，即更深刻的幸福感、寧靜感以及內心生活的豐富感。安全需求的滿足，充其量只能產生慰藉、鬆弛的作用，它很難產生心醉神迷、渾然忘我的高峰體驗，或導致被愛時所感受到的異常興奮狀態，而自我實現需求的滿足，則能達到這一點。

7. 追求且滿足高級需求，代表了一種普遍的健康趨勢，一種脫離心理病態的趨勢。讓高級需求的滿足，有更多前提條件。遺傳占優勢的需

求，必須在高級需求滿足之前得到滿足。從更一般的意義上說，在高級需求的層次上，生活變得更複雜了。尋求尊重、地位，比尋求友愛涉及更多的人，需求有更大的舞臺、更長的過程和更多的方法，以及更多的從屬步驟和預備步驟。在友愛的需求與安全需求相較時，也同樣存在上述差異。

8. 高級需求的實現，需要有更好的外部條件，這些條件包括了家庭、經濟、政治和教育等。那些兩種需求都滿足過的人，通常認爲高級需求比低級需求具有更大的價值。他們願爲高級需求的滿足犧牲更多的東西，而且更容易忍受低級需求得不到滿足時的失落。例如，他們比較容易適應禁欲生活，比較容易爲了原則而抵擋危險，爲了自我實現而放棄錢財和名聲。對兩種需求都熟悉的人，普遍認爲自我尊重是比塡滿肚子有更高、更有價值的主觀體驗。

9. 需求層次越高，愛的趨同範圍就越廣，即受愛的趨同作用影響的人數就越多，愛的趨同的平均程度也就越高。兩個相愛的人，會不加區別地對待彼此的需求，對他們來說，對方的需求無疑就是他自己的需求。高級需求的追求與滿足，具有有益於公眾和社會的效果。在一定程度上，需求越高級，自私的成分就越少。飢餓是以我爲中心的，它唯一的滿足方式就是讓自己得到滿足，但對愛以及尊重的追求，卻必然涉及他人，而且還涉及他人的滿足。已得到足夠的基本滿足，繼而尋求友愛和尊重（而不僅僅是尋找食物和安全）的人們，傾向於發展諸如忠誠、友愛以及公民意識等品質，並極易成爲更好的父母、丈夫、教師或公僕等。

10. 高級需求的滿足比低級需求的滿足，更接自我實現。在那些生活在高級需求層次的人身上，我們可以發現他們有更多、更高趨向自我實現的品質。高級需求的追求與滿足，導致更偉大、更堅強以及更眞實的個性。這似乎與前面的陳述有些矛盾，前面的陳述指出，生活在高級需求層次意味著更多的愛的趨同，即更多的社會化。實際上，生活在

自我實現層次的人，既是最愛人類的人，又是個人特質發展得最充分的人。需求的層次越高，心理治療就越容易，並且越有效，而在最低的需求層級上，心理治療幾乎沒有任何效用，例如心理治療不能消除飢餓感等。

11. 低級需求比高級需求更部位化、更可觸知，也更有限度。飢與渴的軀體感，與愛相比要明顯得多，而友愛則依次遠比尊重更帶有軀體感。另外，低級需求的滿足遠比高級需求的滿足，更可觸知或更可觀察。而且，低級需求之所以更有限度，是從它們只需較少滿足物就可平息的這種意義上來說的。我們只能夠吃這麼一點食物，然而友愛、尊重以及認識的滿足，幾乎是無限的。

對以上內容進行概括後可以看出，馬斯洛的基本需求層次理論是一種包含多項聯繫的複雜結構。基本需求按優勢或力量的強弱，排列成一種層次系統；層次的基礎是生理需求，往上依次是安全需求、歸屬與愛的需求、尊重的需求、自我實現的需求；層次的順序是相對的，不是固定不變的；動機的發展是交替的，即一種需求只要得到某種程度的滿足而不是百分之百的滿足，就可能產生新的更高層次的需求；高層需求與低層需求，存在著性質差異。以上這種觀念值得擬定行銷策略的參考。

三、滿足消費需求的心理

滿足消費需求的心理，是行銷工作的終極目標，特別是引發消費需求的潛在誘因。對於我們為何不知道究竟是什麼塑造了消費的行為，以及它在多大程度上與我們的自我認知不一致等問題，社會心理學家們正在繼續探究其原因。

最近有研究已經表明，微弱得幾乎無法有意識察覺到的氣味，會影響我們的行為。我們的感官一直在持續的過濾資訊，在這個過程中，感官偏重於對資訊的處理，而不必引起我們有意識的注意。

例如，一位美國西北大學的學者及其同事準備了三個裝有不同氣味的瓶子，而且氣味的濃度極低，以保證絕大多數受試者不知道嗅到了什麼，然後讓受試者嗅其中一瓶的氣味，同時給他們看一張沒有表情的人臉圖片，並讓他們評估其好感度。研究者們發現，所嗅氣味的類別會影響人們對人臉圖片的反應，但只限於氣味沒有被有意識地察覺到的情況。我們的無意識心理善於收集資料，但它不會讓我們的意識心理干涉它收集的資料，或賦予這些資料的重要性。

在另一項研究中，研究者將一雙嶄新的耐吉（Nike）球鞋放在一間有著淡淡花香的房間裡，而將另一雙完全相同的鞋子放在一間沒有氣味的房間裡，結果發現，有84%的受試者說，他們更願意消費那雙放在有花香的房間中的鞋子。而另一項研究也發現，向一個賭場的一部分空間充入香味，會促使人們向吃角子老虎機多投45%的遊戲幣。

我們的視覺也是如此，人們的反應會受到眼睛在無意識注意的情況下所看到事物之影響。例如，美國學者進行了一項這樣的研究，那就是讓受試者在電腦螢幕前作一個測試，其中在半數受試者的電腦螢幕上會閃過一些單詞，速度快得讓人無法有意識地看清楚。這些單詞都與敵意有關，如敵對的、侮辱和不友好的等單詞。在接下來的一個表面上不相關的實驗中，研究者要求相同的受試者根據對一個人相互矛盾的一段描述，對此人作出評價：「一名行銷工作者叩響了大門，但不讓他進來。」那些看了一閃即過的「敵意」辭彙的受試者，比起沒有看過的人，評價所描述的人物更有敵意、更不友好。

以上的這些事實證明了，這種事先的影響甚至會凌駕於意識過程之上。例如，在實驗中，讓單詞在螢幕上一閃而過，然後讓人們迅速判斷這些詞的意思是褒還是貶。他們還將事先提示的單詞，以更快的速度閃現在螢幕上，好讓人們有意識地注意到，當然這些詞的意思有褒也有貶。研究人員發現，如果事先提示的單詞與公布的單詞不匹配時，人們常常會錯誤地判斷所看到單詞的意思。

雖然，研究單詞的影響只是一方面，但當研究者接下來將某些圖片，特別是與女性臉部有關的圖片給受試者看時，同樣揭示出了這些圖片影響了人們的反應。因此，商店牆上的一張圖片、廣告中的一個女演員、一名微笑的女性售貨員或是一名女性查訪員等，都有可能改變消費者的體驗結果。

根據上述觀點，商品的價格標籤是會對人們的期望產生影響，同時也會改變人們對商品的實際體驗。例如，美國加利福尼亞州的研究人員發現，受試者始終給一種酒有更高的偏好評分，原因是這種酒的標價高。實驗中，研究人員給受試者出示了相同的酒，但標價並不相同，然後讓受試者評定他們對酒的喜好程度。

儘管消費者可能都樂於相信他們的品嘗能力很強，不會單單受到價格的影響，但事實不應該如此肯定。在實驗中，研究人員對受試者進行腦部掃描後發現，在受試者被告知價格更高的時候，對味道和氣味所帶來的愉悅，進行解碼的大腦區域的活躍度提高。因為人們認為，個人對該商品的體驗會更好（這基於酒的經濟情境，即以酒的價格為基礎），那麼大腦酬償中樞在識別此一體驗過程中的感覺也會更佳。

其他研究也發現，亮度的變化和溫度的不同，都會讓人們產生不同的反應。浪漫時刻，通常會與微暗的光線和宜人的溫度聯想在一起；以上提到的這些相同的環境條件，使人們對一個中性刺激產生更積極的感覺，難道是巧合嗎？

另外，兩項研究也證實了，消費者對什麼影響他們的自身反應，以及對與無意識心理相關的行銷潛在價值，都知之甚少。例如，在美國伊利諾州的一家飯館中，在為用餐的食客提供免費酒水所做的兩項研究中指出，所使用的酒都是相同的且價格不高，但用不同的瓶子來表示不同品質的酒。在第一項研究中，食客認為酒更好時，純粹是從標籤上來判斷，對酒和食物的評價都會更好，用餐量也會增加。而在第二項研究中，飯館提供了一種從包裝上判斷是來自於更好產區的酒，食客對酒的好評率達到了

85%以上，而對食物的好評率也達到了50%以上。但如果兩週後，在這些受試者所在的大街上再訪問他們時，又會有多少人說：「我喜歡那裡的配餐，主要是因為酒看起來很好」呢？

對於市場調查而言，有些遺憾的是，所有這些研究之所以讓人們感興趣，僅僅是因為參與測試的人不能將其反應和行為歸因於正被實驗控制的變數，因為人們所見所聞和所感影響了他們的行為，但他們卻無法解釋是什麼影響以及如何影響了他們。然而，這種無法理解自我的缺憾，並不妨礙我們在調查中回答問題。

當然，所有這些由無意識處理的因素，存在於消費者的每次消費經歷中。我們不會在白牆、沒有氣味、空空如也的無菌實驗室內消費商品，所有形式的營銷都會將商品與相關元素關聯起來。然而，正如那些沒有銷量激增經歷的品牌所證實的那樣，行銷的的確確是一件時好時壞的事。

這正是因為成功的行銷，超越了它需求的意識覺知層面，而不是建立在用來指導行銷的意識評估之上。讓所有元素都圍繞在一種商品的周圍，可以使我們產生消費需求，然而最終它會被有意識地加以表達和解釋。確實，在絕大多數研究中，意識知覺完全否認了無意識的潛在影響。你可以利用圍繞在你商品周圍的元素，產生的無意識影響，但只有在你接受下面這種觀點時才有效，即無意識正在影響的人，永遠無法直接告訴你無意識正在發揮影響作用。

 思考問題

1. 消費者的需求從總的方面來看，可分為哪些？
2. 馬斯洛把人類的需求分成五個層次，分別是哪些？
3. 消費動機的發展並不是封閉式的，而是相互交替的，這是一系列的過程，它包括哪些交互作用？
4. 行銷工作的終極目標是什麼？
5. 除了嗅覺受無意識的影響，還有哪些感知也受無意識的影響？

消費心理學

03
掌握行銷潛在的影響力

消費心聲

哈佛大學行銷學教授杰拉爾德·薩爾特曼（*Gerald Zaltman*）認為，有95%的人類思想、感情和學習都是在無清醒意識的狀態下發生的。雖然，我們的大多數決定都有著清醒、理性的成分，但行銷人員的當務之急，應該是關懷客戶的情感需求和無意識需求。

本節「掌握行銷潛在的影響力」將承接前兩節的主題，將繼續討論以下三項個目：無意識與意識思考、無意識的潛在影響以及潛在意識關聯作用。

一、無意識與意識思考

前面提到過，人們在實驗中無法準確解釋是什麼影響了他們的消費行為，這一事實並未能夠解釋消費者他們消費行為的理由。換言之，我們的無意識動機（偶然消費），挑戰我們的有意識（有目的消費）結構。對於我們自己的心智而言，意識心理是一個強而有力的工具，擅於將我們的行為包裹上一層適合自我認知的虛偽外衣。

到底無意識處理過程比有意識思考先發生多久，這是神經科學的前沿問題，但先進技術正開始幫助我們對這一問題進行深入了解。最近，研究人員發現，利用精密的腦部影像技術，可以精確地預測受試者的「隨意」

Chapter 11
發展潛在行銷心理

選擇，比該受試者作出選擇，或是意識到這種有意識的選擇，要早10秒鐘。相對的注意到，當我們自己曾作出的決定，似乎需要一個很長的層級處理過程，而且我們無法有意識地接觸到這種處理過程的結果。

另一位神經病學教授安東尼奧‧達馬西奧（Antonio Damasio）在其著作《自己想到：構建人類大腦》（*Self Comes to Mind: Constructing the Conscious Brain*）中，也講述了他對一位存在學習和記憶障礙、名叫大衛（David）的病人所進行的研究。大衛的大腦左右兩顳葉遭受了大面積損壞，無法學習新東西，無法認出任何人，也無法記起他們的容貌、聲音或是他們說過的話。為了研究大腦是否需要在意識和情感之間建立連結，達馬西奧設計出了一種情境，讓大衛在幾天內分別與三個不同的人，進行三種截然不同的交流：一個是積極樂觀的人，一個是表現平常的人，最後一個是會使人不愉快的人。然後，給大衛看一組照片，每張照片上都有一位曾與他交流的人，再問大衛最想找誰尋求幫助以及誰是他的朋友。

儘管大衛記不住曾經見過的人，以及關於見面者的所有一切，但他還是能以一種方式進行選擇，這說明他已經將前幾天的經歷加入個人體驗之中，只是他無法解釋自己選擇的依據。這個極端的案例，進一步支持了我們不必經過意識思考就能高效行動的這種觀點。正如德國心理學家阿爾貝特‧默爾（Albert Merle）所證明的一樣，當我們的意識機能正常工作，我們善於編造一個適用於我們的理由。

我們的選擇性關注在持續篩選大量資訊，但這並不意味著這些資訊沒有被處理，相反的，為了篩選資訊，我們必須首先接受資訊。例如，一項研究所作的發現指出，當我們不是有意識地處理資訊時，我們的無意識心理會被傳遞給它的資訊所改變，而我們認識不到發生過這樣的改變，當然事後也就不能準確解讀這種變化。

無意識心理，似乎是以第一階段模式檢查器的身分來運轉的，是處理和反應鏈中的第一階段，有時也是唯一的階段。然而，由於人們不能直接接觸無意識心理所使用的參照標準，市場調查中的調查對象，也不可能準

確地說出無意識心理在他們決策中的作用。因此，調查提供的那些資訊，會引發調查對象在意識層面上作出反應，而這些資訊已經避開了心理處理過程的一個關鍵階段，只是人們無法認識到這個階段的存在。當詢問一名電視觀眾對一個新節目的名稱有何看法時，如果名稱中包含的字被觀眾的無意識心理過濾了，觀眾在實際選擇節目時，又忽略了有意識的評估，那麼這種提問便沒有任何意義。

另一種觀察無意識過濾發揮作用的方法，就是考察完全被電視節目吸引住的孩子。例如，若他們對一般的要求或提問，如：「小芬（3歲），你的襪子放哪兒了？」她置之不理時，那就用完全相同的語調試著問：「小狗熊（小芬喜愛的玩具）給扔到垃圾桶了？」這時，孩子的無意識過濾，會立刻生效以提醒他們將要發生危險了，此時電視對孩子所產生的魔力就消失了。

與之類似，一些可口可樂的消費者，可能會被百事可樂宣稱的更好口味給吸引過去，但這並不意味著可以據此斷定，可口可樂的整個消費者基礎被動搖了。當類似的罐裝設計發生變化，傳遞出配方更改、口味已經變化的消息時，消費者最有可能的反應是關注失去了什麼，而不是關注可能得到什麼。

二、無意識的潛在影響

有關這種無意識過濾過程及其影響的實際案例，行銷工作可以參考其作用作為促銷的工具。這種情形，在互聯網的零售商中俯拾即是。他們對網站作出小改變，然後利用分開對比測試，引導消費者隨機瀏覽同一網站的不同版本，觀察這種改變的影響，結果發現瀏覽者的反應差異懸殊。這些看似無意的設計上的變化，例如改變標題、調整一條資訊的位置或是同一網頁使用不同顏色等，都能改變人們對表面上相同的資訊作出的反應，也會帶來銷量的變化，而我們從來沒想過，這些設計元素會影響我們的行為。

美國網路零售商BabyAge.com通過使用不同的網頁布局（仍然如實反映該品牌網站的現有外觀和感受）進行了實驗，結果發現這種布局的調整，將超過22%的瀏覽者轉化為顧客。人們可能樂於認為，他們的購買行為是由營養補品的成分及其最有效的功能所決定的，所以當製造商Sytropin公司用一個告知性的藥品主題，與一個關注人們使用該產品後，生活會怎樣變化的主題，進行分開對比測試後發現，瀏覽該公司網頁的人之中，半數以上會進而購買。

我們將進一步解釋，人們會持續表現出一些特定的心理特徵，它比人們可能告訴自己的或是告訴向他們提問之調查人員的那些情況，更有可能決定人們對新事物作出的實際反應。事實上，消費者行為是驅動所有人類行為的複雜的大腦，所處理過程的一種反應。無意識心理「發揮作用」的程度，遠比絕大多數人願意承認的要高，就如同在本書中將要看到的，它首先會影響我們做什麼、怎麼做以及為什麼做。

無意識心理有多種功能，它能處理來自五官感覺的大量資料，能極快作出反應，也能同時觸發大量複雜行為，而且從我們學習開車和學習語言這些技能的方式中可以看出，相對於意識思考過程而言，無意識心理無疑地具有學習新知識的能力。另外，在塑造我們的行為時，它的作用並非完美無缺，由於無法接觸無意識心理的處理過程，我們首先會有意識地察覺到這個過程，是在我們發現自己正在做或正在說的時候。

三、潛在意識關聯作用

行銷工作可以應用消費者的無意識心理的關聯作用，作為促銷的工具。大量研究顯示，無意識心理是在關聯方面發揮作用。讓我們想像這樣一個場景下，每次你按一個紅色方形按鈕，就會被電擊一次，而按藍色圓形按鈕，會給你播放一首好聽的歌曲。

無意識會合理地在紅色按鈕與疼痛之間建立起聯繫，以在將來保護你。當下一次再看到一個跟你被電擊的那個紅色按鈕一樣的按鈕時，你有

多大可能會去按它？不同位置上，完全一樣的按鈕可能不會產生相同的效果，這種意識領悟，正是你用來戰勝不想去按那個按鈕的要求之依據，但是不想按按鈕的想法會先出現，如果你想克服它，就需要意識的介入。

這能成爲意識學習，而非無意識關聯的典型例子嗎？很多測試已經證實，我們能夠檢測到某種模式，並能在意識察覺到無意識已經作出預測之前，很好地調整我們的行爲。在一項研究中，受試者針對從兩副紙牌中，選出一副的結果進行打賭，其中一副牌被排列得不利於受試者。在他們明確說出選哪副牌更好的這個預感之前，已經發出的生理信號表明（已增加的皮膚電導反應），他們已經區分出兩副牌的風險。在第10張牌被選出的時候，皮膚電導反應就發生了變化，但直到第50張牌時，他們才說出預感。

這個時候，你可能會想：「不過，如果某個人能有意識地控制欲望，而不去按那個紅色按鈕，那麼發揮作用的就是他們有意識的思考。」但是在絕大多數情況下，當然也在絕大多數消費者情境中，人們不會挑戰自己（或是被自我挑戰），而使行爲背離他們的本能反應。相反的，他們的情感會被無意識關聯觸發，而且正像默爾的假說所說的那樣，他們會爲那種情感尋找正當的解釋。

例如，澳洲小說家湯瑪斯‧基尼利（Thomas Keneally）在解釋被他所發現德國商人奧斯卡‧辛德勒（Oscar Schindler）的故事，據此所講述的一個感人而有說服力的例子，後來這個故事成爲了小說《辛德勒的諾亞方舟》（Schindler's Ark）以及電影《辛德勒的名單》（Schindler's List）的基礎，內容講述的是一名叫辛德勒的德國人，在第二次世界大戰中以辦工廠爲名，盡力挽救猶太人的故事。

後來，當基尼利在紐約向一群有同樣痛苦經歷的猶太女性複述這個故事時，哪怕只是一個可預知的短途旅行，她們之中的幾個人也打開自己的手提包，從中拿出麵包片給他看，原來她們也隨身帶著麵包。另外，當基尼利在走訪一些受辛德勒保護的猶太人的過程中，他收集了這些猶太人講

述的大量悲慘且讓人震驚的故事時，其中就有一位正在澳洲雪梨過著舒適富足生活的猶太女性，她坦承無論離開住所去什麼地方，她都會在手提包裡塞一片麵包，儘管她身體健康、生活富足，而且距離那個恐怖的年代已逾30多年了，但從其出門到集中營的這種無意識關聯仍然存在。以上這些，說明了無意識關聯影響人們行為的方式。

我們不需要用極端的體驗，來證明消費者的行為正在被無意識深刻影響。多年來研究者一直與製造商和零售商們合作或是為他們服務，發現其中有一個因素最為重要，而且比其他因素更能使任何時期的銷售量迥然不同，那就是氣候因素。因為氣候決定特定企業的銷量多少，例如天氣冷時，消費者會多買熱湯；天氣熱時，碳酸飲料的需求會增多；天氣宜人時，人們會做其他事而非購物；在陰冷的雨天時，人們會到燈光明亮的地方讓自己振作，購物所觸發的情緒，會讓消費者感覺更好一些。以上這都是值得行銷工作應用在促銷工具上的觀念。

 思考問題

1. 對於我們自己的心智而言，一個強而有力的工具是什麼？
2. 無意識心理是用什麼身分來運轉的？
3. 對於無意識過濾過程，要如何運用到行銷工作上，請簡述之。
4. 對於無意識心理的處理過程，我們首先會有意識地察覺到這個過程是什麼？
5. 本書中所提到有關的「辛德勒的故事」中，行銷人員如何運用到行銷工作上？

行銷加油站

向消費者 **95%** 的大腦行銷

作為行銷人員，你一定有過投入大量時間和行銷資源，希望說服客戶卻慘遭失敗的經歷。腦神經行銷將結束我們的失落，幫我們搶占消費者95%的大腦——潛意識大腦，讓交易達成得輕鬆而愉快。

哈佛大學行銷學教授、著作人杰拉爾德·薩爾特曼（Gerald Zaltman）認為，有95%的人類思想、感情和學習，都是在無清醒意識的狀態下發生的。他並不是唯一一個擁有這種想法的專家，許多神經學家也都曾利用這個「95%的原則」，來揣摩潛意識下的大腦活動。

我們究竟能否得出一個精確的數值，還很值得懷疑，但所有神經學家一致認為，人類大腦內部發生著許多隱祕的事情，即「潛意識」。潛意識的力量可以從一項研究的結果中窺見一斑。

在研究中，研究人員利用腦電圖監控拼圖受試者的大腦活動，當受試者在將拼圖拼好後，過了足足八秒的時間，才會清醒地意識到自己完成了拼圖。其他研究也顯示，我們做決定時有些停滯，那是在我們尚未清醒地意識到之前，但大腦似乎就已經做出了決定。

絕大多數的人類行為都是在潛意識下決定的，多半的消費者一般無法理解，或者不能準確地解釋為何會在市場上做出這樣的選擇。儘管我們知道，理性、清醒的認知過程，對人類的決定只有微弱的影響，但我們往往還是將大部分訊息聚焦在消費者思維這窄窄的一隅中。我們給出數據、功能列表、成本／收益分析等，卻對大腦活動中那片廣闊的、情感的以及非語言的潛意識部分視而不見。

雖然，消費者大多數決定都有著清醒、理性的成分，但行銷人士的當務之急應該是關懷消費者的情感需求和無意識需求。行銷人員提供事實依據並非是壞事，這雖有助於消費者利用理性的頭腦，來證明自己決定的正確性，但卻別指望這樣能將產品賣出去！

Chapter **12**

掌握成功心理建設

01 打造心理建設的基礎

02 發展有效的心理建設

03 掌握最佳的心理時機

本章所設定的目標是「掌握成功心理建設」，將要討論以下三個重要議題：打造心理建設的基礎、發展有效的心理建設以及掌握最佳的心理時機。

01

打造心理建設的基礎

消費心聲

　　著名的音樂家德萊（*H. W. Dresser*）曾經在其著作*The Quimby Manuscripts*中，留下一句對行銷人員鼓勵的話：「盡可能做到最好。」換言之，對每一個行銷人員來說，當你盡可能做到最好的時候，成功是可以預見的。人生的一個轉換點是在我們明白了因果定律的時候。這個定律說明了每個結果，如高收入等，總是存在著特定的一個或多個原因，若一位行銷人員做了別的成功行銷人員所做的那些事情，那他最終也會得到與他們所得的相同結果。

　　根據「打造心理建設的基礎」的主題，討論以下四個項目：熱愛自己的工作、擁有明確的期望、追隨行銷領先者以及發揮行銷創造力。

一、熱愛自己的工作

　　參考行銷專家基特森（Harry Dexter Kitson）出版的「*The Mind of the Buyer: A Psychology of Selling*」一書中特別指出：「我們想與你分享一些獲取巨大成功的原因或理由，那就是你實踐得越多，所得到的結果就越好。」一旦你了解了這些概念，就可以多次進行實踐，你實踐得越多，獲取最優結果所需的努力就越少，就會步入行銷職業生涯的快車道。

　　首先，行銷人員打造心理建設的基礎，就要做到熱愛自己的工作，所

有真正成功的高收入者，包括行銷人員與管理者都熱愛他們的工作。因此，行銷人員必須學會熱愛自己的工作，並致力於成為本行業的佼佼者，這兩者是相輔相成的。

需要投入多少時間，就投入多少時間，無論路有多長、付出的代價多大，都要成為最擅長自己所做工作的人，盡全力做到最好、最優秀，加入頂尖的10%之列，而這都需要一個決心。讓人悲哀的是，大部分人常常會花費自己的一生去行銷，但從沒想到過自己應該盡全力做到優秀。行銷的成功，是屬於那些在行銷關鍵領域中強那麼一點點的人。如果你投入時間、做出努力，真正地把全部心力都投入自己所做的工作上，並學會熱愛行銷職業，那麼你就會變成職業行銷人員中成功的一分子。

心理學家發現，一般人們都永遠不會感到真的幸福，除非能知道自己擅長所做的事情。所以，大多數人都絕不會真心覺得自己很棒，或認可自己是一個有價值的人，除非能在自己所選擇的領域裡變得非常優秀。當了解了自己擅長所做的事情後，人們的自尊感就會加強，但若一個行銷人員不能特別擅長自己所做的事情，且自己的能力和才幹不被他人所認可時，那就會感到不快樂、無心工作。

每個人都有擅長某些事情的能力，每個人也都有能力出類拔萃，就像大自然在每個人體內都植入了「優秀基因」一樣。發現自己所擅長的領域並進而全心投入，就會變得真正更擅長那個領域，而這些都取決於每個人的所作所為。例如，美國NBA職籃選手喬丹（Jordan），曾因為神準的投籃技巧而備受稱讚，曾有記者問他：「你天生具有這種偉大的運動能力，真是幸運啊！」但喬丹卻回答說：「每個人都有能力，而才幹源於辛勤的工作。」許多人誤認為，如果他們具有在某個方面出類拔萃的能力，這些能力就是天生的。事實上，這些優秀都是多年來朝著同一個方向努力專注的結果，因為沒有什麼能代替辛勤的工作，正所謂「勤能補拙」。

二、擁有明確的期望

其次，行銷人員要能明確自己的期望，來打造心理建設的基礎，不要漫無目的或是茫然失措。明確什麼是你一生中想要的東西，把這個設定為目標，然後確定你將需要付出多少代價來實現它，但是，大部分人從來沒有做到這樣。根據研究指出，大約只有3%的成年人設立過目標，而這些都是各個領域裡最成功和收入最高的人，他們大多是行動者和策動者、創造者和革新者、頂級行銷人員和企業家。

以下有幾個設立目標的方法，提供讀者參考。

（一）目標設立步驟

行銷人員可以運用以下六個步驟，來完成設定和實現目標：

1. 明確自己想要什麼

例如，若想要增加行銷成績，就具體的明瞭想要獲得的準確目標數量或金額。

2. 把目標寫下來

一個沒有寫下來的目標只是幻想而已，其背後沒有任何力量和活力，就像是沒有火藥的子彈或空中標緲的煙霧。

3. 確定目標最後完成日期

在潛意識的思維裡需要有最後完成的日期，且它需要一套「強制系統」來激發自身的所有能量，而如果目標足夠大，則還要訂下細分目標的最後完成日期。例如，以一個十年一期的目標，除了要為每年設定子目標外，並要為下一年度的每個月設定更具體的目標，不斷對比這個目標和最後完成的日期，以衡量目標的進展。

4. 列清單

把所能想到的、可為實現目標而做的每件事情列張清單，而當想到新的事項時，就把它們也加到清單上，不斷在這個清單上下工夫，直到它臻於完善，能在清單上寫下的單個步驟越多，就會越熱衷於完成目標，且會有更多的動力。

5. 依優先順序調整自己的清單

要有一個計畫決定完成目標的先後順序的步驟表，依序完成這個步驟表，那就會比那些只有願望和憧憬的人更快速地達到目標。

6. 對目標採取行動

人們能夠達到目標、獲得成功的主要原因是，因為他們是行動導向的人。相反地，人們失敗的主要原因，是因為他們不採取行動。

（二）立即設定目標

有個練習方法，就是寫下10個你想在接下來的12個月裡達到的目標並加上日期。一旦列好10個目標後，瀏覽一遍清單捫心自問，如果能在24小時內完成一個目標，將對工作生活產生最大的、積極的影響是什麼？然後，再思考以下的六個問題：

1. 這個問題的答案，將成為你的主要目標，因為這是你工作生活的主要原則或焦點。
2. 把這個目標轉移到一張乾淨紙張的頂端，清楚細緻地寫下，把它變得可以衡量與實現。
3. 為你何時想實現目標，設定一個最後完成的日期。
4. 列張清單，寫下你能想到的、為了實現目標你將不得不做的每件事情。
5. 按優先順序組織清單，制定計畫。

6. 對目標採取行動，然後每天做些事情，直到完成。

（三）失敗不是選項

在行銷競爭的市場上，失敗雖然無可避免，但應當事先下決心，永不放棄，直到實現這個目標，因為失敗絕對不是選項。例如，可以每天早晨起床的時候，思考這一目標，並在全天的工作中，都想著這個目標，再與生活中最重要的人討論這個目標，到了晚上入睡前，想想這個目標，想想完成它時看起來會是什麼樣子，要不停地描繪你的目標，就好像它已經現實了一樣。

（四）改變你的生活

以上這些建議的練習，將會對生活有所改變。如果能有毅力和決心，並遵循上面所列的步驟，那麼一年之內或可能更快，會發現整個工作、生活將會發生改變，行銷業績和收入也將會有戲劇性地增長。進而會開始感到自己棒得不得了，也將開始在生活的各方面有了迅速的進步。最後，更會把那些有幫助的人和客觀條件，都能吸引到生活中來，而奇蹟也將會發生，正所謂「物以類聚」。

三、追隨行銷領先者

再者，行銷人員要跟隨那些領先者的腳步，來打造心理建設的基礎，做那些成功人士所做的事情，做同行裡頂尖人士所做的那些事情，模仿那些在自己人生中有所成就的人，因為有些人所獲得的東西，可能就是你將來所想要獲得的。所以，做為一位優秀的行銷人員，就要跟隨著這些領導者的步伐，而不是去跟隨那些領導者的跟隨者。

（一）選擇自己的榜樣

看看自己的周圍，誰是讓你最敬佩的人？哪些人得到的東西，是你在

未來數月或數年裡想得到的？識別行業中，哪些人是最優秀的，然後按照他們的樣子，設計自己決心成為他們的樣子，盡可能地與他們聯繫。如果你想知道如何成為成功的行銷人員，就到企業中最優秀的人那裡去，請他們給些意見，詢問他們應該讀什麼書？聽什麼語言課程？上什麼課？並詢問他們對待工作和客戶的態度、哲學和方法。

（二）詢問建議

如果真心想成功，就向最有行銷經驗的人學習，而那些非常忙於自己生活和工作的人，也總會樂於找時間幫助你，因為成功人士總是樂於幫助他人成功的。當你向成功人士請教時，要接受對方的建議，例如做成功人士鼓勵你做的那些事情、買書閱讀、聽廣播節目、參加課程並練習自己所學的東西等，然後回過頭再找到那個人，告訴他，你做了些什麼，那個人就會給你更多的幫助。

例如，不久前，在一次研討會上，有1,000多名行銷人員參加。中場休息時，一位行銷人員來到我們面前，給我們講了一個故事，很有意思。當時，我們就明白他的成功源於他的外表，因為他穿著適當、修飾得體、自信、積極、放鬆而且平和，而且對自己有成功的感覺。

他告訴我們，當他起步時，曾與初級行銷人員混在一起。在起初的六個月裡，他注意到公司裡有四位行銷人員很出色，而且他們似乎只是相互間往來，不怎麼與初級行銷人員混在一起。於是，他觀察了一下初級行銷人員包括他自己，還有那些頂尖行銷人員，立刻察覺到一件事情，那就是高收入行銷人員的穿著要比低收入行銷人員好很多，他們瀟灑時髦、穿著考究、看起來很專業，就像成功人士一樣。

有一天，他問其中一位頂尖行銷人員，自己能做些什麼，才能更成功一些，這位行銷人員問他是否在使用「時間管理法」，並講述了自己正在使用的方法，還告訴他方法。之後，他利用時間的效率開始提高了。從那以後，他開始按頂尖行銷人員的樣子塑造自己。他不僅向他們請教讀什麼

和聽什麼，他還觀察他們，把他們當成自己的榜樣。每天早晨出發之前，他都會站在鏡子前問自己，自己看起來像部門裡的一位頂尖行銷人員嗎？看起來像那麼回事是他對自己嚴格的要求，特別是關於自己的穿著打扮，如果他感到自己看起來不像頂級行銷人員，那麼他就會不停地更換衣服，直到相像爲止，他才會出發去工作。

一年之內，他成了部門一位傑出的行銷人員。他也只跟其他優秀行銷人員打交道，也已經變得和他們一樣了。由於高水準的行銷業績，他受邀參加全國行銷大會。在大會中場休息時間，他走到來自全國各地的每位頂尖行銷人員面前，向他們請教，也得知了這些頂尖行銷人員們所做的，以及讓自己從最基層做到最優秀的一些事情。回家後，他給這些頂尖行銷人員們寫了感謝信，並把這些想法付諸實踐。

隨後，他的行銷業績不斷攀升，遠遠超越了別人，很快地就成爲部門的頂尖行銷人員了，再後來成爲全州的頂尖行銷人員。前後經過五年的時間，他改變了自己的人生，在全國行銷大會上，應邀到台上接受獎勵，到了第八年的時候，他成了全國頂尖的行銷人員。

這位行銷人員回憶說，自己的成功全是因爲向其他優秀行銷人員請教他們在做什麼，並按照他們的做法去實踐。據他了解，即使這些優秀的行銷人員因爲行銷業績突出而年年上臺領獎，但他卻是第一個找到他們，並向他們請教的人。

（三）跟著鷹飛翔

《奔向成功的社會》（*The Achieving Society*）一書的作者就發現，人生中成功和失敗的主要區別，在於對「參照人群」的選擇，他認定「物以類聚，人以群分」的道理。參照人群，就是所挑選出的和交往時間最多的人群，這個人群在很大程度上決定了你一生中將獲得什麼，因爲你傾向於採取周邊人群的價值觀、態度、衣著和生活方式做爲榜樣。如果你與成功人士交往，你就會傾向於採納他們的態度、哲學、言談、穿著方式和工作

習慣等，很快地，你就會開始取得他們做出的那些成就。

作者還發現，如果選擇的是負面或動機不明確的參照人群，則該選擇本身就足以宣判一個人一生都碌碌無為、一事無成了。一個人可以去上最好的大學，獲得最好的教育，擁有最卓越的才幹和能力，但是如果他與不成功的人群相處，他同樣也會變成一個失敗者。

我們已經發現，對參照人群的改變，例如從一班人換成另一班人，或者開始與成功人士交往，可以改變你的生活和結果，就像美國激勵大師齊格‧金克拉（Zig Ziglar）所說的：「如果你總是和火雞抓來撓去，那你就無法與蒼鷹齊飛。」

人類和變色龍很雷同，因為我們會學習與我們交往的那些人的態度和舉止，然後就會變得像這些人，而且我們也會接受他們的觀點，尤其是他人的觀點和見解，能對我們施加巨大的影響，改變我們考慮和認識自身以及舉手投足的方式。

四、發揮行銷創造力

最後，行銷人員打造心理建設的基礎，就要啓用天生的創造力，把自己當成一個高智商的人，甚至是天才，承認自己擁有大量的創造力儲備，擁有很多自己從未使用過的創造力，一遍又一遍地大聲說：「我是天才！我是天才！我是天才！」雖然聽起來有點誇張，但事實上每個人都能在一個或更多領域中，表現出天才的水準。在你體內有與生俱來的能力，且儲存著無限的創造力和智力，可以讓你做得和變得比以前強，甚至超越以前的所有成就。

（一）利用自己的天賦

人一生中的一個最大目標，應該是識別自己特有的天賦，並把這些天賦發揮到最高水準。例如，在一次試驗中，有95%的小孩表現出天才水準，但當這些孩子長大後再做測試時，卻只有5%還能表現出高水準的創

造力和想像力。

適合你的天賦或特有才能的最好領域，或許會是行銷藝術，但能在行銷中的七個關鍵技巧都表現出高水準的，也只有大約10%的行銷人員完全適合。因此，一位成功、頂尖的行銷人員，要明確地識別出自身特有的天賦，再將這些天賦加以發揮到最高水準。

（二）如何發現特有天分

如何發現自己的特有天分，以下有五種方法，可以讓你用來發現自己在行銷工作的哪一方面具有特殊天分：

1. 它是你喜歡做的事情。
2. 它是吸引你所有注意力的行銷個案。
3. 一生都樂於面對挑戰、更加熟練地掌握它。
4. 樂於談及你的挑戰、討論它，並聽到有關於它的事情。
5. 挑戰問題是容易面對、容易克服的事情。

總而言之，行銷人員若能發現自己的缺點，隨時改善。掌握自身的天賦，並加以發揚光大，那麼成為一位成功、頂尖的行銷人員，就指日可待了。

1. 行銷人員如何打造心理建設的基礎？
2. 請簡述如何做到熱愛自己的工作。
3. 行銷人員設立目標的方法，可以有哪些？請簡述之。
4. 如何完成目標程序？請簡述之。
5. 如何發揮行銷創造力？請簡述之。

02
發展有效的心理建設

消費心聲

發展有效的心理建設，是行銷人員長期、甚至終身要學習的重要課題，否則當成功的時候，要如何面對「高處不勝寒」的孤獨呢？一旦了解了「獲取成功的原因或理由，就是實踐得越多，所得到的結果也就越好」這些概念後，就會成為一位優秀的行銷人員。

承接前節的主題，本節將以「發展有效的心理建設」爲主題，繼續討論。而討論的內容，包括了以下五個項目：心理建設黃金法則、行銷的毅力和決心、勇於付出努力代價、獲得消費者的信任以及堅持自我終身學習。

一、心理建設黃金法則

發展有效心理建設的第一項課題是，行銷人員要善用黃金法則，而這個黃金法則就是「你想讓別人如何對待你」。行銷人員在與別人的所有交往活動中，首先把自己當成一個客戶，然後思考著：「你想如何被人對待？」很顯然地，你希望行銷人員能夠坦誠地來對待你，也就是你希望這位行銷人員能花時間了解你的問題或需求，並進而一步步地說明他的方案，是如何幫助你改善自己的生活和工作，而且很划算。因此，你會意識到誠實、坦率交往的重要性，也就是你會讓行銷人員解釋其產品的優缺

點，接著你會讓行銷人員信守承諾，完成他向你保證的事情。

如果以上這些，都是你想從向你推銷的行銷人員那裡得到的東西，那麼也要確保你也會把這些傳送給每一位願意和你攀談的客戶。

應用荷蘭哲學家伊曼紐爾‧康得（Emanuel Kant）曾說過的金玉良言：「開啟你的人生，就像你的每個行動，都將成為所有人的通用準則一樣。」想像一下，在你周圍的每個人都將按照你做事的方式待人接物。當你把這個作為自己的行為標準時，就會發現自己正在應用黃金法則，對待每個人都像對待一個擁有百萬美元的客戶一樣。

我們不妨捫心自問，如果公司裡面的每個人都和我一樣，那麼會成為怎樣一個公司？想像每個遇見你的人都會根據你如何對待他，來判斷你的整個公司、管理、產品、服務、品質和維修以及後續服務。傑出人士的標誌，就是他們會按照高標準來要求自己，而且拒絕在自己的標準上讓步，並會時時想像著被每個人注視，哪怕根本沒有人在注視。因為，從研究中也指出了，可以根據一個人在獨處時的行為舉止，來判斷出這個人的品行。

二、行銷的毅力和決心

發展有效心理建設的第二項課題，就是行銷人員要用毅力和決心支援自己的目標。一旦開始了，對於失敗的可能性連想都不要想，要用百折不撓和永不服輸的意志來支撐自己的目標，決意為了自己的成功以及完成那個目標，不要有任何保留，而全心投入，全力以赴，堅信沒有什麼能難倒你、阻礙你。對於每天都會遇到的不可避免的逆境、異議和失望，要積極地面對與應對。而根據你的應對能力，可以判斷你在未來幾年內的進步，而你在挫折面前的執著程度，是對自己相信程度的尺規。

希臘哲人埃皮克提圖（Epictetus）曾說：「環境造就不了人；人，不過是自己發掘自己。」逆境告訴我們，不要在乎摔出有多遠，要在乎能彈回有多高，而根據彈回的高度，就能說出成功的程度。你的彈性程度，就

是品質的標誌和尺度，而忍受行銷工作中的辛苦、沉重打擊的能力以及堅持再堅持的能力，就是決定最終成功的因素。

三、勇於付出努力代價

發展有效心理建設的第三項課題，就是行銷人員要付出成功所需的代價，或許它比其他東西都重要的是，要有努力工作的決心，這是成功人生的一個最關鍵之處。

在為《鄰家的百萬富翁》（*The Millionaire Next Door*）進行背景研究時，作者斯坦利（Thomas J. Stanley）和丹柯（William D. Danko）訪問了幾千位自我奮鬥成功的百萬富翁，詢問他們把自己的成功歸功於什麼。在美國，靠自我奮鬥而成功的百萬富翁中，有令人震驚的85%承認他們不比別人聰明或能幹，但他們卻比任何人都要「努力得多」，且持續了很長的時間。

行銷人員成功銷售的關鍵，就是要及早開始、辛勤工作、晚點下班，去做平常人們努力避免做的小事，堅持「工作時間全部用來工作」，不要浪費時間，快速行動，產生緊迫感並熱衷於行動。

（一）全力以赴

全力以赴、辛勤勞動和成功人生，可以拿來與飛機的起飛和航行作一比較。當你進入飛機跑道朝盡頭滑行時，會呼叫塔臺，並請求准許起飛，一旦得到了許可，就可以開足馬力，滑向跑道，飛入空中。此時，如果只給飛機加了80%或90%的馬力，那就永遠都不會達到起飛的速度，反而會停留在地面，直到衝出跑道墜毀為止。所以，這就是說身為成功優秀的行銷人員，凡事都要全力以赴、全心投入，才能達到目標。

（二）毫不保留

不要有所保留，人生中也大概如此。雖然，大部分人都會辛勤工作，但是他們並沒有全力以赴、全心投入，結果是永遠都達不到像飛機起飛點

一樣，把自己向所在領域更進一步，反而卻只能在原地踏轉不進，依然停留在一般行銷人員當中。

假設你能開足馬力，沿著跑道高速行駛，並提升速度，你就會很快地起飛，不斷攀升，直到最後達到航行速度，一旦達到航行的速度，可以鬆開油門放鬆一點，在整個旅途中保持在那個高度。所以，假如能在行銷的生涯中，特別是在開始時全力以赴，使用100%的精力，全心的投入，那就必能衝出碌碌無為的人群，成為一位頂尖的行銷人員了。

人都有與生俱來的本能，只有在全心投入及全力以赴後，才能晉升為頂尖行銷人員之列。而以下有六個建議，可協助行銷人員達到這個目標。

1. 現在就下決心成為本行業裡最優秀的行銷人員之一，不怕付出任何代價，做出任何犧牲都永不放棄，直到成功。
2. 終身學習。
3. 合理管理自己，做好時間管理，事先仔細制定計畫，堅持讓每分鐘都發揮作用。
4. 做自己愛做的工作，全心全意投入自己的工作中，精益求精、永無止境。
5. 事先下定決心，絕不放棄，直到實現自己最重要的目標。
6. 列出努力的目標，訂定日期，並如期完成。

四、獲得消費者的信任

發展有效心理建設的第四項課題，就是行銷人員要認識性格決定一切，捍衛自己的品行，就像捍衛神聖的東西一樣。在我們這個社會裡，沒有什麼會比你一生的品行還要重要。在商業和銷售中要取得成功，就必須要有信譽，只有當人們信任你、相信你的時候，才可能成功。美國學者史帝芬‧科維（Stephen Covey）就曾說過：「要想被人信任，就要值得信任。」在無數的研究中，信任因素都被認為是最重要的區分指標，它把兩

個不同的行銷人員區分開來，也把一家公司與另一家公司區分開來。

世界級的勵志大師與行銷大師等美國行銷領域的頂尖人物們，一致強調誠實的重要性。誠實，意味著總能信守自己的諾言，總能講真話。另外，對自己實事求是，還有一個因素也和品行同等重要，例如莎士比亞曾說過：「真誠對待自己，那麼必然地，也就不會虛偽對待他人；它如同黑夜和白天必然相隨一樣。」

行銷人員要盡最大可能、按自己所知，真誠面對自己，要實事求是地對待自己，絕不欺騙自己，而且必須完全誠實，不要奢望事情能夠或將會是一種不同於現實的樣子。因為，實事求是面對世界和看待生活的能力，而不是希望事情會變成什麼樣子或是能變成什麼樣子。大多數人都非常誠實，不說謊、不欺騙，也都會辛苦工作、安分守己，並與他人正大光明地打交道，但是即使是最誠實的人，有時也會祈求、希望、企圖相信不現實的事情。

遵循「實事求是」原則的通用電氣（General Electric Company，簡稱GE，或譯為奇異）前任總裁傑克・韋爾奇（Jack Welch）曾說：「領導的最重要原則是『實事求是』。這一原則建立在對真理的需要之上，而無論真理把我們帶向哪裡。」他又說：「實事求是對待世界，而不是依照你希望它成為的樣子。」無論何時，當他需要處理通用電氣遇到的問題或困難時，他的第一個問題會是「實際情況是什麼樣的？」在你的生活中，真誠面對自己和實事求是對待自己，是非常重要的。

真誠面對另一個你，這點非常重要。有些事情可以把你導向你設下的目標，而對於這些事情，不管它是什麼樣子，你每天都要做，都要面對生活的實際情況，這才是真正誠實的人的標誌。

五、堅持自我終身學習

發展有效心理建設的最後一項課題，那就是行銷人員要致力於終身學習。你的大腦是最寶貴的財富，你的思維品質決定了生活的品質。不久

前，有位大學生向所有《財富雜誌》（*FORTUNE*）評比500強企業的老總，發出了一份調查問卷，問卷裡有39個問題。這些老總中，有83位完成了問卷，並把問卷寄回來，能從這樣一群大忙人那裡獲得這個數目的回覆，可真不尋常。

這個學生仔細處理了問卷，以找出這些商界領袖認為的成功原因。在這些頂尖人士給出的建議中，有一項或許是最相同的，那就是「永不停止學習，變得更好」的建議，這些建議被他們一次又一次地重複著。而這些建議，例如閱讀、聽語言課程、參加研討和課程等，也非常適用於行銷人員，但絕不要忘記最有價值的資產是大腦，因為它是可以增值的。

每個人在人生的起步階段，知識都是有限的，但有些人卻可以憑藉著這些知識，為他人謀得利益，來增加自己的價值，正如你所了解的，在這種情況下，你就變得更有價值，而你所獲得越多的、可用於實際目的的知識，你的回報就會越多，收入就會越高。

隨著年齡的增長，所獲取的經驗就更多，閱讀更多書籍，更新自己的技巧，進而增加知識，當然人生的回報也會增加。在自己的人生之路，朝著那些可能為準備的成功前進，在這一過程中，因果定律正在發揮著作用。在成功路上，因果定律被總結為「學習並付諸實踐」，每次的學習和實踐某種新的東西，都是在自己的道路上朝前邁進。當停止學習和實踐時，就會止步不前，而當再次開始學習和應用自己所學的東西時，它又開始前進了。學習和實踐的越多，朝著道路前方邁進的速度就越快。

但是，如果不能常常更新自己的知識和技巧，就會失去自己的優勢，而目前所擁有的知識和技巧，就會變得越來越過時，越來越沒有價值了。而若無法經常的學習和成長，那所擁有的知識實際上就會減少，所以要永不停止學習。

總而言之，明天的不合格行銷人員，他們是今天停止學習的人。不長進者是不再學習、進步和提高自身價值的人，而不讀書的人與不長進的人沒什麼區別。因此，想要成為一位成功的行銷人員，就必須要不斷地學

習、不斷地精進，抱著誓達目的的決心。

 **思考問題**

1. 發展有效的心理建設，有哪些課題？
2. 請簡述行銷人員如何善用黃金法則。
3. 行銷人員如何運用毅力和決心，來支援自己的目標？
4. 請簡述行銷人員成功銷售的關鍵。
5. 請簡述如何獲得消費者的信任。

03
掌握最佳的心理時機

消費心聲

　　讀者是否有碰到過以下的情況：消費者已經決定購買或者簽單時，行銷人員遞出了一枝沒有墨水的筆，或者遇到一個突然打來的電話、孩子的哭聲或大街上突然發生的事故等，消費者馬上改變了心意。這是因為，行銷人員錯過了消費者同時存在的很多想法，而每個想法都指向一種可能的行為，判斷出並利用好「行銷心理最佳時機」，能夠幫你提高成交率。

　　本節「掌握最佳的心理時機」將承接前兩節的主題，將繼續討論以下四項個目：掌握消費心理現象、掌握消費者的想法、掌握消費最佳時機以及如何迎接消費最佳時機。

一、掌握消費心理現象

　　對經驗豐富的行銷人員來說，引導消費者進入決定階段時，這是行銷工作中最重要的時間點，也是很多行銷人員被絆倒的地方。有些行銷人員有能力讓消費者對商品印象深刻，產生濃厚的興趣，並產生強烈的欲望，但卻不能讓一個銷售以購買行為結束，因為他處理不好這個「行銷心理最佳時機」上發生的事情。

　　掌握消費心理現象，就是能夠掌握行銷心理最佳時機。最佳時機並不是只發生在商業買賣銷售活動中，它也會發生在所有與人類相關的活動

中，例如從餵小孩吃飯這種小事到世界大戰落幕這種大事，無論事情是崇高還是渺小，所有的事情中都存在著「行銷心理最佳時機」。這一最佳時機，可以是精明的福音傳教牧師發現他的聽眾已經做好了受洗準備，也可以是輕浮的浪蕩子感到他不會再被拒絕，可以開始下一步行動了。

行銷心理最佳時機，可以包含在許多情況中且不受心理因素影響，它的使用範圍廣泛，經常出現在日常生活中。事實上，這個詞語會帶給人們一種神祕莫測的感覺，所以自古以來，無論是博學之士，還是平凡民眾都曾想過描述它的存在。莎士比亞曾經寫過這樣一首著名的詩歌：「世事的起伏本來是波浪式的，人們要是趁著高潮勇往直前，一定可以功成名就。」

拿破崙則指出了，這個時刻在決定戰爭勝負時的重要性：「所有戰爭中，這個時刻發生在勇敢的軍隊感覺想逃跑時，這個時刻的恐懼是因為他們內心缺乏信心。此時只需要一點機會，一點虛張聲勢的鼓勵，就可以讓他們重新恢復過來。」他又說：「在阿勒奧拉時，我帶領25個騎兵打贏過一場戰爭。在那個關鍵的時刻，我裝作非常放鬆，看起來似乎情勢盡在掌握之中，我還給每個人發了一支小號。其實兩支部隊交鋒，就像兩個人赤手空拳打架一樣，誰都可能打敗對方取得勝利。恐懼在軍隊中出現的時刻，必須被牢牢抓住，而且一定要將恐懼扭轉成毫不畏懼。一個人身經百戰之後，就可以輕鬆地分辨出這個時刻，分辨的過程就像做加法一樣簡單。」

掌握「行銷心理最佳時機」做起來，肯定沒有寫起來這麼簡單輕鬆，事實上，這是一場嚴峻的心理考驗。為了分析消費者在此一行銷心理最佳時機的狀態，行銷人員必須跟隨本書的安排，回顧一下消費者在整個銷售過程中的一系列心理活動變化情況。

二、掌握消費者的想法

當銷售發生時，消費者腦海中同時存在著很多想法，而每個想法都指向一種可能的行為，如果這些想法中有一個勝出，其他的想法就必然消

失。因此，行銷人員所面臨的問題，其實可以簡化為如何加強消費者心理的中心想法，進而消滅其他想法。

但要達到這個目的，看起來是非常困難的。例如，以汽車銷售為例來說，當消費者走進汽車銷售處時，就已經被灌輸了購買產品的想法，但此時他腦子裡還有很多其他想法，這些想法可能是購買一輛車會花光所有的銀行存款，也可能是購買一輛車會讓他感覺愉悅。當然，除以上兩種想法外，他還可能有其他想法，例如除了想購買的這輛車，還對其他幾輛車也頗感興趣，也想看看那幾輛車等，這些想法熙熙攘攘地充滿了他的心理活動空間。

此時，可以用一幅圖畫來表示他的心理狀態，畫面上表示心理活動的大圓，中間有一個代表中心思想的同心圓，還有很多斑點一樣大小不一的小圓圈，每一個圓圈都代表一個想法，圓圈大小象徵著這個想法力量的強弱。由此可以看出，每個小圓圈代表的想法和中心思想的同心圓之間的關係，不盡相同。這些想法有的和中心思想站在同一條戰線上，有的則站在中心思想的對立面上。不過，無論這些想法是贊同中心思想，還是反對中心思想，都會被中心思想吞噬，然後中心思想不停地壯大，直到將所有其他想法擠出心理活動的範圍。而如何滋養這中心思想，讓它順利生長壯大，則是擺在每個行銷人員面前的問題。

從心理學角度上來看，行銷人員不是汽車販賣者，而是消費者心理活動的操作者，他的任務就是不停地煽風點火，讓消費者心中購買汽車的中心思想火焰熊熊燃燒，除了這把火焰外，其他與消費者生活相關的想法，都會變得無關緊要了，例如即將空空如也的銀行帳戶、未來汽車昂貴的保養負擔、房子的貸款和去年沒付完的煤氣費等，都會在熊熊的興趣之火面前被掩蓋了。

此時，購買汽車的想法，在消費者簽下支票和分期付款合約前，都非常美好，而一種淺薄的理解認為，只要行銷人員努力將消費者腦中那些反對購買行為發生的想法控制住了，銷售過程就會一帆風順。另外，如果消

Chapter 12
掌握成功心理建設

費者腦中有購買另一輛車的想法，最恰當的做法就是不要試圖去打消他的這種想法，因為每一個對那輛車不好的詞語，都會引起消費者的反感，只因任何批評和譴責對手商品的行為，都會被認為是不道德的商業行為。此處還可以引申得更遠點，無論是讚美還是批評對手商品的行為，從心理學上來看，都不應該發生，因為和這種想法相關的詞語，都會給行銷人員帶來更多的麻煩。

那麼，要如何才能讓消費者驅逐那些行銷人員不想要的想法，加強他想要的想法呢？答案是，讓消費者注意到中心思想的存在。當消費者注意到中心思想時，那些行銷人員不想要的想法的力量，自然就被減弱了。如果用腦部能量的觀點來解釋這個心理學過程，描述將會被大大簡化。在很多心理學家眼中，大腦中包含著許多獨立的觀念系統，每個觀念系統都可以產生一個想法，只要有了大腦能量的支持，這些想法就可以引起行為上的動作。當大腦的能量，被分配到很多不同的系統上時，每個系統占有能量的多少，就取決於觀念系統的強弱程度了。

在行銷工作中，如果中心思想要變得強大，中心思想所在的大腦觀念系統，就必須吸收其他系統的能量，直到其他系統的能量全部被吸收了，才意味著中心思想的勝利。當再回到用心理學方法描述銷售的討論主題之前，需要稍作暫停，先詳細地分析加強中心思想的方法。簡單地說，這種方法就是用具體的素材，來潤色中心思想。

在這個汽車銷售案例中，行銷人員要展開描述汽車具體的優點，例如它的動力強勁、引擎運行流暢、乘坐舒適和裝飾優雅等。同時，還必須提出很多支持中心思想的小論點，而這些小論點是針對這個中心思想的背景來描述。例如，行銷人員可以描述這輛車如何將消費者和他的家人送到森林深處露營的場景，也可以斷言這輛車能如何展現消費者富裕的生活狀態等等。

隨著中心思想力量的一點點變大，消費者腦中那些行銷人員不想要的想法力量就會逐漸被削弱，最後這些想法就自然消失不見了，毫無疑問

地，此時中心思想就占據了大腦的完全統治地位。

三、掌握消費最佳時機

行銷心理最佳時機發生在中心思想轉變成行為的前一秒，此時只剩下一個反對想法還沒有完全消失。這是個充滿不確定性的時刻，正是行銷人員的靈魂在被煎熬的時刻，雖然他們外表依然鎮定，但心中卻充滿了焦急。

行銷人員精心培育成長的消費者中心思想，是否足夠強大，是否可以輕易擊垮其他想法呢？他知道最後這個時刻的重要性，並全心全意祈禱不會有外界的刺激因素突然插入，打破了消費者腦海中這個勢均力敵的微弱平衡。從過去的經歷中，行銷人員知道此時任何一個微小的變化，都可能功虧一簣，因為他看過太多失敗在臨門一腳上的「完美銷售」，而那些銷售失敗的原因，可能只是一枝沒有墨水的筆、一個突然打來的電話、孩子的哭聲或者是大街上突然發生的事故。

任何事情，無論是否與商品相關，都可能會毀掉整個銷售，每一個行銷人員都有過深刻的經驗。這也是為什麼行銷人員會認為，行銷心理最佳時機是整個行銷工作中最重要的階段，如同某位行銷經理曾說過的，行銷人員之所以失敗，很多時候就是因為沒有處理好這個時刻。

雖然，他們使用了適當的行銷方法，也引起了消費者對商品的興趣和強烈的購買欲望，但最終卻無法完成一場成功的銷售，那是因為他們往往犯了以下的兩類錯誤：一是在消費者的中心思想還不足夠強大時，就過早要求消費者做出決定；二是要求消費者做出決定的時間太晚，此時消費者想購買商品的中心思想已經熟過頭，甚至已經開始腐爛了。以上無論是這兩種之中的哪一種，都是行銷人員錯過了抓住正確的「行銷心理最佳時機」。

四、如何迎接消費最佳時機

在掌握消費最佳時機之前，要如何發現和迎接「行銷心理最佳時

機」？行銷人員要如何才能認識到「行銷心理最佳時機」已經到來了呢？其中，有很多標誌可以指示這個時刻的到來，而身為一位成功的行銷人員，往往是可以發覺這些標誌的，但他們的這種發覺，不是在有意識的情況下清清楚楚地看到的，所以經常是只能意會不可言傳，如果非得要求他們說出分辨方法，他們可能會說那全是憑直覺的。

直覺，可以透過人們擁有的感知途徑來進一步分析。很多人都強調過，他們可以從消費者身體的某些變化，讀出行銷工作中「行銷心理最佳時機」到來的信號。例如，消費者腦袋或身體的略微前傾、身體肌肉細微的收縮或擴張等，而眼睛瞳孔的細小收放，也會被經驗老到的行銷人員捕捉到。行銷人員可以透過以上所觀察到的這些標誌，而知道「行銷心理最佳時機」就要來臨了。

除此之外，其他更明顯的標誌，還有消費者的語言辭彙的變化。專業的行銷人員在談話時，會不停地試探消費者，並以他們的反應來確定最佳心理時刻是否到來。在一場行銷工作中，專業的行銷人員不會自顧自地侃侃而談，他會在談話中，不時地用問題試探消費者的反應，透過消費者回饋的熱情程度，可以判斷自己離那個做出決定的時刻究竟有多遠。

認出了上述這個時刻到來的標誌後，接下來行銷人員該怎麼做呢？以下是以心理學分析所提出來的解決方法，提供讀者參考。

第一種方法是控制行銷環境，這樣就不會有事件突然插入行銷過程了。任何干擾事件，無論它們多麼微小，都意味著給消費者腦中塞入一個新的想法，這樣他腦中原先的平衡狀態就會被改變。為了預防這種改變的發生，行銷人員需要小心地把消費者和他周圍的人與事分隔開來。這就是為什麼需要使用商品展覽室的原因之一。

另外一種預防性方法是，保證行銷環境利於消費者馬上做出決定。當「行銷心理最佳時機」到來時，行銷人員要立即讓消費者做決定，不能有絲毫遲疑。合約一定要提早準備好，鋼筆必須放在手邊，所有這些行為，都要像戲劇表演中的那樣自然無縫。行銷和戲劇在很多地方都很相似，所

以行銷也需要提前排練。

　　第三種方法就是給消費者一個建議。推薦行銷人員，運用下面這個設計：假設銷售已經完成了（消費者已經決定購買產品），如果行銷人員對「行銷心理最佳時機」判斷準確的話，這一切都有可能發生。此時，行銷人員應該繼續提問：「你喜歡什麼顏色的汽車內飾材料呢？」或者「你希望我們立即把商品送到你家嗎？」再或者評論消費者的決定。透過仔細觀察發現，大多數購買商品的消費者在做出決定之後，都希望能再談論一下剛剛所做出的決定，以此證明自己選擇的正確。

　　總而言之，本節分析了「行銷心理最佳時機」，並指出這是一種經常發生在現實生活中的心理狀態，在如何優化行銷工作中使用非常廣泛，行銷人員需要細心判斷這個時刻是否已經到來。雖然，這個時刻很神祕，但它並不是一個被神靈鬼怪掌管決定的迷信現象，而是面臨重大選擇時，心理衝突之後自然而然進入的狀態。

　　最後，本節還展示了如何透過觀察人類的行為變化，來判斷這個時刻是否已經到來。已經認識到這個時刻重要性的行銷人員，希望他們也能弄清這個時間點的消費者心理狀態。掌握好這個時刻的到來，行銷人員不僅可以更好地完成銷售任務，還可以改進他的行銷技術，進而影響同行的行銷方法使用。

 思考問題

1. 請簡述什麼是「行銷心理最佳時機」。
2. 請簡述如何掌握消費的心理現象。
3. 請簡述消費者的想法。
4. 如何掌握消費最佳時機？
5. 行銷人員發現了消費最佳時的標誌後，接下來該怎麼做呢？

行銷加油站

信心滿滿地賣東西

是精通業務更好一些，還是表現得像個行家高手更勝一籌？如果你所從事的職業是說服別人，不管是作為顧問、行銷人員、隊員，抑或是其他需要別人信任你的職位，那麼表現得自信是有利於你的工作的。

由美國卡內基梅隆大學（Carnegie Mellon University，簡稱CMU）行為決策研究中心所做的一項研究指出，在贏得別人的信任方面，與過去曾經判斷準確相比，自信甚至還要勝出一籌。

研究中，要求志願者透過看照片來猜測照片中人的體重。若猜測正確，志願者可以得到現金並用於向其他四名志願者之一購買建議。猜體重的志願者無法看到其他志願者判斷出的體重，但他們可以看到其他每一名志願者的自信心評級。一如所料，從最一開始，如果那些扮演提供諮詢角色的評估志願者，在評估時表現得很自信，那麼他們就會賣出更多的建議。

隨著遊戲的進行，和猜測志願者對評估志願者評估準確度判斷的經驗漸增，猜測志願者確實傾向於避開那些之前猜測最不準確的評估志願者。然而，評估志願者充滿自信的評估，還是遠遠抵消了猜測志願者要避開的傾向。一言以蔽之，與已證明的準確性相比，自信心更勝出。

這個發現不會讓人感到異常驚訝，因為人們會自然而然地將自信心與專家經驗聯繫在一起。但如果某人聽起來自信心十足，而實際上卻錯得離譜，那麼他讓人信任的自信心策略就會轟然倒塌。這也意味著，對諸如氣候變化和未來經濟行為之類複雜話題的簡單化，自信心十足的闡釋會比專家細緻入微的觀點，得到更多的追隨者。真正的專家們為了觀點的準確和

完整性，可能會描述多種設想，以及與之相聯繫的各種不確定性，這就使得專家與提出簡單闡釋且自信心十足的人相比，不那麼讓人信賴。

自信的男子：吉姆‧克拉默（Jim Cramer）

自信心過度的例子，可以看看《瘋狂的金錢》（*Mad Money*）節目（美國全國廣播公司財經頻道）中的吉姆‧克拉默（Jim Cramer）。

克拉默能成功地擁有眾多追隨者，其很大的關鍵在於他的自信和專業的表現。例如，當有電話打進來詢問相對無名的公司時，克拉默張口就能報出公司代碼，並說出公司主營業務以及他喜歡或不喜歡這家公司的理由，然後給予肯定的買或賣的建議。沒有含糊其辭，沒有備選設想，沒有中性的「持有」建議——只有迅捷的、深厚的知識功力的展示，以及肯定的、毫不含糊的觀點。這就是自信，它在克拉默這裡起作用了。

天生讀心者

我們對自信的人產生親近感，鏡像神經可能在其中發揮了作用。研究顯示，當我們和別人交流時，我們的鏡像神經不僅會對其身體動作或手勢，激發出感同身受的感覺，而且對其情感心態也能感同身受。

這個觀察發現令科學家們猜想：我們都是天生的讀心者。從小時候起，我們就觀察別人，建立一種情感資料庫，以使我們解釋別人的情感。這都是在潛意識中自動發生的，而且它會影響我們的行為。因此，他人之信心促生我之信心。

展示信心

如果我們想要達成交易、想讓專案獲得批准、想要實現其他需要說服才能達成的目標，就需要將我們的自信傳遞給他人。

我們應該利用各種經久不衰的策略，來培養我們的自信。行銷人員應該真正地相信他們的產品，對產品的每個特點瞭若指掌，在推薦產品時要誠懇、坦率和自信，那麼信心將會自然而然地從中流露出來。

Chapter 13

邁向更專業行銷者

01   掌握思維的心理優勢

02   掌握資訊的心理優勢

03   掌握廣告的心理優勢

本章所設定的目標是「邁向更專業行銷者」，我們要討論三個重要議題：掌握思維的心理優勢、掌握資訊的心理優勢以及掌握廣告的心理優勢。

01

掌握思維的心理優勢

消費心聲

思維是商業發展的基礎，它和語言一樣，當人類產生了語言，也就有了思維，這也就讓心理活動更具有意識。

根據「掌握思維的心理優勢」的主題，將繼續討論，內容包括了以下四個項目：認識思維的心理、思維心理的訓練、語言是思維載體以及思維心理的應用。

一、認識思維的心理

思維是商業發展的基礎，它和語言一樣，當人類產生了語言，也就有了思維，這也就讓心理活動更具有意識。思維活動是藉助於分析、綜合、比較、概括、系統化、抽象與具體化等心智操作實現的思維，超出感覺和知覺的範圍，透過現象掌握了事物的本質和規律，成為現實反映的高級形式。人的思維活動與實踐活動是密切相關的，人在實踐活動中，首先是在使用工具的勞動中，積極主動地變革客體，與客體發生相互作用，從而豐富了感性知識，揭露出事物的本質和規律；實踐活動所面臨的任務和問題，則推動了人積極地進行思維，並引導它朝向一定的方向前進。

（一）思維的涵義

在某種程度上，思維力幾乎等同於智力，這是因為它在智力中，所處

的核心地位而決定。思維心理學，是研究思維過程的心理機制及其規律的科學，是研究思維與心理反應、活動、交往、個性、情緒、意識和潛意識之間關係的科學，第一個把思維當作心理科學研究對象的是德國心理學家丘爾佩（O. Kulpe）。本世紀50年代，瑞士心理學家皮亞傑（Jean Piaget）創立了結構主義的思維心理學，他認為人們的思維發展結構主要是一種圖式，即行為或心理的組織。本世紀60年代，隨著電腦科學和人工智慧的發展，美國學者賽蒙（H. Simon）、尼塞等人利用資訊論觀點研究思維過程，把思維看成是資訊處理的過程。

（二）思維品質

早期由美國學者所出版的《普通心理學》（General Psychology）一書中指出：「構成人的特殊的、個人性的各種個性品質中，智慧品質起著重要的作用，它們表現於人的智慧活動特點及其智慧能力的特殊性之中，所謂智慧能力是指明這個人思維特點和那些品質的總和。屬於這些智慧品質的有求知欲、鑽研性、智慧的深度、智慧的靈活性及邏輯性、論據充足性及批判性等。」

心理學研究，首先提出思維品質的是美國心理學家吉爾福德（Joy P. Guildford），他曾把思維的創造性品質分析為對問題的敏感性、流暢、靈活性、獨創性、細緻性和再定義的能力。另外，歐美心理學家對兒童青少年思維品質的研究，主要表現在三個方面：

1. 強調了思維品質的重要性，特別是重視思維的速度、難度和周密度的研究。
2. 進一步深入進行實驗研究，在研究創造思維中，強調了研究方法，從隱藏的形狀上找完整體。
3. 開始重視培養實驗研究，從小培養創造性思維，特別是發散思維。

思維心理學研究的主要內容有：

1.研究思維的起源與發展

作為人的高級形態的思維，它的起源、發展過程和規律，是思維心理學研究的首要內容。

2.研究各種形態的思維特徵

從橫向看，現代人類思維有再現性思維、創造性思維等；從縱向看，自從人類思維誕生以來，經歷了各種過渡形式。

3.研究思維過程的心理結構

研究思維與意志、情緒、目標和意識的關係，研究思維操作能力，如分析、綜合、比較和概括等，也研究思維的產物，如概念以及天才的思維特點和規律等。

二、思維心理的訓練

不同的心理學著作，對思維的論述不盡相同，我們比較重視思維的深刻性、靈活性、獨創性、批判性和敏捷性等五個方面。這五個方面反映了人與人之間思維的個人差異，是判斷智力層次——即確定一個人智力是正常、超常或低常的重要指標。

（一）思維的深刻性

思維的深刻性，又叫做抽象邏輯性，人類的思維是語言的思維，是抽象理性的認識。在感性材料的基礎上，經過思維過程，去蕪存菁、去偽存真、由此及彼、由表及裡，於是在大腦裡產生了一個認識過程的突變，產生了概括。個人在這個過程中，表現出深刻性的差異，思維的深刻性集中地表現在擅長於深入地思考問題，抓住事物的規律和本質，預見事物的發展過程。個人在思維深刻性上存在著差異，主要表現在思維形式的個別差異、思維方式的個別差異、思維規律的個別差異和思維廣度及難度的差異上。

（二）思維的靈活性

思維的靈活性是指思維活動的智力靈活程度，它的特點包括：

1. 思維起點靈活，即從不同的角度、方向、方面，能用多種方法來解決問題。
2. 思維過程靈活，從分析到綜合，從綜合到分析全面而靈活。
3. 概括一遷移能力強，運用規律的自覺性高。
4. 善於組織分析，伸縮性大。
5. 思維的結果往往是多種合理和靈活的結論。

（三）思維的獨創性

思維的獨創性，是指獨立思考創造出有社會價值的、具有新穎性智力成分的智力品質。思維創造性其原因在於，主體對知識經驗或思維材料的高度概括。要善於從小培養思維獨創性。

（四）思維的批判性

思維的批判性，就是指思維活動中，善於嚴格地估計思維材料和精細地檢查思維過程的智力品質。

從思維的個性差異來闡述批判性思維，稱為思維的批判品質，它有以下五個方面的特點：

1. 思維的分析性

在思維過程中，不斷地分析解決問題所依據的條件，以及反覆驗證業已擬定的假設計畫和方案。

2. 思維的策略性

在思維課題前，根據自己原有的思維水準和知識經驗，在頭腦中構成相應的策略或解決問題的方法，然後使這些策略在解決思維任務中生效。

3. 思維的全面性

在思維活動中，善於客觀地考察正反兩方面的證據，認真地把握課題進展的情況，隨時堅持正確的計畫，修改錯誤的方案。

4. 思維的獨立性

即不爲情境性的暗示所左右，不人云亦云、盲目附和。

5. 思維的正確性

思維過程嚴密，組織有條理。因此，經過思維考驗的結果，會有比較高的正確性。

思維批判性品質是思維過程中，自我意識作用的結果。自我意識是人的意識的最高形式，自我意識的成熟，是人之意識的本質特徵。自我意識以主體自身爲意識的對象，是思維結構的監控系統，透過自我意識系統的監控，可以實現大腦對資訊輸入、加工、貯存、輸出的自動控制系統之控制，這樣人就能透過控制自己的意識，而相應地調節自己的思維和行爲。

資訊是尚待深入認識的財富，人們把古代社會稱爲農業社會，把近代以來的社會稱之爲工業社會，而正在形成的社會則被稱之爲資訊社會。有人認爲，資訊和物質、能量是構成整個物質世界的三大支柱。經深入思考後，三者的意義區別較大，例如同樣的物質、同等的能量，在不同的場合，其意義區別不是很大，而相同的資訊，對有些人來說是沒有什麼感覺，但對另一些人來說，則可以起到神奇般的作用。

所以，資訊較之物質和能量來說，是一種具有更大開發價值的資源。例如，1995年7月出版的美國《富比世》（*Forbes*）雜誌評出全球十大首富，比爾・蓋茲再次榮登榜首，股票鉅子巴菲特仍居第二，「軟體大王」的財富超過股票大王、金融大王、石油大王、地產大王，這就是一個重要資訊。而資訊正在成爲當今世界的最大財源。例如，當美國各大學攻讀MBA的學子，開始放棄求學而進入網路業，就說明了資訊的重要性，更

說明思維的一種批判性，一種超越。

（五）思維的敏捷性

思維的敏捷性，係指在處理問題和解決問題的過程中，能夠適應迫切的情況，積極思考，周密地考慮，正確地判斷和迅速地作出結論。爲了使人們更快地接收資訊，更多的人得到相關資訊，導致了電報、電話、廣播和電視等一系列重大發明。

現在，又有一些神奇的東西在掀動著人們的心，那就是網際網路和資訊高速公路。資訊高速公路是指電子通信系統，主要是指電腦系統和視訊系統，就像高速公路一樣形成一個全國性的、甚至最終將是全球性的網絡。

網際網路已在現實中表現出了它強大的威力，它是一個知識的寶庫。例如，1995年中國清華大學一名學生病重，生命垂危，病因不詳，醫生不能診治。正當此時，北京大學的一些學生急中生智，想起了網際網路，於是將有關病情的資訊利用網際網路發出，並請求幫助，很快地得到了從世界各地回覆的專家資訊，在專家們進行分析後，終於挽救了這位學生的生命。

上述案例，就是思維敏捷性的反應。隨著網際網路在全球的開通，很多有商業頭腦的人開始設置自己的網頁，搶先登陸，在網上宣傳自己的產品、自己的觀點、主張，尋找志同道合的朋友，甚至與毫不相識卻和自己心境相同的人聊天解悶等，使人們進入了網路時代。

三、語言是思維載體

語言是思維的載體，它的發展一直影響著思維的發展，世界上有很多像蘇俄列夫‧托爾斯泰（Leo N. Tolstoy）這樣的著名作家都堅持要寫日記，其主要的原因就是透過對語言的駕馭而達到訓練思維的目的。

（一）發揮右腦的功能

國際教育與心理學專家研究如何提高思維力，提出了各式各樣的訓練方法，例如發揮右腦的功能、激發想像力等。人類的左腦，一般具有數學、語言、邏輯、分析和書寫等意識活動，而右腦主管想像、顏色、音樂節奏、空間以及形象等，熱愛欣賞藝術可以開啓右腦，激發左腦的形象思維功能。事實上，許多眞正有才華、有造詣、有建樹的人，大多是左右腦均衡發達的，例如愛因斯坦一生酷愛演奏小提琴，自認爲小提琴演奏技巧高於他在物理學上的能力。

（二）培養和激發意識功能

培養和激發潛意識功能，潛意識也叫下意識，即不知不覺的無意識的思維或意識流思維。從心理學角度分析，專注某一個目標進行長期的刻苦鑽研，大腦皮層就會形成優勢灶，這時深層次大腦中的潛意識，才能與這一優勢灶連接並向大腦皮層發送資訊。要如何激發潛意識，首先要善於捕捉靈感，靈感的出現經常是稍縱即逝；其次，在陷入百思不得其解狀態時，要善於自我調節，暫時停止意識思維，去散步、洗澡，或者去做任何可以分心的、讓情緒變好的事情，就像阿基米德（Archimedes）發現浮力定律的例子，就是最好的證明。

1. 有意識激發靈感

有意識地激發靈感，它是思維過程的突變跳躍和躍進。當靈感閃現並得到及時捕捉，會使研究產生飛躍，長期一籌莫展的問題可能茅塞頓開、豁然開朗而一舉成功。有意識地激發靈感是開發每一個人創新潛能的途徑，堅韌不拔的毅力，則是保證靈感最後激發的必要意識品質。愛因斯坦在回顧廣義相對論的來源時說：「從已得到的知識來看，這愉快的成就簡直好像是理所當然的，而且任何有才智的學生不用碰到太多困難就能掌握它。但是，在黑暗中焦急地探索的年代裡，懷著熱烈的嚮往，時而充滿自

信，時而精疲力竭，而最終看到了光明，所有這些只有親身經歷過的人才能體會。」

2. 培養廣泛興趣

廣泛的興趣愛好對激發靈感也是很重要的，有重要獨創性貢獻的科學家，常常是興趣廣泛的人。廣泛的興趣，意味著廣博的知識，他山之石可以攻錯，擁有廣泛的知識，才會左右逢源，才會激發右半腦，人們常說要把詩人和藝術家的氣質，帶入科學研究的聖殿，便要不拘一格，靈感充盈的浪漫氣質和嚴謹的邏輯思辨結合，一張一馳，蓄勢待發。廣泛的興趣，還有助於適時變換思考中心，擺脫定勢的、僵化的、約束的思維，易於產生聯想和輸入外界資訊，進而激發靈感，產生思維突躍。

3. 培養發散思維

培養發散思維，美國心理學家吉爾福特（Joy P. Guildford）在談輻合思維（convergent thinking，又稱聚斂思考）和發散思維時指出，大部分人關心的是，尋找一個正確答案的輻合思維，卻束縛了學生的創造力。他認為輻合思維與發散思維是思維過程中，互相促進、彼此溝通、互為前提和相互轉化的辯證統一的兩個方面，它們是思維結構中求同與求異的兩種形成，兩者都存有新穎性，兩者都是創造思維的必要前提。輻合思維強調主體找到對問題的「正確答案」，強調思維活動中的記憶作用；發散思維則強調主體去主動尋找問題一解之外的答案，強調思維活動的靈活性和知識的遷移。輻合思維是發散思維的基礎，發散思維是輻合思維的發展。

四、思維心理的應用

思維獨創性品質的特點，即思維的獨創性是智力的高級表現。思維獨創性，是人類思維的高級形態，是智力的高級表現，它是在變異情況或困難面前採取對策，獨特地和新穎地解決問題的過程中，所表現出來的智力品質。

因此，任何創造發明、革新和發現等實踐活動，都是與思維的獨創性聯繫在一起的，行銷工作的傑出表現也正是如此。其具體表現在以下六個方面：

（一）創造活動是指創新

第一次創造的，是具有社會意義的產物活動。所以，獨創或創造性思維最突出的標準，是具有社會價值的新穎和獨特性，因此創造力是運用一切已知資訊，產生出某種新穎、獨特，有社會或個人價值的產品之能力。其中，產品可以是一種新觀念、新設想或新理論，也可以是一項新技術、新工藝或新產品等任何形式的思維成果。新穎獨特，是創造性或創造性思維的根本特徵。

（二）思維的創造性

思維獨創性或創造性思維的過程，要在現有資料的基礎上，進行想像並加以構思，才能解決別人未解決的問題，因此創造性思維是思維與想像的有機統一。提出創新的科學思想，必須創立新的科學方法，而創新性思維的方法並無定規，它好似行雲流水、法無定法，完全聽憑自然，相似的聯想，就是由於某人或某事而想起其他相關的概念。例如，當蘋果落到牛頓頭上之後，他因此聯想到，如月亮等在天空上的星體，為何不會墜落大地呢？這便把地上的物體與天上的星體在思維中聯想起來，設想他們遵循同樣的規律，從而幻想了吸引力的存在。這就是吸引力概念和定律的萌芽，經過了20年的努力，終於使之成為假說，又經過160年之久，隨著海王星的發現，使得這一假說終於得到科學實踐的確證，轉化為科學理論，即是「牛頓引力定律」。

（三）多層次的過程

發散思維是一個多方面、多角度和多層次的思維過程，具有大膽創新、不受現有知識和傳統觀念局限和束縛的特徵，很可能是從已知導向未

知，獲得創造成果。發散思維的多方向性，使研究過程中能夠適時轉變研究方向，孕育出新的發明、創造。例如，美國細菌學家弗萊明（Victor Fleming）發明青黴素（Penicillin，或音譯盤尼西林），把從培養葡萄球菌轉向殺死葡萄球菌的綠黴菌，運用發散思維，最終成功提煉了青黴素，至少使全人類的平均壽命延長了10年。

（四）思維的逆向考慮

逆向思維是從對立、顛倒的相反角度去想問題，是一種打破常規的思維方式。例如，日本有個「巨石載船」的故事，說的是豐臣秀吉命令手下修築大阪城，為將大阪城修得固若金湯，需要從瀨戶內海島搬運巨石裝船運輸。但每塊巨石有50張席子大小，一裝船就把船壓沉，就在眾人無計可施之時，有一個人提議：「看來用船載石是不可能了，那就用石載船吧。」大家按他的說法，將石捆在船底，果然順利地運到目的地。

對於習慣用傳統的思路改採逆向思維，需要的則是創新的勇氣。逆向思維就是把注意力轉向外部因素，從而找到在問題限定條件下的常規方法之外的新思路。例如，英國有位醫生在花園用橡膠水管澆花時，一直擔心在鵝卵石道路上騎自行車的兒子會因顛簸而摔倒，因為當時的自行車輪是實心輪，他突然注意到手中水管的彈性，就用手中的橡膠管製成世界上第一個空心充氣輪胎。

（五）新形象的產生

在思維的獨創性或思維的過程中，新形象和新假設的產生是帶有突然性的，常被稱為「靈感」。例如，愛因斯坦創立相對論的最初起源，可追溯到他16歲時突然想到的一個問題：「如果人以光速逐光，將會看到什麼？」當他創立出狹義相對論時，他只是一個26歲的專利局小職員。

（六）分析和直覺

分析思維，就是邏輯思維；直接思維，就是大腦對於突然出現在其面

前的新事物、新現象、新問題及其關係的一種迅速識別、敏銳而深入的洞察，直接的本質理解和綜合判斷。直覺思維的特點，是快速性、直接性、跳躍性、個人性、堅信感和或然性。例如，鐳（Ra）的發現與居禮夫人（Madame Curie）的「大膽的直覺」有關。1898年12月居禮夫婦宣布，他們發現了一種比鈾（Uranium）的放射性要強幾百倍的新元素，並提出這種新元素就是鐳（Ra）。為了提取鐳（Ra）的實物並對它進行各種檢驗分析，居禮夫婦在極為艱苦的條件下，費時45個月，終於從數噸瀝青鈾礦渣中提煉出0.1克純鐳，並初步測定它的原子量為225，從而證實自己4年前的發現，並在人類科學史上首次測量了原子能，為原子物理學奠定了基礎。

在大自然面前，人類永遠像牛頓所說的那樣，就好像是一個在海濱玩耍，時而發現了一塊光滑的石子，時而發現一顆美麗的貝殼而為之高興的孩子，真理的海洋永遠都是神祕地展現在人類的面前。如果行銷人員沒有全部或足夠的證據，就不敢作出任何行銷策略判斷，那麼行銷人員就永遠也找不到「光滑的石子」和「美麗的貝殼」了。

思考問題

1. 請簡述什麼是思維？什麼是思維活動？
2. 本節所提思維心理的訓練方法有哪些？
3. 思維的靈活性分別指的是什麼？各有何特點？
4. 從思維的個性差異來闡述批判性思維，稱為思維的批判品質，它有哪些特點？
5. 行銷工作具體表現在思維心理的應用方面有哪些？

02
掌握資訊的心理優勢

消費心聲

　　資訊時代的到來給人類社會帶來了進步、文明、創新和開放的時代氣息，它必然在各種人的群體中引起重要的觀念轉變。人們在行為方式、思維方式、道德觀念和價值取向等方面，將產生劃時代的轉變。也就是說，資訊社會裡各種資訊或資訊的載體，中介物將對人們的思維、感覺、行為等心態結構以及社會生活產生重大影響，甚至變遷作用。

　　在走進21世紀的同時，我們的知識經濟、網路經濟、休閒文化和享受意識等，透過資訊的傳播與交換，已成了人們生活的一部分，並且數字化資訊必然地成為主要的生產與行銷方式以及生活方式。我們已經用自己創造的技術迎來了一個時代，進而也構建了一種新的文化，當這種文化以新的視角、新的路徑折射於我們的心理層面時，人們必須要對人與資訊的關係做一個深層次的剖析，以更自如地適應全新的、開放的文化氛圍。

　　承接前節，本節以「掌握資訊的心理優勢」為主題，繼續討論。而討論的內容，包括了以下四個項目：資訊的心理學、資訊心理功能、資訊的影響力以及善用資訊工具。

一、資訊的心理學

　　資訊是行銷工作的基本配備，然而心理取向的資訊應用，更是有利的行銷工具。資訊心理學是資訊論和心理學的有機結合，是研究資訊與資訊接受者之間心理規律的科學。資訊一詞本身從內涵與外延來看，就有很大的伸縮性，它幾乎無所不包。例如，核糖核酸分子轉移細胞遺傳密碼的過程，在醫學上也被稱之為資訊；鋪天蓋地的電視廣告也在刻意向你提供資訊；一張記錄了各種電話號碼或數據的小卡片，也許就包含了保險鎖密碼、銀行存摺密碼或某位老闆的私人電話，在這種情況下，這看來是張一文不值的卡片就是無價之寶——這也是資訊。

　　資訊心理學涵蓋的內容非常廣泛，但是人們的認識活動，諸如感覺、知覺、記憶、想像或思維等心理活動，人們的情感、意志、個性和能力等方面，無一不與我們身臨其中的資訊時代相聯繫。在倡導多元化發展、終身教育和知識經濟的時代裡，一個人心理活動的特點，往往就決定了他接受資訊、學習知識的能力。資訊心理學在該領域的研究，同樣致力於人的心理發展規律、特點與資訊社會、資訊技術的和諧發展。

　　資訊時代以前的技術，從手工工具到電力技術，從功能上看，大多是以擴展人的肢體能力以及對技術的掌握為主，並且主要重視技術的操作。而以電腦網路技術為主角的資訊時代，對能力的要求又以擴展人的感覺能力、神經系統和思維器官方面為主，也就是說，資訊技術的出現，完全可以透過其功能的發揮，來提高人的思維能力、電腦應用水準和處理資訊的能力。它的一個重大課題，就是開發和應用智能技術。

二、資訊心理功能

　　同樣的，資訊心理學也將針對人類智能技術的發展，提供更多的對策性研究。資訊心理功能研究的主要內容有：

（一）資訊傳遞的認識

探討資訊接受者心理，摸索受眾接受、學習資訊的心理反應與特點，認識資訊傳遞的客觀規律。由於目前資訊傳播的內容方式無所不包，那麼人們在接受資訊時，對什麼樣的資訊感興趣、什麼樣的資訊能使人們產生強烈的心理反應等，這對於資訊的交流及傳播有十分重要的意義。

心理學研究也證實了，一個人易於感受他所希望感受的東西，而所希望的條件越高而達不到，就越容易使人們放棄。所以，在數字化生存的時代裡，人的能力的提高與資訊質量的保證，是非常值得關注的問題。

（二）網路的人際關係

網路資訊在儲存、傳遞以及處理過程中，人與人之間關係的研究，是相當重要的課題。創造資訊時代的主體是人，人也是資訊時代的主導因素，但並非所有人都具備開發和利用資訊環境的能力。一方面是有部分的人憑藉自己的能力，可以將大量資訊轉化為自己的知識，加速知識的積累，不斷提高自己的智力水準；另一方面是有部分不具備相應能力的人，他們所接受的大量資訊是指用於生活服務、娛樂和一般消費的資訊，而沒有將資訊真正當作是智力發展的資源。

資訊時代最根本的內涵，就在於使人類的心力和智力得以歷史性的飛躍，真正達到人的全面發展。資訊技術的發展，人與人之間很可能造成兩極化，電腦網路在技術上實現了向絕大多數群眾傳播資訊的課題，但同時也埋下了新的社會不平等的種子。除此之外，在網路上人與人之間的資訊系統，在興趣、態度、意志和情感等方面，也表現出許多新的心理現象，如現階段網路情人的大量出現、網路購物，甚至網路犯罪等，這些都是資訊心理學所要探討的重大課題。

（三）資訊社會的建立

把網路資訊事業放在社會群體心理的大背景下，加以研究、扶持和建

構良好的資訊社會大眾心理模式。資訊時代的發展，必須在更深、更廣的層次打破人們固有的社會交往、學習和消費等傳統模式，這在心理層面更多的表現爲興趣愛好的擴充與遷移、人際交往的變遷、閒暇時間之娛樂活動的豐富及多彩等方面。那麼，如何在社會生活方式變遷的大背景下，適應新的社會心理模式，恐怕是未來資訊心理學領域的首要研究對象。

近年來，國外資訊領域的發展事實證明了，在一些發達國家中，已有一部分的工作人員實現了在家上班，這對於緩解交通擁擠、節約能源和提高工作效率將起到積極作用。另外，資訊技術的發展使社會更加開放，傳統的文化與文明正在改變，知識更新以前所未有的速度加快。這對於人們固有的心態結構也許是一種挑戰，但它所帶來的社會效益是十分可觀的。

資訊技術是智能的技術，在這一技術的開拓下，形成的文化必然是知識的文化、智能的文化，也是我們這個時代的社會文化特徵，這種新的文化理念，對於人們的行爲和心理特徵發生的作用是非常顯著的，因爲人的心理發展，從某種意義上說，是遵從於社會文化的發展。

資訊技術的運用已經迅速地普及化，透過對各種資訊的感受、理解和操作，實際上也在向人們推廣規範、創新、公平、協作以及寬容等此一新的文化內涵。資訊心理學作爲一新興的心理學分支學科，在網路時代的召喚下，必然將發揮自己心靈之鏡的作用，讓每一個資訊技術的接收者在電腦前打開世界之窗的同時，也能夠眞正認識自我、把握自我。

三、資訊的影響力

（一）網路資訊技術的影響力

資訊技術的形成和發展，已日益被社會大眾認可和運用，尤其是網路通信技術已成爲人類生活的重要組成部分，且深刻地影響著人們的思維和行爲方式，而資訊技術的普及已逐漸形成一種文化氛圍，尤其是在發達國家已形成一種文化現象，這是不爭的事實。

人類不僅在物質上有各式各樣的需要，在精神上也同樣如此。資訊技

術向人們提供豐富資訊源的同時，也滿足了人們不同層次的需要。目前，網路已經能夠給人們提供各式各樣的資訊，例如從廣告、新聞到股市行情，從電影明星到足球明星的，從國家圖書館的館藏到最新科研成果等，各種無所不包的資訊。人們之間的聯繫，也是前所未有的方便和快捷，例如你可以早上和在美國的朋友聊天，而下午可以到東南亞神遊一番等。

另外，資訊技術在教育上也形成了一場革命，因為透過網路你可以將一座圖書館搬回家，也可以隨時向名師討教，網際網路的技術已開創了一個時代，一個能引導人類智力、心力迅速發展的時代。這個時代也賦予了我們必須擁有科學和知識的文化使命。

憑藉網路資訊技術，人類豐富的文化遺產和新科技、新知識得以在全世界每一個角落交流，而這種交流更直接的就將歷史、文學、哲學、宗教和藝術等領域，進行全方位的傳播，它必將使人類心靈的歷史寫下光輝的一頁。以文化的傳播者面目出現的資訊產業，也必將以文化為載體，對人們的心理結構產生革命性的影響，例如若你是一名文學愛好者，比起以往通讀名著、跑圖書館積累知識的方式，網路資訊在這方面將給你更大的幫助，並能有效的發展你的智力結構。

值得一提的是，一般的電腦網路系統都可以用多媒體的方式儲存和處理資訊，而且資訊符號就是以語言和文字的形式出現，語言文字又是人類文化的結晶，也是人們進行交流的重要媒體，透過語言交流，尤其是在網際網路上的語言資訊交流，人們可以自由的、公平的傳達科學知識和對生活的感受理解，同時也很容易形成人們新的科學理念和成就動機。因此，它不僅可以積累更豐富、更精彩的知識，而且還可以促進人的社會化進程，形成更強的人際交往能力。

更重要的是，由於電腦具有對語言和文字識別、認識和處理的強大功能，往往在網路上學習的知識更利於記憶，也更利於人們思考和創新。網路資訊的這些優勢，對於心理的健康成長來講，有時它起的作用要比家庭和學校的影響有效得多。

資訊時代的本質精神，也許就是占有科學與知識。在這個前提下，目前大眾文化的核心，顯然也就是知識與科學，因為只有一個民族的大眾文化符合了時代精神，才會有社會的長足發展。在這種情況下，我們首先應擁有一個好的網路文化，才能促進大眾心理的健康發展，這也是時代的要求。網路資訊，知識經濟作為目前生產、生活方式變遷的直接因素，必然要在改變人們生存方式的同時，引起人類精神文化和價值體系的深層變革，而更重要的是，這種深層變革對人類而言，是否為健康的、蓬勃向上的、具有建設性的？問題的關鍵就在於，我們是否擁有一大批能真正駕馭資訊的人，只有那些知識結構合理，對資訊有較強的認識能力、組織利用能力，懂得如何學習、如何提高的這樣一批人，人類在面對浩如煙海的資訊時，才能立於不敗之地，才能更好地吸收和傳播科學和文化知識，而只有健康積極的文化氛圍，才能形成人們良好的個性心理品質。

（二）網路技術的運用

網路技術的運用，使人們的感覺、知覺、記憶、思維和人際交往等得以最大延伸，同時也在資訊共享的過程中，從價值觀、意識形態上逐步走向趨同。人與人之間遠隔萬水千山的空間距離，似乎已蕩然無存，人們的心理距離彼此空前貼進，我們可以超越地理和文化地界與他人遠程交往，這不僅改變了人們的交往模式，也改變了人們的心理生活。

在這種全新而開放的文化模式中，凡是參與網路資訊技術的人，都能在接觸、學習多民族文化的過程中，不斷拓寬個人的知識結構、能力結構，同時也加速傳播和弘揚自我民族的文化。然而，更重要的是，每個人在這個過程中，都可以透過知識獲得的路徑，發展自己的個性成分中最優越的部分，這已不在少數。通過網路資訊謀求潛能的最大開發，用這一技術幫助那些孤獨無助的人們，以及在網上交流拯救垂危者生命的方法等，這難道不是人類漫長心靈歷程中應追求的最高境界嗎？

人類社會從16世紀起，有識之士就已大聲疾呼人道主義、人文精神和

人本主義的偉大思想，但他們最本質的追求，不外乎是人與人之間的平等、人性的解放和創造能力的發展。但在資訊時代，人們為之奮鬥了四個世紀的理念，卻得以很好的解決，在科學與知識的大前提下，每一個人都是自我的主宰，都有充分享受自由的權利。在網路上，總統與平民之間實際上已不存在差別，兒童與成人間的代溝，也能被滑鼠游標點平。

開放的系統、知識以及開放的思維和創新精神，已深深地動搖了以往人類固有的文化根基，人們的資訊接受方式在以前都是被動接受的，例如廣播、電視新聞等。現今的網路，無時無刻都可以向人們顯現大量資訊，每一個人都可以自由、主動地搜尋、組織自己想要的資訊。幾乎毫無例外，每一個民族文化發展到今天，都是在與不同文化的碰撞、整合下，最終得以穩固的，而這樣的整合，在今天以更短的時間、更快的速度，每天都以不同的方式影響人們的文化心理。

因此，可以說人們每天在網路上學習、娛樂和購物的同時，也在創造一個大同世界，或許在網路資訊的影響下，人們的大眾群體心理會以不經協調的姿態展現於世界，屆時資訊心理學所研究的領域，就更有感召力和實踐意義了。

美國未來學家托夫勒（Alvin Toffler）在其著作《第三次浪潮》（*The Third Wave*）中，就曾指出未來的社會是以資訊工業為主導，資訊價值生產為中心，資訊成為比資本更重要的戰略資本社會。它的主要標誌是社會活動、經濟活動的通訊化、計算機化和自動控制化。整個社會透過巨大的資訊網路，實現工廠自動化、農業自動化、辦公室自動化和家庭自動化。資訊社會發展的核心，則是微電子技術。

資訊取代資本，勞動力在國民經濟增長中，發揮了關鍵性的作用，這曾是以西方為主的學者探討人類社會發展所作的一種預測。然而，令人嘆服的是，20世紀80年代電腦網路技術的興起，90年代網路資訊技術，在各領域的廣泛使用，將人類文明的步伐歷史性地帶入了資訊時代。資訊技術已從簡單的通訊和計算，廣泛地滲透到社會、經濟和生活的各個面向，成

為多門類、多用途的一項產業。

四、善用資訊工具

現今只要每拿起報紙或雜誌，至少都會讀到一篇有關網際網路的故事。例如，某位明星宣布將透過網路做宣傳，或者是有人關注版權被侵犯，或者是警方在網上發出了通緝令等，到處都是令人目不暇接的各種網址。網際網路這條早已不陌生的資訊高速公路，每天都以其快捷的方式向我們展示所有的新鮮事物，全體網民作為一個整體，正在開發電子世界。毫無疑問，網際網路已成為最新的時尚，也的確有很多人已將上網當作生活中必不可缺少的一部分。

網際網路最直接的定義，是網路中的網路。讓我們設想一下，假如所有大學的每一個主電腦系統，與分布在校園裡的所有終端和伺服器連接，使每一個人在進入這些連接時，都可以用電子郵件和其他訪問者進行通信，所有的人都可以透過中央主機得到自己想要的東西，例如某一課程的簡介，甚至是大學圖書館的目錄等。

假如，這些主機同樣通過電話線連接起來，或者說所有大學的網路全都連接在一起，就組成了一個巨無霸網路。這就意味著，青海的學生可以使用北京、遼寧或上海的網路系統，就像他們使用青海本地的網路一樣容易，也就是說，全國各地的學生都可以進行輕鬆的交談和討論。

進一步想，我們把全國大學的網路和世界連在一起，那麼網路的巨大能量，將深刻地改變我們的生活和學習方式。屆時，你的筆記電腦也許就是人類歷史文化遺產的展示機了。電腦游標能幫助足不出戶的你，輕鬆地與柯林頓或英國女王神交幾個小時。而當你被一道物理題困擾時，你可以立刻去請教諾貝爾物理學獎得主。在人類文明的過程中，能如此給人們生活帶來巨變的革命，僅此一例，上帝如若有知，恐怕也會汗顏於他的子民居然能超越他的能力。

資訊技術的發展，為人類認識世界和改造世界，提供了前所未有的便

捷方式，人們可以隨意透過各種方式，直接進入社會的資訊網路之中，盡情地享用自己所需的知識和資訊。而數據、圖像和語言資訊的結合，更加使人們生活在一個無形而巨大的資訊網之下，世界越變越小，人們的凝聚力也空前高漲，它已使人們的工作、生活、教育和娛樂方式發生了快速的變化，近期發展起來的遠距教育、遠距醫療等技術的應用，對於地區間的經濟發展合作和社會進步有很好的促進作用。

當然網路資訊除了對社會發展的積極作用之外，對於人類的發展還有著更深的潛在作用。首先，在心理上正在進一步突破的課題──個別差異問題。以往的時代裡，由於通訊、交通等因素的制約，造成了人與人之間基於經濟發展水準、區域差別而形成的個別差異，從某種意義上來講，這也造成了人與人的不公平發展。而網路技術的應用，就最大限度地縮小了區域差別，將更多、更新的知識傳播到人們頭腦中，這對於促進人類的全面發展有著不可估量的作用。

其次，假如說資訊時代本質的特徵是科學知識的話，那麼作為人來講，迎接資訊時代最核心的問題就是關於思維能力，尤其是創造思維能力的發展。例如，諾貝爾物理學獎得主美籍華裔楊振寧教授曾講過，他在美國指導的研究生中，有來自美國本土的，也有中國去留學的。在科研過程中，他發現了一個問題，那就是假如給這些學生同樣一個課題，美國學生往往能設計出若干種解決問題的方法，而華人學生則都會以統一的模式去解決問題。這說明了，華人這個民族在傳統大眾心理模式中，太注重傳統性，太注重整體意志了。

如今是一個開放、多元化的時代，如果我們的傳統思維方式永遠是聚合式的，那麼我們將無法擁有新世紀。而網路技術的發展，天文數字的資訊量，能潛在的調整並促使我們思維模式朝發散的、創造的方向發展。因為，通過網路資訊的適應和知識的獲得，它實際上是給人們提供了更好的方法論和開啟心智的鏡子。

資訊時代賦予我們一個學習的人生，也將促進我們心靈的成長，因為

透過網路資訊的力量，我們可以從中發掘人性，所以它對於我們了解自我很有幫助。資訊心理學所研究的領域，或許還會有很多未知因素，但渴求知識也是人性的一部分，這門學科的發展在未來的社會裡，必然也將成為主導性的學科，因為人類無止境追求新事物、新變化的獨特能力，就是人類靈性的突出表現。這些也都是值得行銷工作者注意與學習的。

1. 請對資訊心理學簡述之。
2. 資訊心理學研究的主要內容是什麼？
3. 資訊的影響力有哪些？請簡述之。
4. 請簡述如何善用資訊工具。

03
掌握廣告的心理優勢

消費心聲

　　從心理學的觀點來講，跨越人的心理特徵與社會文明之間的鴻溝，可以建立一種與以往完全不同的生活秩序，人類也相應具有了對所處環境作出巧妙的創造性反應的本性。正是在物質生活和精神文明都得到提高的情況下，消費者關注的世界才不斷得以充實和豐富。然而，科學技術，特別是廣告傳播的進步，以它的強大力量來影響人類的本性，且不斷創造出新的商業產品來導引人的感覺與需求，這是服務工作者必須認識與能夠掌握的優勢。

　　本節「掌握廣告的心理優勢」將承接前兩節的主題，繼續討論以下四個項目：廣告的消費功能、時效性和感染性、心理的強化作用以及社會感染的優勢。

一、廣告的消費功能

　　廣告、資訊與溝通是行銷工作三項有利的工具，因此，廣告也同時具有重大的的消費意義。廣告（advertising）一詞來自拉丁語，其原意有「注意」與「誘導」的涵義，轉譯成漢語之後，就變成了廣而告之的意思，而這兩者的相互包容，使廣告內涵變得豐富起來，它作為一種宣傳工具和傳播方法，主要用以介紹商品的規格、質量、性能和價位等，著力於

促進商品和服務的服務。

廣告的功能，從廣告發展的趨勢來看，除了一般的報刊、廣播和電視廣告以外，還出現了迎合消費者心理要求的圖畫廣告、音樂廣告、實物廣告以及空中廣告等，其中最流行的是巨大的實物廣告以及用氣球懸吊的高空廣告，這表明在經濟發達的社會中，對廣告的投入越來越大，花樣也越來越多，消費者也漸漸習以為常了。

到過比利時旅遊的人都知道，首都布魯塞爾市中心，有一座著名的銅像，這個活潑的小男孩，人們喜歡叫他「Pee boy」（尿尿小男童）。傳說外國侵略者準備炸毀布魯塞爾這座城市時，多虧這位Pee boy用自己的尿液澆熄了已點燃的引線，而挽救了整個城市。當地的啤酒商為了推銷啤酒，也藉著撒尿的小男童這個銅像，做了一次別開生面的廣告宣傳，讓他撒出來的不是清水，而是香醇可口的啤酒，於是消費者被一種新鮮感所陶醉，因而該地的啤酒銷量也激增不少。

由上述的舉例，可知廣告的心理功能主要是誘發消費者的情感，引起購買欲望，導致消費行為。簡而言之，廣告商特別強調三種廣告模式：

1. 印象廣告

這類廣告，讓消費者對一種產品或一個公司產生好感，有時不惜彼此中傷。

2. 對比廣告

這類廣告，讓消費者對某一商品的感染力，做出肯定或否定的比較，也帶有相互褒貶的因素。

3. 名人廣告

這類廣告，是透過名人現身說法來推銷產品，以此影響一般消費粉絲族的流俗和大眾心理。

而今的廣告模式趨勢是這三種模式綜合運用，大有多管齊下的意味，而且廣告的圖像、場景也做得越來越精美了。以時下一則酒廣告為例，一位明星少婦婀娜多姿走進宴會大廳，黑色的衣裙，白皙的皮膚，鮮紅的嘴唇，再襯以周圍賓客的目光，將一種華貴氣派的艷麗形象與酒的放飲迷亂巧妙地融為一體，意在挑逗消費者對美酒佳人式的享樂欲望。

二、時效性和感染性

廣告心理的時效性和感染性，主要包括兩項議題：媒體廣告的時效性與感染性及產品包裝設計的時效性與感染性。

（一）媒體廣告的時效性與感染性

媒體廣告具有不同的時效性和感染性，像網路、廣播、電視與報紙廣告一樣，由於時效快、傳播廣，因而對消費者來說，吸引力最強，其中一般以報紙的可信度較高，而且廣告地址有據可查，較不易欺瞞，這是消費者對其傳播的廣告資訊產生信賴感的真正原因。而雜誌廣告具有印刷精美、內容集中、選擇性強和彩色圖片較多等特性，易於表現商品形象的特徵，而且閱讀、存放時間較長，適宜較詳細地介紹產品及其企業，產生比較長久的影響。

廣播廣告具有傳播迅速、覆蓋空間大的特點，且透過採用音響配樂進行傳播，可以產生良好的情緒和感覺，但消費者更注重的是，廣播廣告的資訊性和真實性。另外，電視廣告能充分發揮訴諸消費者視覺與聽覺的多重作用，在介紹商品的造型、結構、性能和用途等內外品質方面，更具有直觀性，能促進消費者對商品產生信任感和安全感，而由於電視廣告與大眾娛樂緊密結合，能吸引更多的觀眾，是當前各國使用最廣泛的廣告形式。

又以網際網路為例，它集聲音、圖像和文字於一身，又有即時和交互的特性，被認為是未來最有潛力的廣告媒體。可以肯定的是，廣告業也將

隨著網際網路的急速擴充，而更加具有競爭性，例如全球最大的廣告業寶潔公司就宣稱：「網際網路呈指數級增長，客戶在哪裡，我們的公司就要到哪個地方去。」

網路廣告的商業前途將取決於它的交互特性，即服務者與消費者能否透過廣告，實現真正的溝通，以及廣告商和零售商有選擇地針對消費者的影響能力。最明顯的例子，就是消費者看待網路廣告的態度，既然目前還沒有找到按網頁收取資訊費的好辦法，那麼網路經營者一般希望透過廣告收回投資，但由於網路上每個人都想出售廣告，所以對企業用於廣告預算的競爭非常激烈，網路廣告的收入也相對低於電視媒體，有些廣告商還對網路上瀏覽廣告的人數少而感到失望。雖然，現在已經找到利用網路識別用戶，並傳送針對某些客戶廣告資訊的辦法，但同時也意味著廣告市場受到極大限制，並因此失去了一大批潛在消費者。

（二）產品包裝設計的時效性與感染性

一般來說，單價高的房屋、家具、各類電子產品或新式機械設備，還有預期值相對較高的稀有原料及期貨市場等，都是既有大量資訊需求、又有潛在市場效益的商品，如果廠商能夠透過各種廣告提供圖文並茂的充足資訊，應該可以挑起消費者購買的欲望。但是，對於消費者尋求資訊低落，或是不需要提醒就採取購買行動的商品來說，廣告就沒有什麼影響力，例如簡單的辦公用品、日用品以及一般消費品等，都是屬於這一類商品。儘管如此，這類市場的許多廠商也都想方設法，在產品包裝設計上打動消費者，因為包裝也是一種廣告形式。

商品隨著自助服務的推廣，以及各種超市的出現，更多的消費者是在自助商場中購買消費品，他們仔細觀察商品的包裝和說明，從中尋找購買的價值，因而包裝本身也起著一種指示商品實體和無聲推銷員的作用。

包裝設計的心理策略往往是不易被消費者所察覺的，但其中卻蘊涵了廠商對商品形象的精心策劃，他們往往依據消費者的審美習慣和消費習慣

來設計包裝，並根據消費者生活經驗、文化觀念以及心理特點等因素，使他們對包裝的式樣、插圖、文字說明和線條符號等產生不同的心理反應和聯想。

透過不斷改進包裝的形式、外觀和圖案等，呈現越來越流行的趨勢，來刺激消費者喜好、觀賞和渴望得到的動機。目前，有些廠商會依據消費者的消費水準來設計商品包裝，例如同一種商品，有的包裝顯得富麗堂皇、高貴華美，有的則經濟耐用、樸實大方，以適應不同消費階層的需要。另外，還有些廠商會依據消費者的性別、年齡來包裝，有男性化包裝、女性化包裝、老人化包裝、青春化包裝和兒童化包裝等，同時還輔以圖形、線條以及色塊作為背景，印上一些鼓動性的標示語，來誘導消費者消費。

由於包裝的技巧越來越具有經濟價值，所以商品仿冒、假冒情況也呈大幅上升趨勢，使人無法辨別真偽，廠商因此頻繁更換包裝，但這樣一來，更是讓消費者一頭霧水，不知所措。

三、心理的強化作用

廣告具有心理的強化作用。有學者研究說過，消費者之所以如此重視廣告，是看到廣告業對人的心理的強化作用，而西方的廣告業正是在人為的歇斯底里氣氛中推銷商品。還有人做過統計說，一個美國人平均要被廣告襲擊1,500次，尤其在廣告業與傳播業的聯合攻勢下，認為廣告宣傳什麼，受傳者就接受什麼，就像中了麻醉針劑或槍彈一樣，立即生效。

廣告應該說其活動本身受意識形態、個人愛好、受教育程度、審美鑑賞能力以及商品知覺能力等因素制約，其影響範圍是有限的。但是，廣告在運用廣播、電視和網際網路等作為傳播工具方面，已經越來越具有一種文化的侵害力，例如時下流行的醜女扮相、名人捧場、傻哥作秀和群星反串之類的廣告節目，正在一步步地削弱人的認知和理智，使受眾逐漸喪失做為一個正常消費者應有的行為和健全的判斷能力。

一般消費者在廣告的影響下，其心態可以概括爲二個方面：一方面是造成思考、評價和確立信心的效果，是對廣告認受的心理表現；另一方面是造成欲想、失望和喪失動機的效果，這顯然是對廣告質疑的心理反應。這兩種心態，可以用來解釋消費者對商品的態度傾向和信任程度，由於廣告所指向的消費目標，尚處於心理意念階段，因而是潛在的和預知的，並對類似的消費動機產生深刻的認同感。

　　但在日常生活中，像消費者常見的一些高檔食品，如果被電視傳媒用來反覆宣傳，就會在消費者的腦海中形成強烈印象，尤其會在兒童及青少年的心靈中埋下一顆高消費炸彈，使他們從小就在一種相互攀比、相互炫富的環境中生長，難怪有人針對這種廣告宣傳呼籲：「要救救孩子！」

四、社會感染的優勢

　　行銷人員必須認識廣告的社會性感染效力的重要性。在琳瑯滿目的商品世界，消費者上當受騙已成爲一種普遍的社會性感覺，其中很多就是由於誤信廣告所致。所以，防止和識破欺騙是消費者最迫切的心理需要，因而也是社會倫理學和大眾傳播學應予以關注的。

　　在大多數情況下，消費者對廣告的認受程度和信任程度，取決於生活經驗的積累。例如，在消費者熟知的泡麵廣告中，常常是一大桶麵條配著熱氣騰騰的鮮紅肉塊、碧綠蔬菜，但實際的商品卻只有乾巴巴的麵塊和少得可憐的配料而已，利用電視畫面製造出一種香噴噴的感覺和印象，也許並沒有錯，但久而久之，類似的廣告標準就會相互混淆，從而影響消費者正常的判斷能力和信任程度，這是行銷人員當引爲戒的。

　　由於廣告的語言是極富藝術性的，但在一些欺騙性廣告中，編造者挖空心思，設法使消費者上當，例如消費者常見的廣告用語中：「您想返老還童嗎？請服XXX」等，這種語言就抓住了消費者渴求青春永駐的心態，來兜售某些食品和化妝品。

　　另外，消費者也常常看到，如「XX電視機質量第一、銷量第一」等

廣告語言，但其實這些第一大多是沒有任何的依據，它以誇大其辭的手法，來矇騙對商品資訊缺乏的消費者，矇騙一個就賺上一筆。甚至，前些年有一個宣傳某種保健品的廣告，其用語更具煽動性：「讓幾十億中國人先聰明起來！」這樣廣告的用意，是想利用這種震撼性的話語來取悅消費者，孰不知背後卻隱藏了一種自輕自賤的情緒，難道中國人不聰明嗎？

　　所以，廣告應有鮮明的目的性，應具體體現在一個「真」字上面，這樣才能取信於消費者。其次，廣告應有正確的指導性，要堅持社會道德標準，具體地講，就是強調一個「善」字，使人感到廣告的公益價值；再者就是廣告應具備一定的藝術美感和娛樂功能，即廣告的色彩運用、音響調和、語言解說、畫面搭配等，都應體現一個「美」字。這種具有真、善、美內涵的廣告形象，才是真正啟動消費者購買欲望的精神源泉。

1. 請簡述什麼是廣告的消費意義。
2. 請簡述廣告的時效性與感染性為何。
3. 廣告的功能有哪些？而廣告模式又有哪些？
4. 消費者在廣告影響下的心態是什麼？
5. 為什麼行銷人員必須認識廣告的社會性感染效力的重要性呢？請簡述之。

 行銷加油站

回報和互惠

一般而言，以收集用戶資訊為生，如行銷拓展網站、慈善網站等這些網站的運營商，有著對訪問者有用的內容，他們想利用這些內容鼓勵訪問者提交自己的聯繫資訊。而這些有價值的內容，可以採用多種方式提供，如白皮書、博客、錄製好的網路講座或在該網站輸入密碼才能獲得等。

要求用戶在看到好內容之前，提交聯繫資訊是一種回報策略——把你的訊息給我們，作為回報，我們將給你看非常棒的內容。乍看這是一個很有吸引力的策略，想要使用這些內容的人100%會填寫完成註冊表格，因為這些有價值的內容，應該會強而有力地推動訪問者完成表格填寫並提交身分資訊。

但實際上，面對註冊表格，大多數用戶不會去填寫完成。因為，如果他們訪問的網站向他們索取某些具體的資訊，他們很有可能會點擊後退鍵，看看能否在別處得到相似的資訊，且無需受填寫表格的騷擾，也免去收到一些不請自來的郵件或電話的風險。

事實證明，互惠策略會更管用，給訪問者他們想要的資訊，然後求取他們的資訊。義大利的研究人員發現，如果能夠先獲取資訊，那麼提交自己聯繫資訊的訪問者數量，是回報策略的兩倍。

當然，這種策略不僅僅是為了完成表格。互惠的心理學原則表明，提前得到回報的訪問者更有可能購買產品、進行捐贈等。例如，假設你所採用的是互惠策略，那就表示是在與我們的大腦的工作方式進行合作，就更有可能讓網站訪問者去做你想讓他們做的事情。

正如網路設計中各方面都需要測試一樣，這兩種策略方法你都應該測試。可能的情況是，回報策略會吸引更多的用戶提交聯繫資訊，當然這取決於網站所要給出的內容的感知價值、註冊表格的簡單程度及其他因素。但不要以為較之依靠訪問者的善意獲取資訊的方法，這種明顯的「強迫性資訊採集」方法會自動地獲得更多的資訊，你可能會對結果感到吃驚的！

參考書目

Abraham, Jay (2001). *Getting Everything You Can Out of All You've Got: 21 Ways You Can Out-Think, Out-Perform, and Out-Earn the Competition*

Barrow, Colin (2011). *The 30 Day MBA in Marketing: your Fast Track Guide to Business Success*

Bate, Nicholas (2010). *How to sell brilliantly in good times and bad*

Berkowitz, Neville (2015). *How To Live In The Now: Achieve Awareness, Growth and Inner Peace in Your Life*

Bruner, Gordon (2015). *Marketing Scales Handbook: Volume 8: Multi-Item Measures for Consumer Insight Research*

Chaffey, Dave(2011). *E-Business and E-Commerce Management: Strategy, Implementation and Practice (5th Edition)*

Cialdini, Robert B. (2006). Influence: The Psychology of Persuasion

Damasio, Antonio (2012). *Self Comes to Mind: Constructing the Conscious Brain*

Dooley, Roger (2011). *Brain fluence: 100 Ways to Persuade and Convince Consumers with Neuro marketing*

Dresser, H. W. (2010). *The Quimby Manuscripts. Apocryphile Press*

Freemantle, David (2004). *The Buzz: 50 Little Things that Make a Big Difference to World Class Customer Service*

Gabay, Jonathan (2015). *Brand Psychology: Consumer Perceptions, Corporate eputations*

Garner, Rob (2012). *Search and Social: The Definitive Guide to Real-Time Content Marketing*

Graves, Philip (2010). *Consumerology: the market research my the truth about consumer and the psychology*

Graves, Philip (2013). *Consumers and the Psychology of Shopping*

Gueguen, Nicolas (2007). *100 petites experiences en psychologie du consommateur:*

Pour mieux comprendre comment on vous influence.

Hoffman, Don (2011). *Sparky the Fire Dog*

Hogan, Kevin (2013). Invisible Influence : The Power to Persuade Anyone, Anytime, Anywhere

Homans, George Caspar (1961). Social Behavior: Its Elementary Forms,

Husband, Richard W. (1940). *General Psychology*

Iyengar, Sheena (2011). *The Art of Choosing*

Jame, E. L. (2012). *Fifty Shades Trilogy (Fifty Shades of Grey / Fifty Shades Darker / Fifty Shades Freed)*

Kiesler, Kate (1997). *Twilight Comes Twice*

Kitson, Harry Dexter (2009). *The Mind of the Buyer: A Psychology of Selling*

Kitson, Harry Dexter (2014). *The Mind of the Buyer: A Psychology of Selling*

Kotler, Philip (2013). *Principles of Marketing*

Lebell, Epictetus and Sharon Lebell (2013). Epictetus: The Art of Living

Maslow, Abraham H. (2013). *A Theory of Human Motivation.*

McDonald, Malcolm (2012). *Marketing Plans: A Complete Guide in Pictures*

Michalo, Alex C. (2011). *Handbook of Social Indicators and Quality of Life Research*

Milgram, Stanley (2010). *The Individual in a Social World*

Nelson, Robin (2003). *Communication Then and Now*

Newman, David (2013). *Do It! Marketing: 77 Instant-Action Ideas to Boost Sales, Maximize Profits, and Crush Your Competition Hard*

Reichheld, Fred (2011). *The Ultimate Question 2.0: How Net Promoter Companies Thrive in a Customer-Driven*

Sanders, Betsy (1997). *Fabled Service: Ordinary Acts, Extraordinary Outcomes*

Schiffman, Leon G. and Joseph Wisenblit (2014). *Consumer Behavior (11th Edition)*

Sewell, Carl & Paul B. Brown (2009). *Customers for Life*

Sonnier, Lauron (2009). *Think Like a Marketer: What It Really Takes to Stand Out from the Crowd, the Clutter, and the Competition*

Stanley Milgram (2010). *The Individual in a Social World*.

Stanley, Thomas J. & William D. Danko (2010). *The Millionaire Next Door*

Toffler, Alvin (1984). *The Third Wave*

Wrigley, William (2011). A Collection of Examples in Pure And Mixed Mathematics: With Hints And Answers

Zajonc, Robert B. (1965). *Attitudinal effects of mere exposure (Technical report)*

職場專門店

圖解式
成功撰寫行銷企劃案

國際商展
完全手冊

打造No.1
大商場

超強！房地產行銷術

培養你的
職場超能力

優質秘書
養成術

薪水算甚麼？
機會才重要！

成功經理人
下班後默默學的事

面試學

從便利站女孩
到職場女達人

看電影學管理

系統思考的
即戰力

圖解
彼得杜拉克

圖解
最重要概念
經濟學

圖解
山田流の
生產革新

圖解
會計學精華

圖解
第一品牌

五南文化事業機構
WU-NAN CULTURE ENTERPRISE

書泉出版社
SHU-CHUAN PUBLISHING HO

最實用 圖解

五南圖解財經商管系列

※最有系統的圖解財經工具書。

※一單元一概念，精簡扼要傳授財經必備知識。

※超越傳統書籍，結合實務與精華理論，提升就業競爭力，與時俱進。

※內容完整、架構清晰、圖文並茂、容易理解、快速吸收。

 五南文化事業機構
WU-NAN CULTURE ENTERPRISE

地址：106台北市和平東路二段339號4樓
電話：02-27055066 ext 824、889

http://www.wunan.com.tw/
傳真：02-27066 100

國家圖書館出版品預行編目資料

消費心理學：掌握成功行銷者優勢／林仁和
著. -- 初版. -- 臺北市：五南圖書出版股
份有限公司, 2015.07
　　面；　　公分.
　　ISBN 978-957-11-8161-5（平裝）

1.消費心理學

496.34　　　　　　　　104010544

1FTX

消費心理學：掌握成功行銷者優勢

作　　者 ─ 林仁和

企劃主編 ─ 侯家嵐

責任編輯 ─ 侯家嵐

文字編輯 ─ 陳欣欣、石曉蓉

封面設計 ─ 盧盈良

出 版 者 ─ 五南圖書出版股份有限公司

發 行 人 ─ 楊榮川

總 經 理 ─ 楊士清

總 編 輯 ─ 楊秀麗

地　　址：106臺北市大安區和平東路二段339號4樓

電　　話：(02)2705-5066　　傳　　真：(02)2706-6100

網　　址：https://www.wunan.com.tw

電子郵件：wunan@wunan.com.tw

劃撥帳號：01068953

戶　　名：五南圖書出版股份有限公司

法律顧問　林勝安律師

出版日期　2015年 7 月初版一刷
　　　　　2024年 8 月初版四刷

定　　價　新臺幣480元

※版權所有・欲利用本書內容，必須徵求本公司同意※

五 南
WU-NAN

全新官方臉書

五南讀書趣

WUNAN
Books
since1966

Facebook 按讚

1 秒變文青

五南讀書趣 Wunan Books

★ 專業實用有趣
★ 搶先書籍開箱
★ 獨家優惠好康

不定期舉辦抽
贈書活動喔！

經典永恆・名著常在

五十週年的獻禮——經典名著文庫

五南，五十年了，半個世紀，人生旅程的一大半，走過來了。

思索著，邁向百年的未來歷程，能為知識界、文化學術界作些什麼？

在速食文化的生態下，有什麼值得讓人雋永品味的？

歷代經典・當今名著，經過時間的洗禮，千錘百鍊，流傳至今，光芒耀人；

不僅使我們能領悟前人的智慧，同時也增深加廣我們思考的深度與視野。

我們決心投入巨資，有計畫的系統梳選，成立「經典名著文庫」，

希望收入古今中外思想性的、充滿睿智與獨見的經典、名著。

這是一項理想性的、永續性的巨大出版工程。

不在意讀者的眾寡，只考慮它的學術價值，力求完整展現先哲思想的軌跡；

為知識界開啟一片智慧之窗，營造一座百花綻放的世界文明公園，

任君遨遊、取菁吸蜜、嘉惠學子！